普通高等教育“十二五”规划教材

# 电路电子实验实训指导书

主　编　冯伯翰　周泽湘　邱志明
副主编　张　艳　刘园园　陈　锐
主　审　詹训进

中国水利水电出版社
www.waterpub.com.cn

## 内 容 提 要


本教材是根据高职院校实验实训课程基本要求编写的。

本教材是电路电子实验实训讲解。共分五章，主要包括电子电路实验基础知识，模拟电子基础实验，数字电子电路基础实验，电路基础实验和电子产品制作。为突出实践应用，编者将验证型、基本应用型项目分散在基础实验中，以期达到强化动手能力，提高职业素质的目的。为使读者阅读方便，编者将仪器图形、使用方法、数字器件引脚图和逻辑功能表分散在具体的各个实验中，方便读者查阅。

本教材以高职教育为特点，以理论够用、着眼应用为原则，通过实例引入、不断拓宽思路的方法介绍电路电子实验实训基本知识和基本应用。本书可作为高职院校电类专业的电路、电子实验实训教学用书。



**图书在版编目（CIP）数据**

电路电子实验实训指导书 / 冯伯翰，周泽湘，邱志明主编. — 北京 : 中国水利水电出版社，2012.9(2021.7重印)
普通高等教育“十二五”规划教材
ISBN 978-7-5170-0110-2

Ⅰ. ①电… Ⅱ. ①冯… ②周… ③邱… Ⅲ. ①电子电路－实验－高等学校－教学参考资料 Ⅳ. ①TN710-33

中国版本图书馆CIP数据核字(2012)第204901号

| | |
|---|---|
| 书　名 | 普通高等教育“十二五”规划教材<br>**电路电子实验实训指导书** |
| 作　者 | 主编　冯伯翰　周泽湘　邱志明　　主审　詹训进 |
| 出版发行 | 中国水利水电出版社<br>（北京市海淀区玉渊潭南路 1 号 D 座　100038）<br>网址：www. waterpub. com. cn<br>E－mail：sales@waterpub. com. cn<br>电话：（010）68367658（营销中心） |
| 经　售 | 北京科水图书销售中心（零售）<br>电话：（010）88383994、63202643、68545874<br>全国各地新华书店和相关出版物销售网点 |
| 排　版 | 中国水利水电出版社微机排版中心 |
| 印　刷 | 北京瑞斯通印务发展有限公司 |
| 规　格 | 184mm×260mm　16 开本　11.5 印张　273 千字 |
| 版　次 | 2012 年 9 月第 1 版　2021 年 7 月第 3 次印刷 |
| 印　数 | 7501—9500 册 |
| 定　价 | **36.00** 元 |

# 前言

本教材是根据高职院校实验教学基本要求，结合这几年教学改革实际经验编写而成。实验实训是实践教学中的重要环节，本教材将基础理论与实际操作有机地结合，加深学生对所学理论课程的理解，逐步培养创新能力和理论联系实际的能力。

高职院校是培养高级应用型职业技术人才，培养具有专业技能、创新意识、创业能力的现代人才。我们是以“培养学生的实验实训能力，提高学生的动手能力和综合素质”这一根本目的为主线来编写本教材的，以使学生获得一定系统性的电路电子实验实训基本知识，基本方法，基本技能。

在各章实验实训内容的编写中，原理部分着重思路的引导，突出了从提出问题到解决问题的逻辑思维过程；实验实训步骤详略得当，能给学生一定的思考余地。在每个实验实训课题后一般都列有思考题和讨论题，以期引导学生实验实训前的预习和课后的分析讨论及巩固提高。在涉及仪器介绍时，尽量突出仪器的基本原理与使用方法。书中几种常用仪器的外观是用 PRTEL DXP 画出来的，采用以画电路和仿真见长的软件来画仪器图形而不是用相机拍仪器外观，想借此告诉读者学知识要善于钻研，要有悟性。

本教材将实验实训教学环节分为三个层次：验证型、基本应用型、综合实训型。为突出实践应用，编者将验证型、基本应用型项目分散在基础实验中，以期达到强化动手能力，提高职业素质的目的。本教材的实验实训内容是长期实践教学的总结、实验实训课题均得到了验证，教材突出了应用性、针对性。

本教材由冯伯翰、周泽湘、邱志明主编并完成全书的统稿。本教材由詹训进主审，在此表示衷心的感谢。

由于时间紧迫和编者能力水平有限，书中难免有错误和不当之处，恳请读者批评指正。

**编　者**

2012 年 6 月

# 目录

# 第一章　电子电路实验基础知识

## 第一节　电子电路实验的目的与要求

### 一、电子电路实验的目的

本教材讲解了验证性实验中常用的基本测试方法、测量原理、电子线路的分析与设计方法及常用仪器的原理和使用。通过本实验课培养学生理论联系实际的能力；分析、判断并排除故障的能力；正确使用电子仪器完成测试及分析的能力；独立设计并安装调试电路的能力；分析问题、解决问题的工程实践能力；分析整理数据、拟定实验报告的能力。学生在实验室借助于专门的设备，依据一定的理论，通过实验的方法取得测量结果。

### 二、电子电路实验的一般要求

本课程以基础性实验内容为主，强调理论与实践的结合；重视基本实验技能和综合应用能力的培养。要求分别在实验课前、课中、课后做到课前预习准备、课中操作记录、课后分析总结。

1. 课前预习准备

（1）明确实验目的。

（2）清楚实验原理。

（3）提前进行仿真分析。

（4）准备实验电路，根据实验设计内容，自行设计、焊接、组装实验电路。

（5）准备测试方案，制定最佳的测试方案，选择合适的测试仪器，准备好实验数据记录图表。

2. 课中操作记录

（1）构建实验测试平台。

（2）观察实验现象与结果。

（3）记录实验数据与波形。

3. 课后分析总结

（1）处理实验数据，绘制图表和波形。对实验数据进行科学的分析与处理。

（2）实验结果与分析。根据实验结果，用课程理论与实验结果进行分析比较，得出实验结论。

（3）讨论与心得。完成思考题，对实验方法、实验结果进行讨论，记录实验的收获和体会，也可对实验电路和测试方法提出改进方案。

### 三、设计型实验的实验报告格式

报告使用实验报告纸撰写，报告格式见附录一，报告成绩为百分制，报告在实验完成4天内上交（具体时间以授课教师通知为准，无故不能按时交实验报告的，其实验成绩不能超过70分）。

## 第二节 实验室的安全操作规程

### 一、实验守则

应遵守以下各项实验室各项规章制度：

（1）上课前须签到，根据座位表对号入座。

（2）无故旷课累计3次，本课程需重修。

（3）发现仪器有问题，报告老师，确认后到值班室调换。

（4）请保持实验室清洁，勿乱丢废弃物。

（5）实验任务完成者，在老师验收后可提前离开实验室。

（6）离开实验室，务必关闭实验设备的电源，整理好实验设备并搞好环境卫生。

### 二、人身安全

在电子技术实验中，为保障实验者的人身安全，实验者必须遵守以下规则；

（1）实验前应清楚电源开关、熔断器、插座的位置，了解其正确操作方法，并检查其是否安全可靠。

（2）检查仪器设备的电源线、实验电路中有强电通过的连接线等有无良好的绝缘外套，其芯线不得裸露。

（3）实验过程中一定要养成良好的操作习惯，实验前先接实验电路后接通电源，实验完毕后先切断电源后拆实验电路。

（4）若实验时发生触电事故或其他异常现象，不要惊慌失措，应立即切断电源。电源开关较远时，可使用绝缘器具将电源切断，使触电者立即脱离电源，并保护现场，由指导教师检查事故原因。

### 三、仪器、设备的安全

为防止在实验时损坏仪器设备与实验装置，实验时应遵守以下安全规则：

（1）在使用仪器设备前，应先了解其性能和操作方法，按操作程序正确使用。切不可不懂装懂，盲目操作。

（2）要树立爱护公物的良好习惯，实验中不得随意扳动、旋转仪器面板上的旋钮和开关，需要使用时扳动或旋转也不要用力过猛。不得乱动与本次实验无关的仪器和设备。

（3）实验时注意力要集中，随时观察仪器及实验电路的工作情况。如发现异常现象，应立即切断电源，待查明原因并排除故障后，方可重新通电。

（4）仪器设备使用完毕后，应关掉电源开关，同时将面板上各旋钮、开关置于合适的位置。

# 第三节　实验室中常用的电子测量仪器

## 一、示波器及其应用

### （一）示波器的功能与分类

示波器的主要作用是把电信号的过程用图形显示出来，它不仅可用来观察电压、电流的波形，测定电压、电流、功率，而且还可以用来测量频率、相位等，并可以用于调幅度等参数。示波器的种类很多，大致可分为两种：一是通用示波器；另一种是专用示波器。

### （二）示波管的结构

示波器与其他仪器不同的最大特点是有一个图形显示器，称为示波管。常用的是阴极射线示波管。

阴极射线示波管从偏转方式构造上划分，可分为静电式和电磁式两大类。但其基本组成部分是一样的。静电式示波管的内部结构主要由电子枪、偏转系统、荧光屏三大部分组成。如图 1－3－1 所示。

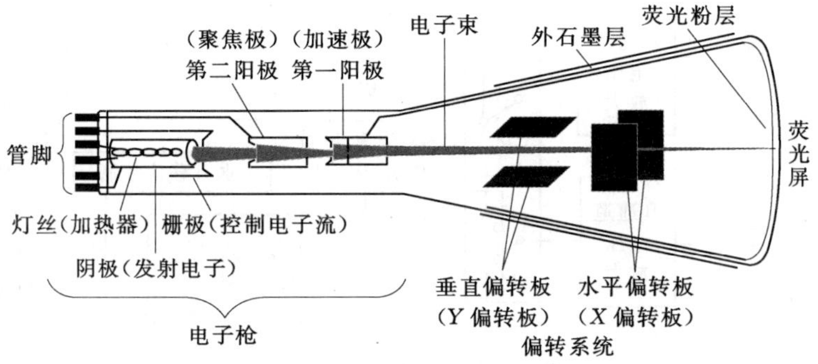


图 1－3－1　阴极射线示波管

1. 电子枪

电子枪主要由灯丝、阴极、控制栅极、第一阳极和第二阳极组成。灯丝通电加热阴极，阴极温度升高而产生电子束，再由各阳极对其加速而打向荧光屏。由栅极控制电子的数量而使荧光屏的亮度发生变化。

2. 偏转系统

偏转系统由两对互相垂直的偏转板组成，一对称为垂直 $Y$ 偏转板，另一对称为水平 $X$ 偏转板，它们的作用是控制电子束的水平与垂直运动，以扫描的方式打向荧光屏形成运动的亮点而构成相应的图示波形，示波管中的电子束同时受到 $X$ 和 $Y$ 两对偏转板的作用，在两对偏转板上的电压 $U_X$ 和 $U_Y$ 共同的作用下决定光点在荧光屏上的位置，利用这一特点还可以把示波器变为一个 $X—Y$ 图示仪，使示波器的功能得到扩展。

3. 荧光屏

荧光屏由一层荧光粉物质涂抹在前面的玻璃外壳内壁构成，电子束打在荧光粉上后就产生荧光亮点现象，在偏转系统的作用下形成图形。

**(三) 示波显示的原理**

1. 扫描的概念

在 $X$ 偏转板加上一个随时间变化的扫描电压，光点作水平运动而产生水平亮线，如果同时在 $Y$ 偏转板加上一个被测信号电压，光点则会在垂直方向运动反映被测信号电压的大小，$X$ 偏转板和 $Y$ 偏转板共同作用便描绘出被测信号随时间变化的波形，该波形反映了被测信号随时间变化的规律性。

2. 信号与扫描电压同步

扫描电压周期是被观察信号周期的整倍数时，当前扫描周期与前一个周期图形完全一样，荧光屏上才能得到清晰而稳定的波形，称为被测信号与扫描电压同步。

**(四) 模拟通用示波器的基本组成**

模拟通用示波器的基本组成如图 1-3-2 所示

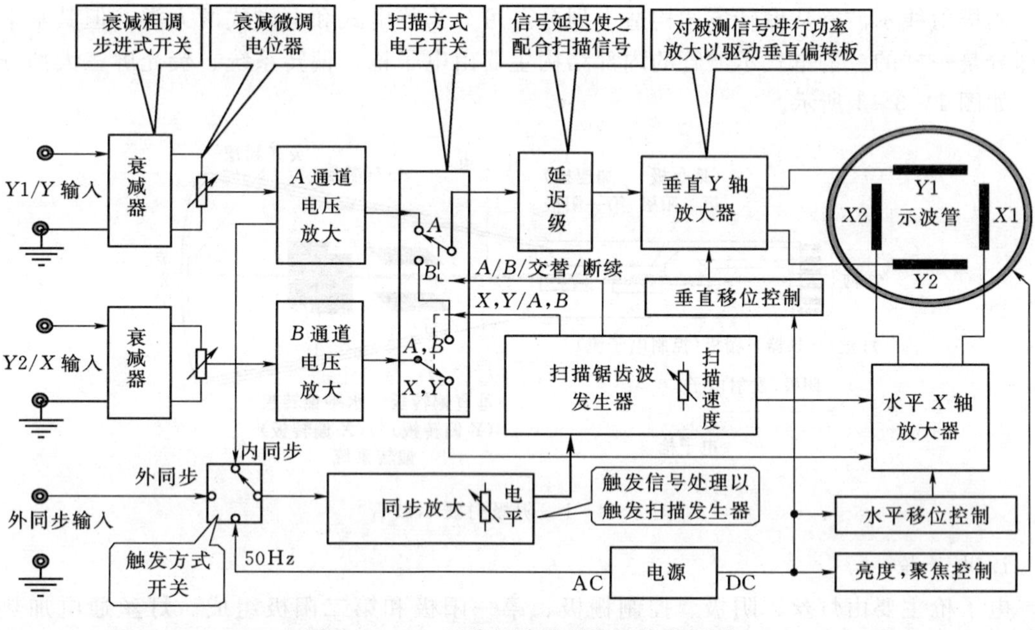


图 1-3-2 双踪示波器基本结构方框图

1. $Y$ 轴通道

示波器 $Y$ 轴通道主要由输入电路、前置放大器、延迟级和输出放大器等组成。它的主要作用是：把被测信号变换成为大小合适的双极性对称信号后加到 $Y$ 偏转板上，使显示的波形适于观测；向 $X$ 通道提供内触发信号源；补偿 $X$ 通道的时间延迟，以观测到诸如脉冲等信号的完整波形。

(1) 输入电路。输入电路由探极、耦合方式选择开关、衰减器、阻抗变换及倒相放大器组成，如图 1-3-3 所示。

1) 探极。用于被测信号与示波器连接。通常包括有“×1”和“×10”开关。被测信号与示波器的连接可以选用引线或附带的探极，通常选用高频特性良好、抗干扰能力强的高输入阻抗探极。

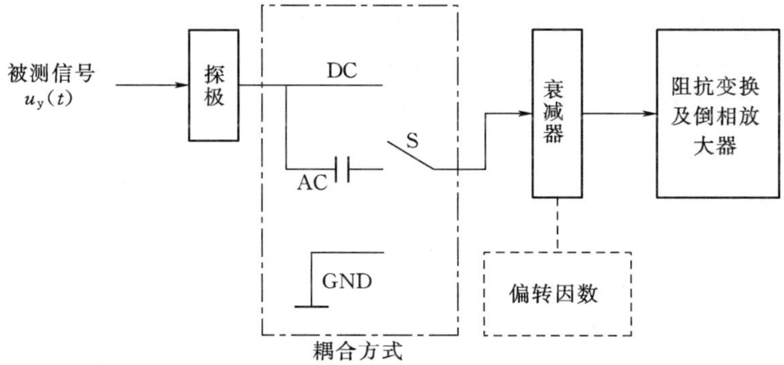


图 1-3-3　Y 轴通道输入电路

探极分为有源探极和无源探极两种，探极中通常设置有衰减器。有源探极具有良好的高频特性，衰减比为 1∶1，适于测试高频小信号，但需要示波器提供专用电源，应用较少。应用较多的是无源探极，衰减比（输入/输出）有 1∶1、10∶1 和 100∶1 三种，前两种的应用比较普遍，后一种通常用于高压测量。当探极衰减比为 10∶1 或 100∶1 时，被测电压值是示波器测得电压的 10 倍或 100 倍。

2）耦合方式选择开关。有 AC、DC 、GND 三个挡位。

AC 交流耦合输入方式：被测信号中只有交流分量能输入。

DC 直流耦合输入方式：被测信号中交直流分量都能输入。

GND 耦合输入方式：在不断开被测信号的情况下，GND 耦合为示波器提供测量直流电压的参考零电平。

3）衰减器。改变衰减器衰减比，也就改变了示波器偏转因数，从而使显示波形的幅度得以调整。

4）阻抗变换及倒相放大器。其作用是将来自衰减器的单端输入信号变换为后级差分放大器所需的双端输出信号，以克服放大器零点漂移的影响；提高放大器输入阻抗；隔离前后级的影响；提供 Y 轴偏转板所需的对称信号。

（2）前置放大器。前置放大器的作用是对输入级输出信号进行初步放大，补偿延迟级对信号的损耗；为 X 轴通道的触发电路提供大小合适的内触发信号，以得到稳定可靠的内触发脉冲。

（3）延迟级。由于 X 轴通道的内触发信号由被测信号来触发，被测信号从 0 值上升到能触发的电平需要一定时间，这样就导致扫描电压落后于被测信号一段时间而导致被测信号的前段无法显示，为了能够完整显示被测信号波形，可在 X 轴通道中设置延迟级对被测信号延迟 100ns 左右。

（4）输出放大器。被测信号经前置放大后进行时间延迟，再由输出放大器（垂直 Y 轴放大器）进行功率放大，得到足够的幅度驱动垂直偏转板使电子束作上下移动。

（5）Y 轴移位旋钮。也称作垂直移位，在上下 Y 轴偏转板上叠加互为对称的直流电压，会使显示波形整体向上或向下移位。

2. X 轴通道

X 轴通道由触发电路、扫描信号发生器和 X 轴放大器组成，在内触发或外触发信号的作用下输出大小合适、与时间成线性关系的、周期性的双端对称扫描电压，经 $X$ 轴放大器放大后加到水平偏转板驱动电子束进行水平扫描。

(1) 触发电路。选择触发源并产生可靠的触发信号去触发扫描发生器产生扫描电压，包括以下的功能控制设置：

1) 触发源选择开关。可以选择内触发（INT）、外触发（EXT）和电源触发。触发源是指用于提供产生扫描电压的同步信号来源，一般有内触发（INT，双踪示波器又有CH1、CH2之分）、外触发（EXT）和线触发（LINE）三种方式。内触发是指由被测信号来产生同步触发信号；外触发是指由外部电路提供的信号来产生同步触发信号；线触发又称为电源触发，是指利用示波器内部工频电源来产生同步触发信号。

2) 触发耦合选择开关。可以选择直流耦合（DC）、交流耦合（AC）、低频抑制耦合（ACH）、高频耦合（HF）。DC耦合即直接耦合，常用于外触发或连续扫描方式；AC耦合是一种常用的方式，因 $C_1$ 的接入，适于低频到高频信号的触发。（ACH）为低频抑制耦合，$C_1$ 和 $C_2$ 串联，阻抗增大，有利于抑制工频干扰等的低频干扰。HF为高频耦合，耦合电容较小，适于5MHz以上信号的观测。

3) 触发方式选择开关。可以选择以下几种触发方式：

a. 常态触发。适用于观察脉冲信号。

b. 连续触发。始终产生扫描信号。

c. 自动触发。无触发信号时，扫描电压由自激振荡产生扫描信号，荧光屏显示一条时基线（水平亮线）；有触发信号时，扫描电压由触发信号控制扫描周期使扫描频率与被测信号同步，即被测信号与扫描信号的频率成整倍数关系。

d. 高频触发。适用于观察高频信号。

e. 单次触发。适用于观察单次瞬变和非周期性信号。

4) 触发电平调节旋钮。触发电平调节用于调节合适的触发电平点，用于控制扫描电压的起始时刻（波形的起点），使波形显示稳定。

5) 斜率选择开关。即触发极性选择开关，用于选择是由上升沿（+）还是下降沿（−）触发扫描信号。在荧光屏上表现为两者所得到显示波形的相位不同。

(2) 扫描信号发生器。又称为时基电路，用于产生线性良好的锯齿波电压，还为示波管提供正常工作所需要的亮度控制电压、消隐脉冲和（双踪）交替显示时的控制信号。

(3) 扫描速度调节器。步进式开关（t/div）和连续微调旋钮（标准、调节范围）改变加到示波管 $X$ 轴偏转板上扫描电压的大小，从而改变显示波形的宽度。

(4) $X$ 轴放大器。当示波器工作在用于被测信号波形显示方式时，对内部扫描电压进行双端放大；当示波器工作在"$X$—$Y$"方式时，对外部输入的 $X$ 信号电压进行放大，输出电压加到水平偏转板以驱动示波管的电子束进行水平扫描。

(5) 水平移位旋钮。调节、控制叠加幅度可调、极性可变的直流电压，使显示的波形能够水平移位。

3. 电源部分

电源部分向示波管提供阳极、聚焦极、加速极电压和灯丝电压以及其他单元电路正常工作所需要的各种正/负电源。

### （五）双踪示波器的主要功能与使用方法

1. 输入显示方式

双踪示波器是最常用的通用示波器，具有 2 个被测信号输入端口（通道 1、CH1、Y1/Y）、（通道 2、CH2、Y2/X），一般有 5 种输入显示方式。

（1）单踪显示 Y1（CH1）的波形。

（2）单踪显示 Y2（CH2）的波形。

（3）叠加显示（CH1＋CH2）实现两个信号“和”或“差”的一个波形显示。

（4）交替显示（ALT）实现轮流扫描 2 个信号的 2 个波形同时显示。

（5）断续显示（CHOP）适用于同时观察频率较低的 2 个信号波形。

2. 各旋钮及开关的功能

双踪示波器主要有辉度旋钮、聚焦旋钮、偏转灵敏度开关和 $Y$ 轴移位旋钮；触发方式开关、触发电平旋钮、触发极性开关、扫描速度开关和 $X$ 轴移位旋钮。

（1）辉度旋钮。改变荧光屏上亮点的明暗度。

（2）聚焦旋钮。使电子束的焦点正好落到荧光屏的平面上，以能得到精细的亮点。

（3）偏转灵敏度（V/div）开关。改变被测信号电压加到示波管 $Y$ 偏转板上电压的大小，从而改变显示波形的幅度。

（4）$Y$ 轴移位旋钮。$Y$ 轴移位也称为垂直移位，在上下 $Y$ 偏转板上叠加互为对称的直流电压，会使显示波形整体向上或向下移位。

（5）触发方式开关。用于改变示波器的扫描触发方式，一般有：①常态触发，此时只在有触发信号时荧光屏才有扫描图形；②自动触发，当没有触发信号时荧光屏出现一条时基线，适用于观察低频信号；③高频触发，适用于观测高频信号；④单次触发，适用于观测单次瞬变与非周期性信号。

（6）触发电平旋钮。选择合适的触发点，可以使得显示的波形稳定。

（7）触发极性开关。用于选择是由上升沿（＋极性）还是下降沿（－极性）进行触发，两者所得到的显示波形的相位不同。

（8）扫描速度（t/div）开关。改变加到示波管 $X$ 偏转板上扫描电压的大小，从而改变显示波形的宽度。

（9）X 轴移位旋钮。也称为水平移位，在左右 $X$ 偏转板上叠加互为对称的直流电压，会使显示波形整体向左或向右移位。

3. 测量正弦信号的幅值和频率

把信号发生器的（A）端口输出连接到电子毫伏表和示波器的输入端口（示波器的扫描时间为 1ms/div，偏转灵敏度为 10 mV/div，触发方式为自动，输入方式为 AC，电子毫伏表 200mV 挡）。

（1）测量仪器连接方法。测量线路由三台仪器连接，如图 1－3－4 所示，分别为：XJ4312 型（20MHz）双踪示波器、KH—1 数控函数信号发生器和 KH—DV1 数字式交流毫伏表。

$$U_{有效值}=\frac{U_{P-P}}{2\sqrt{2}}=\frac{U_{P-P}}{2}\times 0.707$$

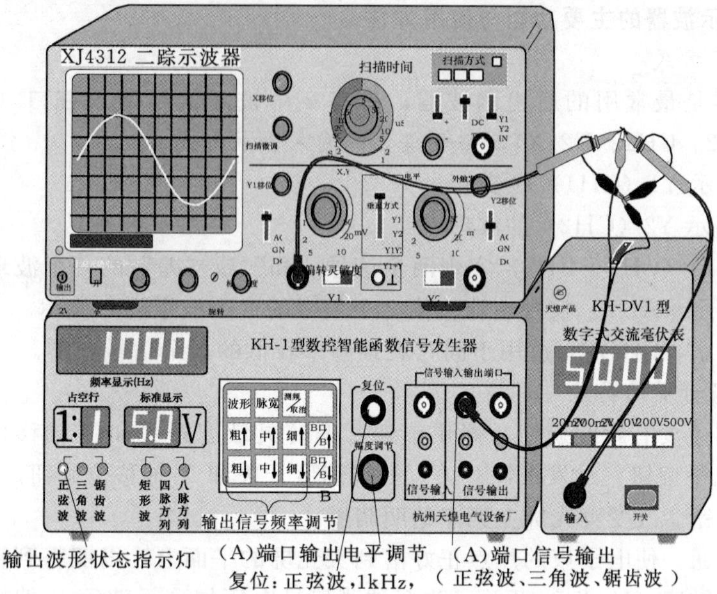


图 1－3－4　仪器连接方法

（2）测量频率的方法。测量频率的方法有周期法、李沙育图形法（图 1－3－6）和椭圆扫描法等，在此仅讨论周期法、李沙育图形法。

1）周期法。用周期法测量时，根据周期、频率之间的关系，首先测量出周期，然后再换算出被测信号的频率。为了减小测量误差，可采用多个周期测量求平均值的方法测量周期。

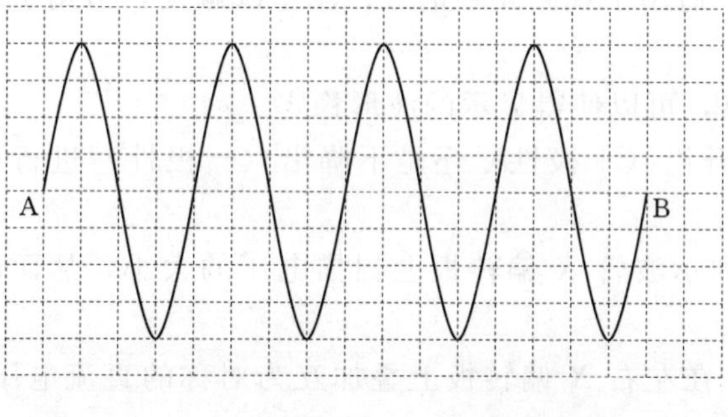


图 1－3－5　［例 1－3－1］波形图

**【例 1－3－1】** 已知示波器扫描速度开关挡（时基因数）为 2ms/div，扫速扩展为 10，求图 1－3－5 所示的被测信号的频率。

**解：** 利用多周期测量法，据题意得，四个周期宽度 $L=16\text{div}$，时基因数 $D_x=2\text{ms/div}$，扫速扩展 $K'=10$。

被测信号周期为

$$T=\frac{LD_x}{4K'}=\frac{16\text{div}\times 2\text{ms/div}}{4\times 10}=0.8\text{ms}$$

被测信号频率为

$$f=\frac{1}{T}=\frac{1}{0.8\text{ms}}=1.25\text{kHz}$$

2）李沙育图形法。用李沙育图形法测量频率时，示波器工作于 $X$—$Y$ 方式下，频率已知的信号与频率未知的信号加到示波器的两个输入端，调节已知信号的频率，使荧光屏上得到李沙育图形，由此可测出被测信号的频率。

示波器工作于 $X$—$Y$ 方式时，$X$、$Y$ 两信号对电子束的作用时间总是相等的，而且

$X$、$Y$ 信号分别确定的是电子束水平、垂直方向的位移，所以信号频率越高，波形经过垂直线、水平线的次数越多（如正弦波每个周期经过两次），即水平线、垂直线与李沙育图形的交点数分别与 $X$、$Y$ 信号频率成正比。因此，李沙育图形存在以下关系：

$$\frac{f_y}{f_x}=\frac{N_H}{N_V} \tag{1-3-1}$$

式中　$N_H$、$N_V$——水平线、垂直线与李沙育图形的交点数；

$f_y$、$f_x$——示波器 $Y$、$X$ 信号的频率。

事实上，垂直线（或水平线）与李沙育图形的切点数（或）也与 $X$（或 $Y$）信号频率成正比，即

$$\frac{f_y}{f_x}=\frac{N'_H}{N'_V}=\frac{N_H}{N_V} \tag{1-3-2}$$

**【例 1-3-2】** 如图 1-3-6 所示的李沙育图形，已知 $X$ 信号频率为 6MHz，问 $Y$ 信号的频率是多少？

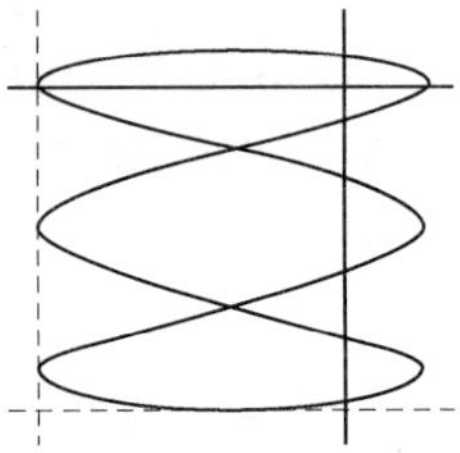

图 1-3-6　李沙育图形

**解：** 分别在李沙育图形上画出垂直线和水平线，则 $N_H=2$、$N_V=6$，或 $N'_H=1$、$N'_V=3$。注意必须在交点数最多的位置画线。由式（1-3-2）得

$$f_y=f_x\frac{N_H}{N_V}=6\text{MHz}\times\frac{2}{6}=2\text{MHz}$$

或

$$f_y=f_x\frac{N'_H}{N'_V}=6\text{MHz}\times\frac{1}{3}=2\text{MHz}$$

李沙育图形法适合测量频率比在 1∶10 和 10∶1 之间的信号频率，否则，波形显示复杂，难以确定交点数或切点数，给调整和测量带来困难。

## 二、万用表及其应用

### 1. 万用表

万用表可分为指针式万用表和数字式万用表，是一种多功能、多量程的便携式电工仪表。一般万用表可以用来测量直流电流、直流电压、交流电压和电阻值等，有些万用表还可测量电容、频率、晶体管共射极直流放大系数 $h_{FE}$ 等。万用表是电工必备的工具。

指针式万用表的结构主要由表头、转换开关、测量线路等组成。表头是高灵敏度的磁电式直流电流表，属于测量的显示装置；转换开关用来选择被测电量的种类和量程；测量线路将不同性质和大小的被测电量转换为表头所能承受的直流电流。

### 2. 万用表的表盘、转换开关、旋钮和插孔

由于万用表型式很多，在使用前要做好测量的准备工作：熟悉转换开关、旋钮、插孔等的作用。

（1）表盘标注的“п”表示水平放置使用，“⊥”表示垂直放置使用。

（2）了解刻度盘上每条刻度线所对应的被测电量：CDV 表示直流电压、CDA 表示直流电流、ACV 表示交流电压、Ω 表示电阻值。

（3）把红表笔插入“+”插孔，黑表笔插入“-”插孔。

（4）有些万用表另有交直流 2500V 高压测量端，在测高压时黑表笔不动，将红表笔

插入高压插口，转换开关置于最高电压挡进行测量。

（5）机械调零时，旋动万用表面板上的机械零位调整螺丝，使指针对准刻度盘左端的“0”位置。

（6）电阻调零时，把表笔短接，旋动万用表上的电阻调零旋钮，使指针对准刻度盘右端的“0”位置（新用的万用表需要安装内部电池才能工作）。

3. 万用表的主要功能和使用方法

用万用表进行电压测量时，把表笔接到被测电压的两端，直流电压测量时红表笔接高电位，黑表笔接低电位端。进行电流测量时，要把表笔串联到电路中。进行电阻阻值测量时，把表笔接到被测电路或电阻器的两端。用万用表可以测量如下参数：

（1）测量直流电压。

（2）测量交流电压。

（3）测量直流电流。

（4）测量电阻阻值。注意此时不能测量带电物体!

一般来说，在选用电压表时，除了要选择量程、频率范围、误差和输入阻抗合适的电压表外，还应注意：①调零，测量电压之前应注意检查指针是否处在零位，否则应进行机械调零或电气调零，必要时还要注意通电预热；②量程选择，除非所用电压表为非线性刻度的电压表或者被测信号是特殊信号，例如，均值电压表测量噪声电压时的指针要求指在满度值的 1/2 处，一般情况下，应尽量使指针处在量程满刻度值的 2/3 以上区域。如果事先不知道被测电压的大小，可以先从大量程开始，再逐步减小量程，直至量程合适为止。

4. 电压的表征量

电压的表征量包括平均值、峰值 、有效值 $U$。

（1）平均值。简称为均值，是指波形中的直流成分，所以纯交流电压的平均值为零。

（2）峰值。交流电压的峰值是指交流电压在一个周期内（或一段时间内）以零电平为参考基准的最大瞬时值，记为 $U_P$，分为正峰值 $U_{P+}$ 和负峰值 $U_{P-}$。

一般情况下，正峰值和负峰值并不相等，峰值与振幅值 $U_m$ 也不相等，这是因为振幅值是以电压波形的直流成分为参考基准的最大瞬时值。

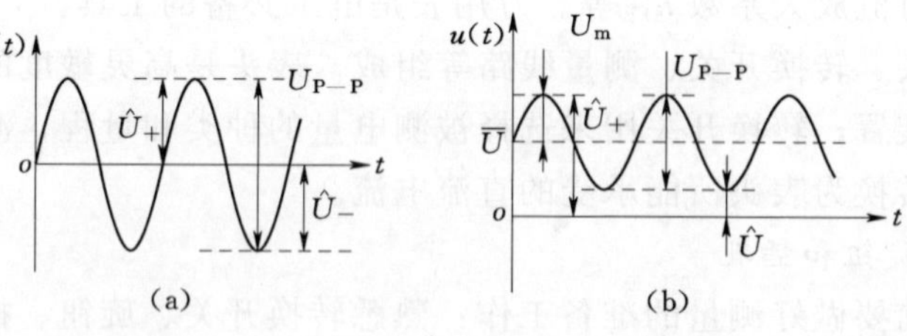

图 1-3-7 交流电压的峰值、振幅值

对于双极性对称的纯交流电压，数值上存在以下关系：

$$U_{P+}=U_{P-}=U_m$$

（3）有效值 $U$。交流电压的大小通常是指它的有效值 $U$，有效值又称为均方根值，是根据它的物理定义来确定的。数学计算式为

$$U=\sqrt{\frac{1}{T}\int_0^T u^2(t)\mathrm{d}t}$$

交流电压各量如图 1-3-7 所示。

# 第四节　电子测量中的误差分析

## 一、测量误差产生的原因及其分类

电子测量仪器的误差是指由于受测量仪器等因素的影响而产生的测量误差，是误差的主要来源，也是电子测量仪器的一项重要质量指标，主要包括以下几种。

1. 固有误差

固有误差是指在基准工作条件（见表 1－4－1）下，由于仪器本身而产生的容许误差。它大致反映了仪器的最高测量精度，通常用于仪器误差的检验和比对。

表 1－4－1　　IEC（国际电工委员会）推荐的基准工作条件

| 影响量（影响因素） | 基准数值或范围 | 公差 |
|---|---|---|
| 环境温度 | 20℃，23℃，25℃，27℃。未指明时为 20℃ | ±1℃ |
| 相对湿度 | 45%～75% | |
| 大气压强 | 101kPa | |
| 交流供电电压 | 额定值 | ±2% |
| 交流供电频率 | 50Hz | ±1% |
| 交流供电波形① | 正弦波 | $\beta \leqslant 0.05$ |
| 交流供电电压② | 额定值 | $\Delta U/U_o \leqslant \pm 1\%$ |
| 通风 | 良好 | |
| 太阳辐射效应 | 避免直射 | |
| 周围大气速度 | 0～0.2m/s | |
| 振动 | 测不出 | |
| 大气中沙、尘、盐、污染气体或水蒸气、液态水等 | 均测不出 | |
| 工作位置 | 按制造厂规定 | |

① $\beta$ 称为失真因子，交流供电波形应保持在 $(1+\beta)\sin\omega t$ 与 $(1-\beta)\sin\omega t$ 所形成的包络之内。

② $\Delta U$ 为纹波电压峰—峰值，$U_o$ 为直流供电电压额定值。

2. 基本误差

基本误差是指在正常工作条件（见表 1－4－2）下，由于仪器本身而产生的容许误差。与基准工作条件相比，仪器在正常工作条件下的工作环境较差。

表 1－4－2　　IEC 推荐的正常工作条件

| 规定条件 | 数值或范围及其他要求 | 规定条件 |
|---|---|---|
| 环境温度 | (20±5)℃ | 外界电磁场干扰 |
| 相对湿度 | (65±15)% | 外界机械振动和冲击 |
| 大气压强 | (750±30)mmHg | 仪器负载、输入、输出功率、电压、频率等 |
| 交流供电电压 | 额定值±2%（额定值） | |

3. 工作误差

工作误差是指在仪器额定工作条件下，在任一点上求得的仪器某项特性的误差。额定工作条件包括仪器本身的全部使用范围和全部外部工作条件，是仪器不利工作环境条件的组合，产生的误差最大，通常以极限形式给出。工作误差包括仪器固有误差（或基本误差）及各种因素共同作用的总效应，在说明书中必须给出，固有误差则可视情况给出。

4. 影响误差

影响误差用于表明某一项影响量（即影响因素）对仪器测量误差的影响。如温度误差、频率误差等。一般在某一影响量对测量影响比较大时才给出，它是一种误差的极限。

5. 稳定误差

稳定误差是仪器标称值在其他影响量和影响特性保持恒定的情况下，在规定时间内产生的误差极限。习惯上以相对误差形式给出或者注明最长连续工作时间。

## 二、测量误差的表示方法

测量误差的表示方法有三种，即绝对误差、相对误差和容许误差。

1. 绝对误差

（1）定义。测量所得的测量值 $x$ 与真值 $A_0$ 之差称为绝对误差，用 $\Delta x$ 表示，即

$$\Delta x = x - A_0$$

式中 $x$——被测量的给出值、示值或测量值，习惯上统称为示值；

$A_0$——被测量的真值。

注意：示值和仪器的读数是有区别的，读数是从仪器刻度盘、显示器等读数装置上直接读到的数字，而示值则是由仪器刻度盘、显示器上的读数经换算而成的。

真值 $A_0$ 是一个理想的概念，实际上是不可能得到的，通常用高一级标准仪器或计量器具所测得的测量值 $A$ 来代替，$A$ 称为被测量的实际值。

绝对误差的计算式为

$$\Delta x = x - A$$

绝对误差的正负号表示测量值偏离实际值的方向，即偏大或偏小。绝对误差的大小反映出测量值偏离实际值的程度。

（2）修正值。与绝对误差大小相等、符号相反的量值，称为修正值，用 $C$ 表示，即

$$C = -\Delta x = A - x$$

修正值通常是在用高一级标准仪器对测量仪器校准时给出的。当得到测量值 $x$ 后，要对测量值 $x$ 进行修正得出被测量的实际值，即

$$A = C + \Delta x$$

修正值有时给出的方式不一定是具体数值，也可能是一条曲线或一张表格，和绝对误差一样都有大小、符号及量纲。

2. 相对误差

虽然绝对误差可以说明测量结果偏离实际值的情况，但不能确切反映测量结果偏离真实值的程度，为了克服绝对误差的这一不足，通常采用相对误差的形式来表示。

相对误差包括实际相对误差、示值相对误差和满度相对误差。

（1）实际相对误差。绝对误差 $\Delta x$ 与实际值 $A$ 之比称为实际相对误差，用式（1-4-1）表示，即

$$\gamma_A - \frac{\Delta x}{A} \times 100\% \qquad (1-4-1)$$

（2）示值相对误差。绝对误差 $\Delta x$ 与测量值 $x$ 之比，称为示值相对误差，用式（1-4-2）表示，即

$$\gamma_x = \frac{\Delta x}{x} \times 100\% \qquad (1-4-2)$$

（3）满度相对误差。绝对误差 $\Delta x$ 与仪器满度值 $x_m$ 之比称为满度相对误差或引用相对误差，用 $\gamma_m$ 表示。它是为了计算和划分电工仪表的准确度等级而引入的相对误差，其计算式为

$$\gamma_m = \frac{\Delta x}{x_m} \times 100\% \qquad (1-4-3)$$

指针式电工仪表的准确度等级通常分为 0.1、0.2、0.5、1.0、1.5、2.5、5.0 共七级，分别表示仪表满度相对误差所不超过的百分比。如某型号万用表面板上的“～5.0”表示该型号万用表测量交流量时的满度相对误差为±5.0%，在无标准仪表比对的情况下，是不可能确定测量值偏离方向的，所以应带有“±”号。

对于同一仪表，所选量程不同，可能产生的最大绝对误差也不同。而当仪表准确度等级选定后，测量值越接近满度值时，测量相对误差越小，测量越准确。因此，一般情况下，应尽量使指针处在仪表满度值的 2/3 以上区域。但该结论只适用于正向线性刻度的一般电工仪表。对于万用表电阻挡等这样的非线性刻度电工仪表，应尽量使指针处于满度值的 1/2 左右的区域。相对误差只有大小和符号，没有单位。

（4）环境误差。环境误差又称为影响误差，是由于仪器受到外界的温度、湿度、气压、震动等影响所产生的误差。如数字电压表技术指标中常单独给出的温度影响误差。

（5）方法误差。方法误差又称为理论误差，是由于测量时使用的方法不完善、所依据的理论不严格等原因引起的误差。例如，图 1-4-1 所示电路由于电流表测得的电流还包括流过电压表内阻的电流，所以电阻测量值要比电阻实际值小，由此产生的误差属于方法误差。测量工作中，应对误差来源进行认真分析，采取相应的措施来减小误差源对测量结果的影响，提高测量准确度。

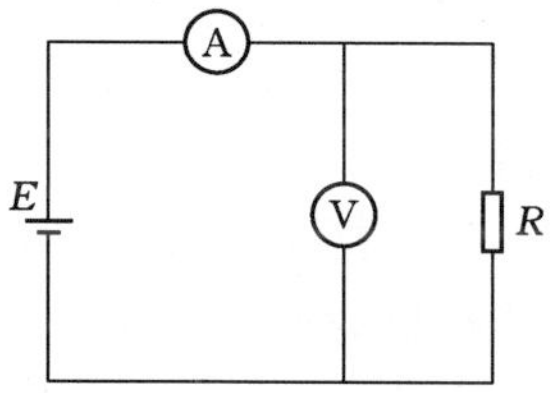

图 1-4-1　伏安法测电阻

# 第二章　模拟电子基础实验

## 第一节　实验　常用电子仪器的使用

### 一、实验目的

（1）学习电子线路实验中常用电子仪器——示波器、函数信号发生器、交流毫伏表的主要技术指标、性能及正确的使用方法。

（2）初步掌握用双踪示波器观察正弦信号波形和读取波形参数的方法。

（3）在实验中，要求能够对各仪器设备进行正确、熟练的综合使用与操作，这是保证后续一系列实验正确顺利进行的基本前提。

### 二、实验仪器和设备

（1）双踪示波器。

（2）交流毫伏表。

（3）函数信号发生器。

### 三、实验原理

本实验采用的三种常用电子仪器，即正弦信号发生器、交流毫伏表和双踪示波器，其中正弦信号发生器用来产生一定频率范围和一定电压大小的正弦信号，并提供给交流毫伏表和示波器直接测量和观察；交流毫伏表是用于测量交流信号电压大小的电压表，对于正弦信号，其读数即为电压的有效值；示波器是用来观测各种周期电压（或电流）波形的仪器。

（1）把信号发生器的（A）端口输出连接到电子毫伏表和示波器的输入端口。使用示波器扫描时间为 1ms/div，偏转灵敏度为 10mV/div，触发方式为自动，输入方式为 AC，电子毫伏表为 200mV 挡。

（2）把信号发生器设置 1kHz 正弦波输出（按复位按钮即可），调节（A）输出端口幅度调节旋钮，用电子毫伏表测量信号发生器输出信号幅值不大于 50mV。用示波器（扫描时间：1ms/div，偏转灵敏度：10mV/div）观察信号发生器输出信号的正弦波应当不失真。

（3）已知示波器时间因数（扫描速度）0.1ms/div 和偏转因数（灵敏度）0.2V/div，探头的衰减系数为 10∶1，显示的波形如图 1－3－5 所示，求被测正弦波的有效值、周期和频率。

实验时根据给定的信号参数进行频率计算的步骤如下：

1）求峰值 $U_{P-P}$：6div×0.2V/div÷2×10＝6V。

2）求有效值 $U$：$6V/\sqrt{2}=6V/1.414=4.2V$。

3）求周期：8div×0.1ms/div=0.8 ms。

4）求频率：$1/t=1/0.8ms=1.25$ kHz。

根据实验给出的信号进行实验完成表 2-1-1。

表 2-1-1　　正弦信号幅值与频率测量值

| | | | | |
|---|---|---|---|---|
| 正弦信号输出 | $F$(Hz) | 500 | 1k | 5k |
| | $U$（V） | 0.5 | 0.8 | 1 |
| 电压测量 | V/CMR　位置（V/div） | | | |
| | 读数（格） | | | |
| | $U_{P-P}$（峰峰值）（V） | | | |
| | 有效值 | | | |
| 频率测量 | Time 位置（ms/ div） | | | |
| | 读数（div） | | | |
| | 周期 $T$（ms） | | | |
| | 频率 $f$（Hz） | | | |

注意：由于示波器屏幕上每大格划分为 5 小格，所以要按 10 小格折算。例如，2 大格 4 小格不能读 2.4 格，而应读 2.8 格。

### 四、实验报告的要求

（1）符合实验报告格式。

（2）整理实验数据。

（3）对实验中的问题进行说明。

## 第二节　实验　二极管整流、滤波电路

### 一、实验目的

（1）了解单相半波、全波整流电路的性能、测试方法。

（2）掌握半波、桥式整流电路及电容滤波电路工作原理及电路计算。

（3）理解稳压管稳压电路的分析计算、限流电阻的选择、负载电阻的范围选择。

### 二、实验仪器和设备

（1）万用表。

（2）双踪示波器。

（3）器件：整流二极管 IN4001，1 个；整流电桥（4 个 IN4001 组成）；电阻，1kΩ、470Ω 各 1 个；电容，1000μF/25V，2 个。

### 三、实验原理

二极管整流滤波原理如图 2-2-1 所示。

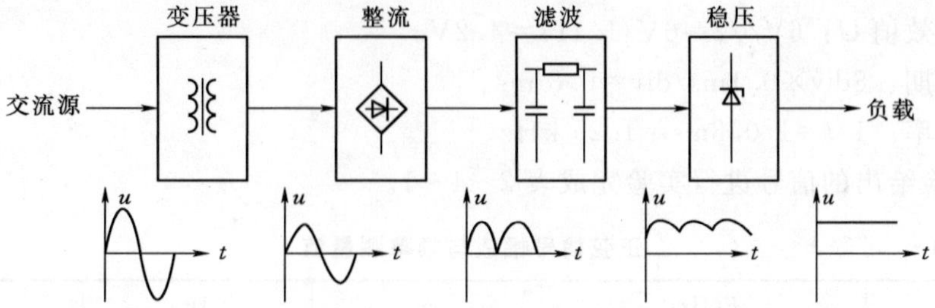


图 2-2-1 整流滤波原理

（1）电源变压器。将电网交流电压变换成符合整流电路所需要的交流电压。

（2）整流电路。将交流电压变换为单向脉动电压（利用整流元件的单向导电性）。

（3）滤波器。减小整流电压的脉动程度，以适应负载的需要。

（4）稳压环节。在交流电源电压波动或负载变动时，使直流输出电压稳定。

1. 单相半波整流

单相半波整流的原理图如图 2-2-2（a）所示。

半波整流电路由傅里叶级数展开式得半波整流时输出电压表达式为

$$U_o = U_{om}\left(\frac{1}{\pi}+\frac{1}{2}\cos\omega t+\frac{2}{3\pi}\cos 2\omega t-\frac{1}{15\pi}\cos 4\omega t+\cdots\right)$$

式中 $\frac{U_{om}}{\pi}$——直流分量、基波交流分量幅值；

其余为谐波分量。

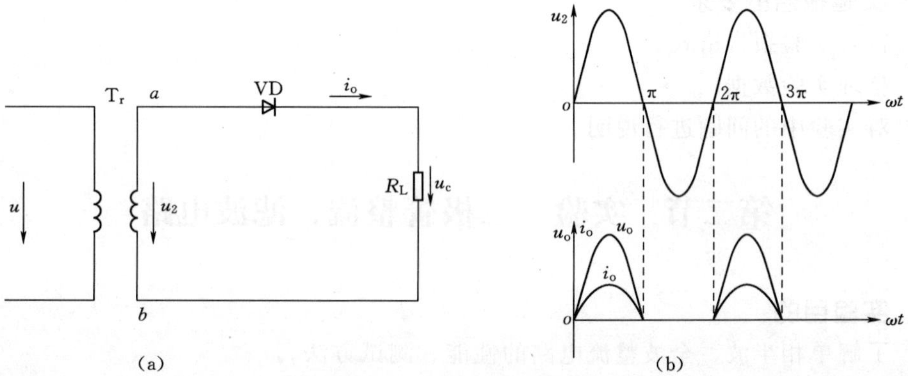


图 2-2-2 单相半波整流

设 $u_2=\sqrt{2}U_2\sin\omega t$，则

$$U_o = \frac{1}{2\pi}\int_0^{\pi}\sqrt{2}U_2\sin\omega t\,d(\omega t) = \frac{\sqrt{2}}{\pi}U_2 = 0.45U_2\text{（不考虑二极管压降）}$$

$$I_o=\frac{U_o}{R_L}=0.45\frac{U_2}{R_L}$$

$$I_D=I_o=0.45\frac{U_2}{R_L}$$

$$U_{DRM}=U_{2m}=\sqrt{2}U_2$$

在整流电路中，整流二极管的正向电流和反向电压是选择整流二极管的依据。

单相半波整流的缺点：只利用了电源的半个周期，整流电压的脉动较大。

忽略二极管内阻压降，则输出直流电压为

$$U_o=\frac{U_{om}}{\pi}=\frac{\sqrt{2}U_2}{\pi}=0.45U_2$$

式中　$U_2$——变压器次级电压有效值。

当 $U_2=\sqrt{2}U_2\sin\omega t$ 时，由于二极管的单相导电作用，只有在电源电压的正半周二极管才有电流通过，整流输出至负载上的电压 $u_L$ 为

$$\begin{cases}u_L=\sqrt{2}U_2\sin\omega t & (0\leqslant\omega t\leqslant 0\pi)\\ u_L=0 & (\pi\leqslant\omega t\leqslant 2\pi)\end{cases}$$

可见，此整流电路仅利用了电源电压的半个波，故称半波整流。可以得到流经 $R_L$ 的直流电压 $U_L=0.45U_2$。半波整流输入及输出波形如图 2-2-2（b）所示。

2. 单相桥式全波整流

单相桥式全波整流的电路原理图如图 2-2-3 所示。

由付式级数展开式得桥式整流时输出电压表达式为

$$U_o=U_{om}\left(\frac{2}{\pi}+\frac{4}{3\pi}\cos 2\omega t-\frac{4}{15\pi}\cos 4\omega t+\cdots\right)$$

$$U_o=\frac{2U_{om}}{\pi}=\frac{\sqrt{2}U_2}{\pi}=0.9U_2$$

可见，桥式整流比半波整流输出直流电压高一倍。

单相桥式整流电路中，有

$$U_o=2\times 0.45U_2=0.9U_2$$

$$I_o=\frac{U_o}{R_L}=0.9\frac{U_o}{R_L}$$

$$I_D=\frac{I_o}{2}=0.45\frac{U_2}{R_L}$$

$$U_{DRM}=\sqrt{2}U_2$$

单相桥式整流电路的整流波形如图 2-2-4 所示。

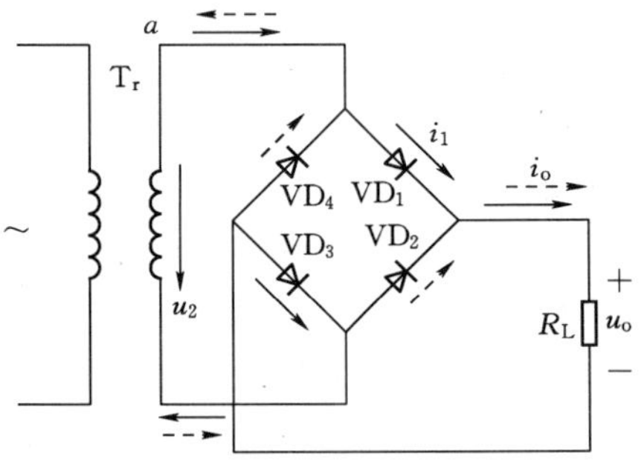


图 2-2-3　桥式整流电路

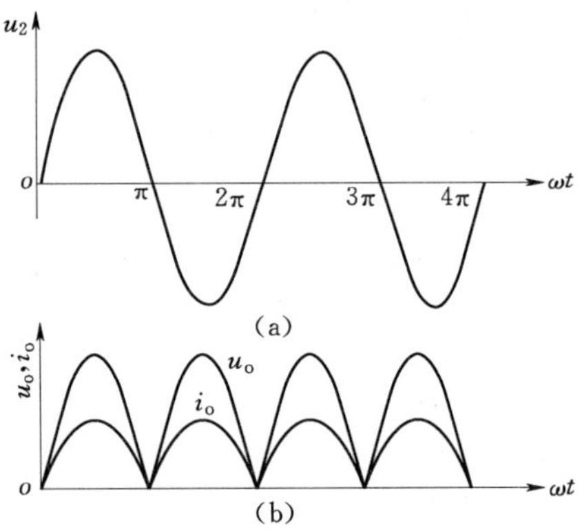


图 2-2-4　桥式整流电路整流波形

在桥式整流电路中，无论在电源 $u_2$ 的正半周还是负半周，都有电流流过负载，因此输出电压比半波整流电路时增加一倍，即可得到流经 $R_L$ 的直流电压 $U_L=0.9U_2$。

3. $RC$—π 型滤波电路

整流后得到的单向脉冲的直流电压因脉动大，必须进行滤波才能得到较平滑的整流电压。

滤波电路通常采用的滤波元件有电容和电感。

图 2-2-5 所示的 $C$ 滤波电路中，忽略二极管正向压降。在 $t=t_1$ 时，$u_2$、$u_o$ 均达到最大值，而后 $u_2$、$u_o$ 下降，$u_2$ 按正弦规律下降很快，在 $t=t_2$ 时 $u_2<u_o$ 二极管 VD 截止，电容器对负载电阻放电，负载电阻仍有电流，$u_o$ 按放电曲线下降，在 $t=t_3$ 时，$u_2>u_o$ 二极管又导通，电容器又被充电，重复上述过程，不难看出 $R_L$ 越大，其输出电压越平滑，输出直流电压越接近于变压器次级交流电压峰值，通常 $U_o=(0.9\sim1.4)U_2$。

由于电容和电感对不同频率正弦信号的阻抗不同，因此可以把电容与负载并联、电感与负载串联构成不同形式的滤波电路，滤波电路及其波形如图 2-2-6 所示。

从另一个角度看，电容和电感是储能元件，它们在二极管导通时储存一部分能量，然后再逐渐释放出来，从而得到比较平滑的输出波形。

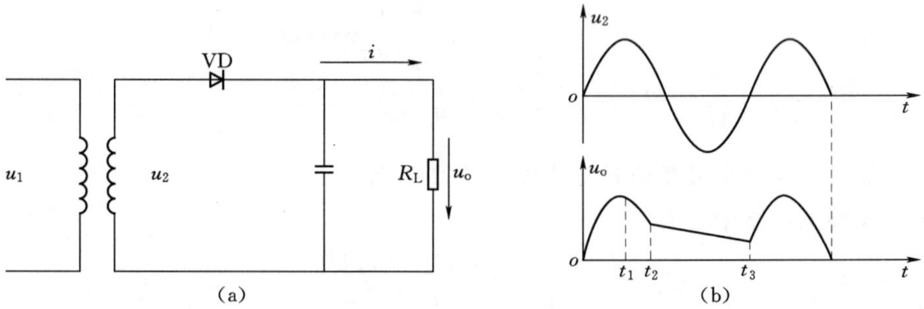


图 2-2-5 $C$ 滤波电路及其波形

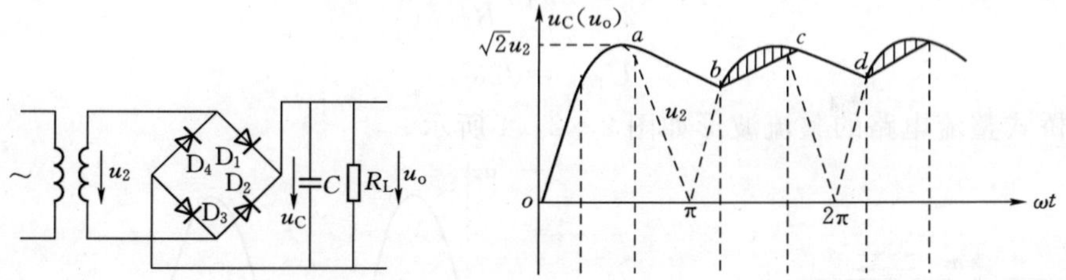


图 2-2-6 滤波电路及其波形

对于图 2-2-7 所示的 $RC$ 滤波电路，由于在 $C_1$ 和 $R_L$ 之间串联一个电阻 $R$，使 $C_1$ 放电速度减慢，有利于减少 $C_1$ 两端电压波动，其次引入 $C_2$ 后，使脉动电压的交流分量较多的降落在电阻 $R$ 两端，所以输出电压中的交流成分比 $C$ 滤波时要小得多。

电容器与负载并联，通过电容的充放电来降低负载上电压和电流的脉动程度。

电容滤波的效果取决于电路的放电时间常数 $\tau=R_LC$。

一般取 $\tau=R_LC=(3\sim5)T/2$，此时 $U_o=1.2U_2$。

特点：电路结构简单，输出电压较高，脉动成分较小，但外特性差（带负载能力差）；适合工作电压高，但工作电流小的负载。当然，要获得一个比较理想的直流电压，仅有整流滤波是不完善，还必须经过稳压等环节。

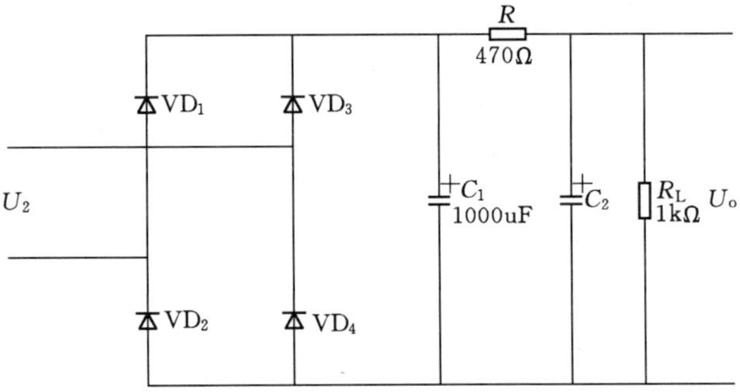


图 2-2-7 RC—л 型滤波器

通常把 $C_1$、$C_2$、$R$ 组成的滤波器称为 $RC$—л 型滤波器，电容对直流和交流电路的阻抗是不同的，其值如下：

$$\begin{cases}直流分量:\dfrac{1}{j\omega C_2}\gg R;R_L\gg R\\交流分量:\dfrac{1}{j\omega C_2}\ll R_L\ll R\end{cases}$$

经滤波后输出至负载上的直流电压为 $U_L=(1.1\sim1.2)U_2$。

4. 二极管极性判断

二极管极性判断如图 2-2-8 所示。

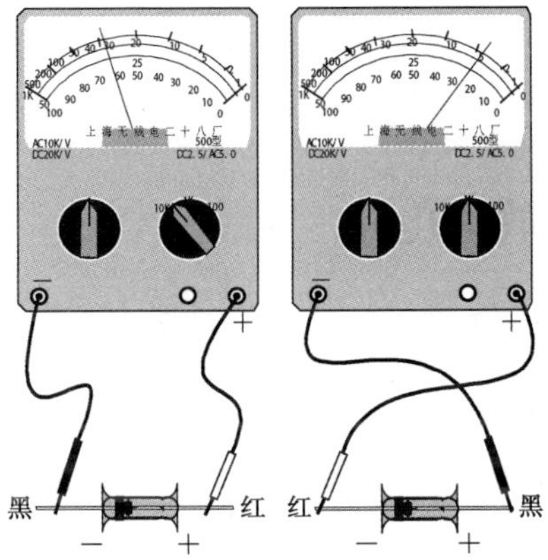


图 2-2-8 二极管极性判断

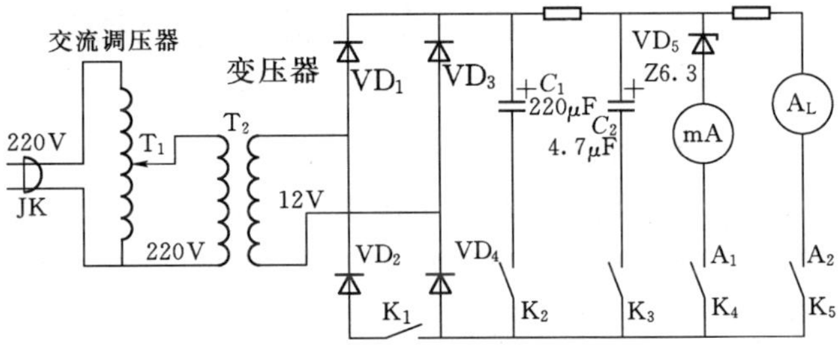


图 2-2-9 整流滤波原理电路

## 四、实验内容

本实验要求自行拟定实验内容和步骤，为了便于实验者预习和做好实验前的准备工作，下面给出实验的基本内容供参考，实验电路如图 2-2-9 所示。

（1）验证公式。

1）半波整流：$U_L=0.45U_2$。

2）全波整流：$U_L=0.9U_2$。

3）滤波：$U_L=1.2U_2$。

整流滤波测量值填入表 2-2-1。

表 2-2-1 整流滤波测量值

| | $U_L$ | $U_2$ | $U_L/U_2$ | 参考值 |
|---|---|---|---|---|
| 半波整流 | | | | 0.45 |
| 全波整流 | | | | 0.9 |
| 滤波 | | | | 1.2 |

（2）观察波形。$U_2$、半波整流 $U_o$、全波整流 $U_o$、滤波 $U_o$。

### 五、实验报告的要求

（1）写出实验内容和步骤。

（2）整理数据，列出表格，将实验结果与理论值进行比较，分析产生误差的原因。自拟表格，记录实验波形。

（3）总结三种电路的性能特点和电容滤波的作用。

### 六、思考

（1）在桥式整流中，$VD_1$～$VD_2$（图 2-2-9）承受的最大反向电压各是多少？

（2）桥式整流电路如发生下述各种情况，会有什么问题？

1）二极管 $VD_1$ 开路。

2）二极管 $VD_1$ 被短路。

3）二极管 $VD_1$ 极性接反。

4）二极管 $VD_1$、$VD_2$ 极性都接反。

5）二极管 $VD_1$ 开路，$VD_2$ 被短路。

## 第三节 实验 三极管基本放大电路

### 一、实验目的

（1）学会放大器静态工作点的调试方法，分析静态工作点对放大器性能的影响。

（2）掌握放大器电压放大倍数、输入电阻、输出电阻及最大不失真输出电压的测试方法。

（3）熟悉常用电子仪器及模拟电路实验设备的使用。

### 二、实验仪器及设备

（1）信号发生器。

（2）晶体管交流毫伏表。

（3）双踪示波器。

（4）+12V 直流电源。

（5）万用表。

（6）直流毫安表。

（7）直流电压表。

（8）元器件：晶体三极管 9013，1 个；电阻器、电容器若干。

## 三、实验原理

### （一）电路的选择

图 2－3－1 和图 2－3－2 所示分别为单管放大电路板示意图和三极管共射放大实验线路，$R_{w1}$ 和 $R_{w2}$ 是用来调整静态工作点的电位器，当在放大电路的输入端加输入信号 $u_i$ 后，在放大器的输出端便可得到一个与 $u_i$ 相位相反、幅值被放大的输出信号 $u_o$，从而实现了电压放大。

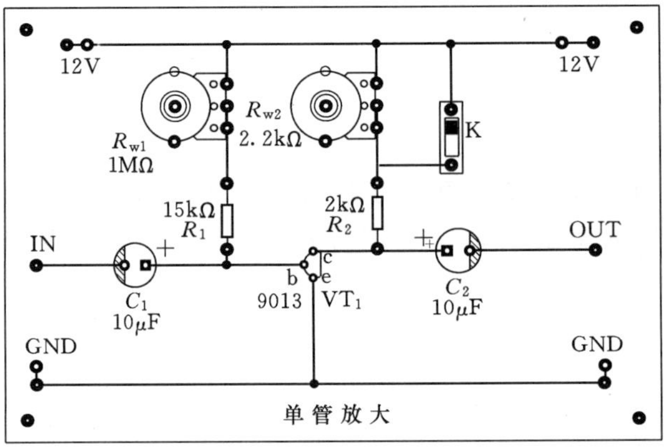


图 2－3－1 三极管基本放大实验电路

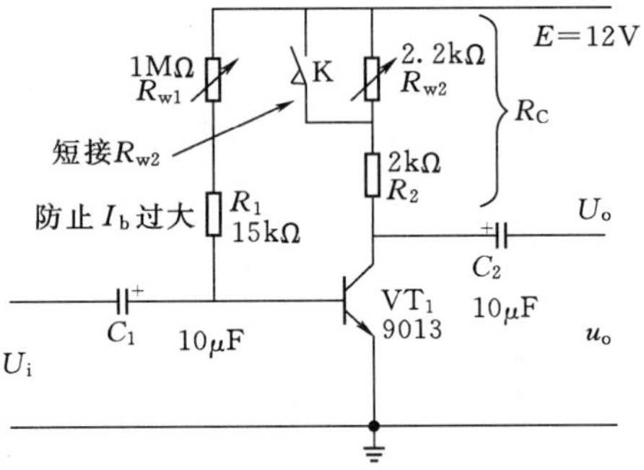


图 2－3－2 三极管基本放大工作原理图

### （二）静态工作点的测量与调试

1. 调整静态工作点 $Q$

静态工作点是否合适，对放大器的性能和输出波形都有很大影响。如工作点偏高，放大器在加入交流信号后，易产生饱和失真，此时 $u_o$ 的负半周将被削底；如工作点偏低，则易产生截止失真，此时 $u_o$ 的正半周将缩顶，如图 2－3－3 所示。放大电路的参数 $U_{CC}$、$R_C$、$R_B$ 都会引起静态工作点的变化，通常多采用调节偏置电阻 $R_B$ 的方法来改变静态工作点。虽然 $Q$ 点是静态问题，但它不仅仅影响静态，还影响动态，如动态输出值 $U_{OM}$。

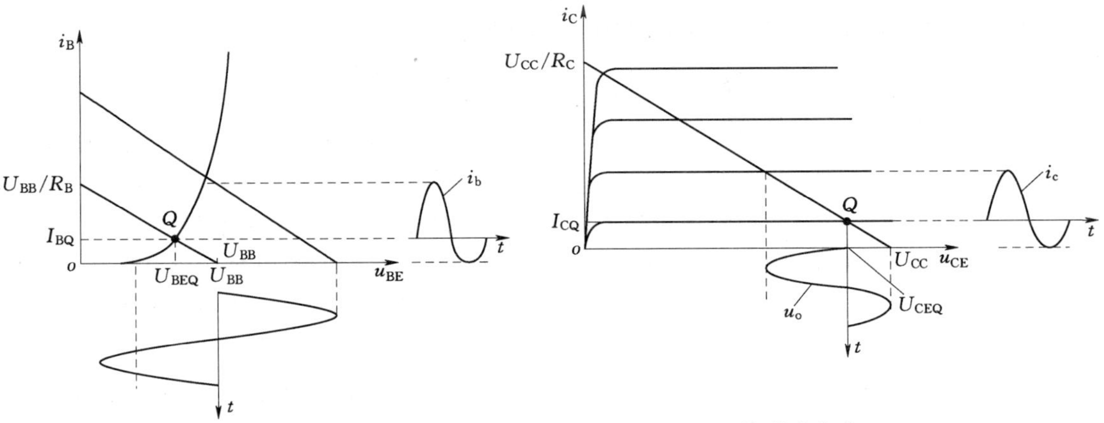


(a)截止失真　(b)饱和失真

图 2－3－3 失真分析

截止失真是在输入回路首先产生失真；饱和失真是输出回路产生失真，如图 2-3-3 所示。消除截止失真的方法：增大 $U_{BB}$，即向上平移输入回路负载线。

可见，调整 $R_{w1}$ 和 $R_{w2}$，使输出信号最大而不失真时，即为最佳静态工作点 $Q$。

2. 测量静态工作点 $Q$

将放大器的输入端与地短接，然后选用量程合适的直流电压表，分别测量晶体三极管各电极对地电位 $U_B$、$U_C$、$U_E$，即可得到

$$U_{BE}=U_B-U_E$$

$$U_{CE}=U_C-U_E$$

$$I_C=\frac{(U_{CC}-U_C)}{R_C}$$

3. 放大电路动态指标的测试

（1）电压放大倍数 $A_u$。在放大电路的输入端加入频率为 1kHz、幅值（有效值）为 5mV 的正弦信号 $u_i$，再用交流毫伏表测量输出值 $u_o$，利用公式 $A_u=u_o/u_i$ 即可得到 $A_u$ 值。

（2）输入电阻 $R_i$ 的测量。$R_i$ 是指拆去信号源向放大器输入端看进去的等效电阻，如图 2-3-4（a）所示，即

$$R_i=\frac{U_i}{I_i}$$

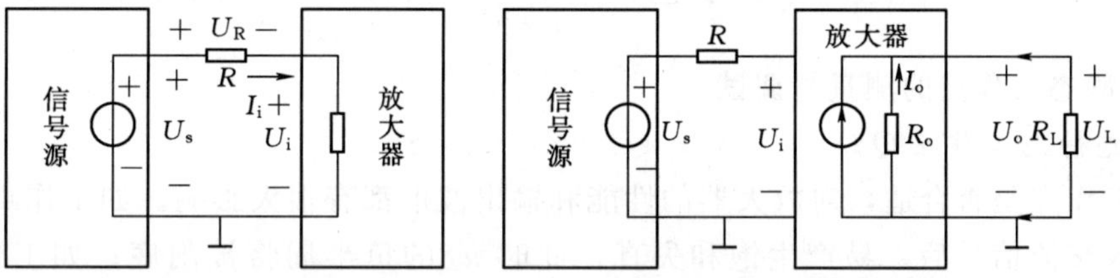


（a）输入电阻 $R_i$ 等效图　（b）输出电阻 $R_o$ 的等效电路

图 2-3-4　$R_i$、$R_o$ 的等效电路图

1）方法一：换算法测量 $R_i$。在信号源与放大器之间串入一已知阻值的电阻 $R$，在放大器正常工作的情况下，用交流毫伏表测出 $U_s$ 和 $U_i$，则有

$$R_i=\frac{U_i}{I_i}=\frac{U_i}{U_R/R}=U_i\frac{R}{(U_s-U_i)}$$

注意：①由于电阻 $R$ 两端电路没有公共接地点，所以在测量 $R$ 两端电压 $U_R$ 时，必须分别测出 $U_s$ 和 $U_i$，再按 $U_R=U_s-U_i$ 求出 $U_R$ 值；②电阻 $R$ 的值不宜取得过大，否则易引入干扰；但也不宜过小，否则测量误差较大。通常取 $R$ 与 $R_i$ 为同一数量级。

2）方法二：在放大电路输出一个定值（如 1V）时，在输入端串接一个电阻箱，调节电阻箱阻值使输出值为原定值的一半时，电阻箱的指示值即为 $R_i$，测量 $R_i$ 的原理图如图 2-3-5 所示。

（3）输出电阻 $R_o$ 的测量。输出电阻 $R_o$ 是指将输入端短路，拆去负载 $R_L$，向放大器看进去的等效电阻，如图 2-3-4（b）所示。

1）方法一：换算法测量 $R_o$。在放大器的输入端加一个固定信号电压，再分别测量断

开 $R_L$ 和接上 $R_L$ 时的输出电压 $U_o$ 和 $U_L$，则有

$$R_o=\left(\frac{U_o}{U_L}-1\right)R_L$$

注意：①在测试中必须保持 $R_L$ 接入前后输入信号的大小不变；②为了测量精度，应取 $R_L$ 的阻值与 $R_o$ 为同一数量级。

2）方法二：在放大电路输出一个定值（如 1V）时，在输出端串接一个电阻箱 $R_P$，调节电阻箱阻值使输出值为原定值的一半时，电阻箱的指示值即为 $R_o$。

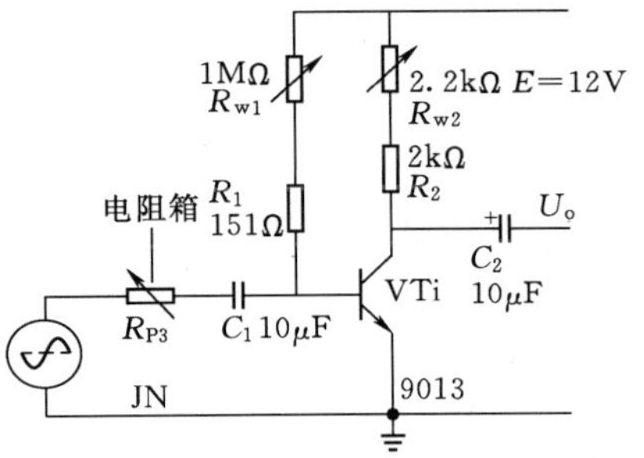


图 2-3-5　测量 $R_i$ 的原理图

测量 $R_o$ 的原理图如图 2-3-6 所示。

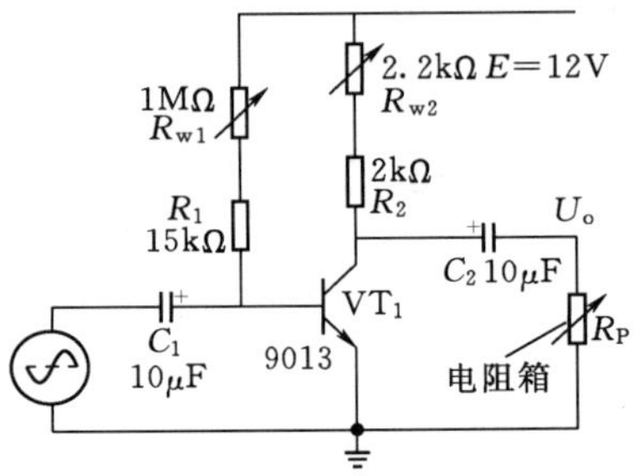


图 2-3-6　测量 $R_o$ 的原理图

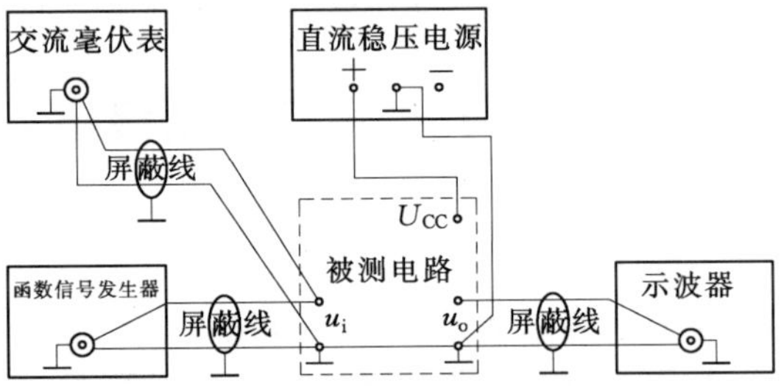


图 2-3-7　连接示意图

## 四、实验内容

1. 装接单管共射极放大电路

按实验电路图 2-3-2 连接各元器件，再用导线将各仪器与实验电路相连，连接示意图如图 2-3-7 所示。

2. 测量静态工作点

接通电源，输入一个小信号 2～5mV，调节偏流电阻 $R_{w1}$ 和 $R_{w2}$（图 2-3-6），使输出信号最大而不失真时，为最佳静态工作点 Q；用直流电压表测量晶体三极管各电极对地电位 $U_B$、$U_C$、$U_E$ 及用万用表测量 $R_P$ 的值，记录在表 2-3-1 中。

3. 测量电压放大倍数

在放大器的输入端加入频率为 1kHz，幅度为 2～5mV 的信号 $u_i$，同时用示波器观察放大器输出电压 $u_o$ 的波形，在波形不失真的条件下用交流毫伏表测量 $R_C$ 分别为 1kΩ 和 2kΩ 时的 $u_o$ 值，并用双踪示波器观察 $u_o$ 和 $u_i$ 的相位关系。

**表 2-3-1　　测量静态工作点**

| 给定条件 | 测量数据 | | | |
|---|---|---|---|---|
| $R_B$ 为合适值；$R_L=\infty$ | $I_{BQ}$ | $I_{CQ}$ | $U_{CEQ}$ | $U_{BEQ}$ |
| | | | | |

4. 测量输入电阻

在放大电路输出一个定值（如1V）时，在输入端串接一个电阻箱，调节电阻箱阻值使输出值为原定值的一半时，电阻箱的指示值即为$R_i$，记录入表2-3-2中。

5. 测量输出电阻

在放大电路输出一个定值（如1V）时，在输出端串接一个电阻箱，调节电阻箱阻值使输出值为原定值的一半时，电阻箱的指示值即为$R_o$，记录入表表2-3-2中。

## 五、实验报告的要求

表2-3-2 输入、输出电阻

| | |
|---|---|
| $R_i$ | |
| $R_o$ | |

(1) 整理数据，并把实测的Q点、$A_u$、$R_i$、$R_o$的值与理论计算值进行比较，分析产生误差的原因。

(2) 讨论静态工作点的变化放大器输出波形的影响。

(3) 总结为提高放大倍数，应调节哪些元件参数。

# 第四节 实验 两级电压串联负反馈放大器

## 一、实验目的

(1) 学习多级放大器的测试方法。

(2) 加深了解负反馈对放大器性能的影响。

(3) 进一步熟悉放大器性能指标的测量方法。

## 二、实验仪器和设备

(1) ＋12V的直流稳压电源。

(2) 信号发生器。

(3) 晶体管交流毫伏表。

(4) 直流电压表。

(5) 双踪示波器。

(6) 元器件：三极管3DG6，电阻、电容、电位器若干。

## 三、实验原理

负反馈共有四种类型，本实验以电压串联负反馈为例分析负反馈对放大器各项性能指标的影响。电压串联负反馈特点：提高了电路的稳定性；非线性失真减小了；输入电阻增大，输出电阻减小了；拓宽了通频带；牺牲了放大倍数。实验电路如图2-4-1所示，是一个带有负反馈的两级阻容耦合放大电路。放大电路的主要性能指标如下。

1. 闭环电压放大倍数$A_{uf}$

$$A_{uf}=\frac{A_u}{1+A_uF_u}$$

式中 $A_u$——基本放大器（无反馈）的电压放大倍数，即开环电压放大倍数，$A_u=u_o/u_i$；

$F_u$——反馈系数$F_u=\frac{R_4}{R_f+R_4}$。

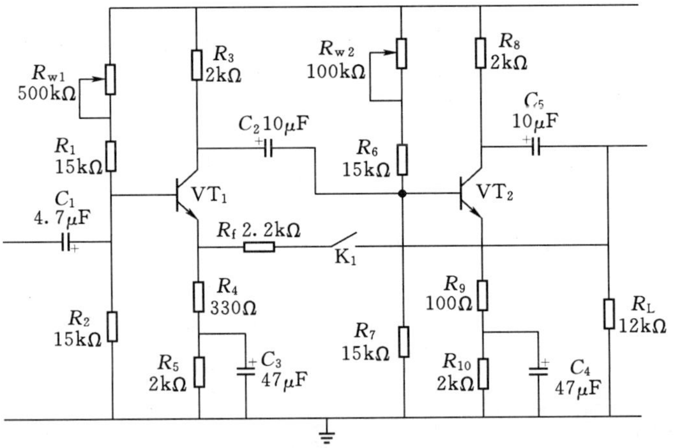


图 2-4-1　两级放大及负反馈电路

$1+A_uF_u$——反馈深度，它的大小决定了负反馈对放大器性能的改善程度。

2. 输入电阻 $R_{if}$

$$R_{if}=(1+A_uF_u)R_i$$

式中　$R_i$——基本放大器的输入电阻（不包括偏置电阻）。

3. 输出电阻 $R_{of}$

$$R_{of}=\frac{R_o}{1+A_{uo}F_u}$$

式中　$R_o$——基本放大器的输出电阻；

$A_{uo}$——基本放大器在 $R_L=\infty$ 时的电压放大倍数。

## 四、实验内容

（1）调整和测试两级放大电路的静态工作点。

1）按图 2-4-2 所示连接线路，检查接线正确无误后，取 $U_i=15mV$，$U_{CC}=12V$。

2）分别调节 $R_{w1}$ 和 $R_{w2}$，使放大电路输出波形最大而不失真，然后测量静态工作点 Q 的值，记录入表 2-4-1 中。

**表 2-4-1　测量静态工作点（无反馈测量）（用万用表测量）**

| VT1 管 | | | VT2 管 | | |
|---|---|---|---|---|---|
| $U_{BE1Q}$ | $U_{BE2Q}$ | $I_{C1Q}$ | $U_{BE2Q}$ | $U_{CE2Q}$ | $I_{C2Q}$ |
| | | | | | |

（2）测量有、无反馈时，两级放大电路的 $A_u$ 及幅频特性。

条件：断开开关 $K_1$ 时无反馈，接通开关 $K_1$ 时有反馈。

1）测量两级放大电路的放大倍数 $A_u$。在输入端（$U_i$）加入 1kHz、15mV 的正弦信号，用示波器监视输出波形，在波形不失真的情况下，用交流毫伏表测量 $U_o$ 和 $U_i$，并计算 $A_u$，所用方法与单管放大电路时相同，将结果记录入表 2-4-2 中。

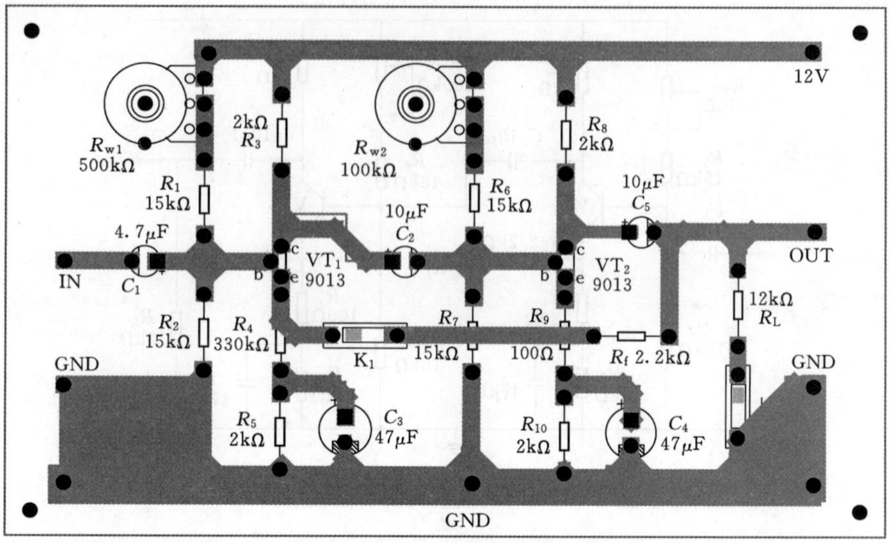


图 2-4-2 两级放大负反馈实验电路板

**表 2-4-2** **测量放大倍数（用毫伏表测量）**

| 条件 | 输入、输出 电压 | | | 电压放大倍数 | | |
|---|---|---|---|---|---|---|
| | $U_{i1}$ | $U_{o1}=U_{i2}$ | $U_{o2}$ | $A_{u1}$ | $A_{u2}$ | $A_u$ |
| 无反馈 | | | | | | |
| 有反馈 | | | | | | |

2）测量两级放大电路的幅频特性。在输入端（$U_i$）加入 1kHz、15mV 的正弦信号，用示波器监视输出波形，在波形不失真的情况下，先记录 1kHz 下的 $U_o$ 和 $U_{of}$ 值，然后调整信号频率找到 $0.707U_o$ 和 $0.707U_{of}$ 下的频率值，如图 2-4-3 所示，并将结果记录入表 2-4-3 中。

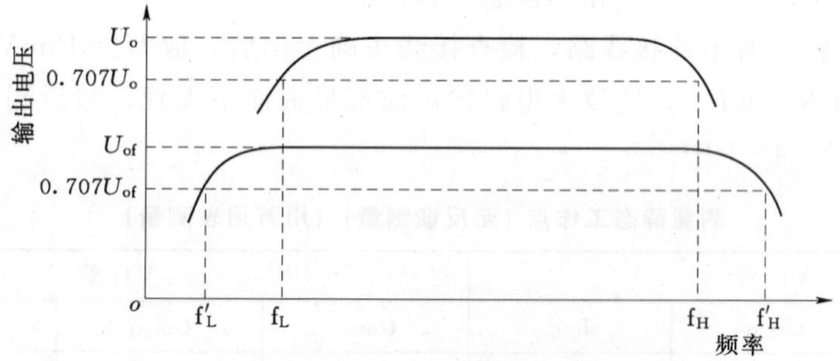


图 2-4-3 放大器的幅频特性

**表 2-4-3** **放大器的幅频特性**

| | | | | |
|---|---|---|---|---|
| 无反馈 | $U_o$ | $0.707U_o=$ | $U_o=$ | $0.707U_o=$ |
| | $f$ | | $f=1kHz$ | |
| 有反馈 | $U_{of}$ | $0.707U_{of}=$ | $U_{of}=$ | $0.707U_{of}=$ |
| | $f$ | | $f=1kHz$ | |

## 五、实验报告的要求

（1）整理实验数据，将基本放大器和负反馈放大器动态参数的实测值和理论估算值列表进行比较。

（2）用实验所得数据说明电压串联负反馈对放大电路性能的影响。

# 第五节　实验　集成运算放大器的基本应用（Ⅰ）

——模拟运算电路

## 一、实验目的

（1）掌握集成运算放大器（简称运放）的正确使用方法。

（2）研究由运放构成的比例、加法和积分等基本运算电路的功能。

（3）熟悉用双踪示波器同时观测输入与输出波形的幅值和相位关系。

## 二、实验仪器和设备

本实验可采用实验电路板也可采用实验箱连接实验电路，用到的仪器和设备如下：

（1）函数信号发生器。

（2）双踪示波器。

（3）交流毫伏表。

（4）直流电压表。

（5）±12V 直流电源。

（6）元器件：集成运算放大器，μ741 1 个；电阻器、电容器若干。

## 三、实验原理

集成运放 μ741 它是八脚双列直插式组件，1 脚和 5 脚为失调调零端，在 1 脚、5 脚之间可接入一只几十千欧电位器并将滑动触头接到负电源端，2 脚为反相输入端，3 脚为同相输入端，4 脚和 7 脚分别为负、正电源端，6 脚为输出端，8 脚为空脚。

集成运算放大器是一种高增益的直接耦合多级放大器，在其输出端和输入端之间接入不同的反馈网络，就能实现各种不同的电路功能。在线性应用方面，可组成比例、加法和积分等模拟运算电路。

本实验电路板示意图如图 2－5－1 所示。

1. 反相比例放大器

反相比例放大器实验电路如图 2－5－2 所示，信号由反相端输入，在理想化条件下，反相放大器的闭环增益为

$$A_{uf}=\frac{u_o}{u_i}=-\frac{R_f}{R_1}$$

为了减小输入级偏置电流引起的运算误差，在同相输入端应接入平衡电阻 $R_2=R_1 /\!/ R_f$。

2. 同相比例放大器

同相比例放大器实验电路如图 2－5－3 所示，信号由同相端输入，在理想化条件下，

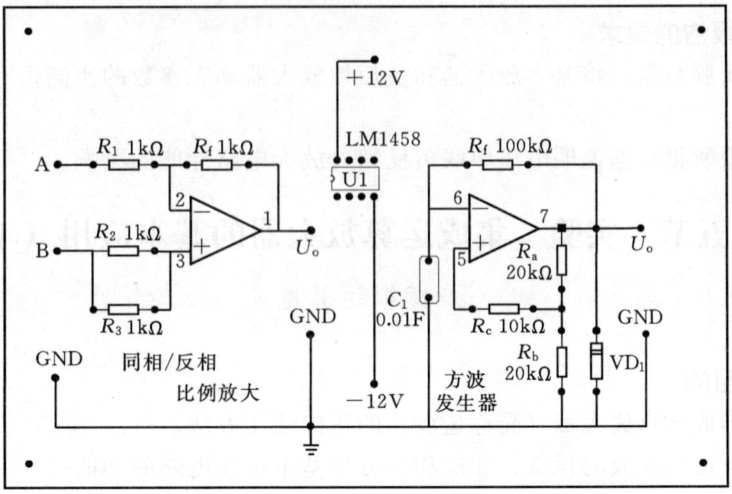


图 2-5-1 实验电路板示意图

同相放大器的闭环增益为

$$A_{uf}=\frac{u_o}{u_i}=1+\frac{R_f}{R_1}$$

同理，应在反相输入端应接入平衡电阻 $R_2=R_1/\!/R_f$。

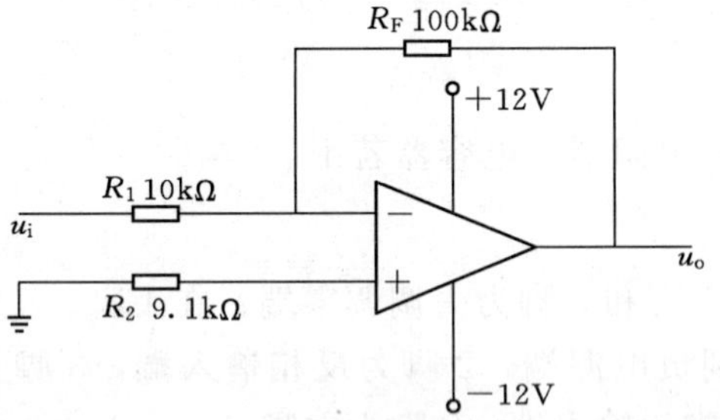


图 2-5-2 反相比例放大器实验连线示意图

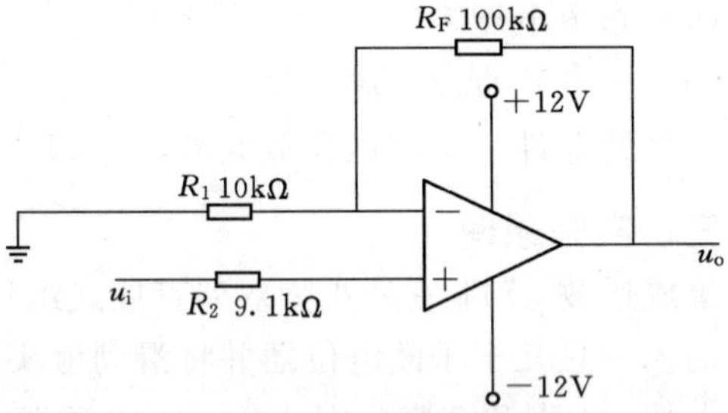


图 2-5-3 同相比例放大器实验连线示意图

3. 反相加法器

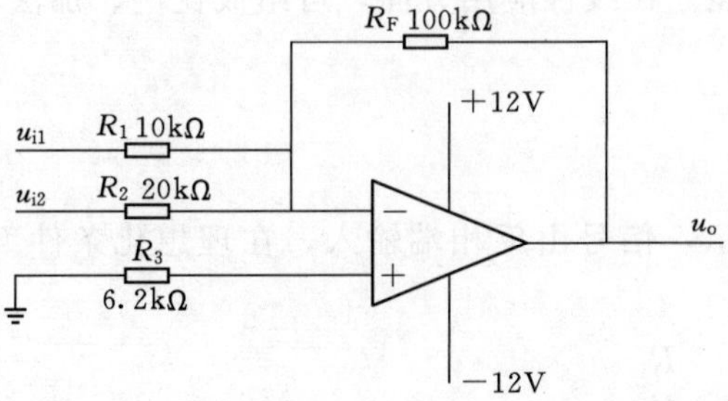


图 2-5-4 反相加法器实验连线示意图

反相加法器实验电路如图 2-5-4 所示，在理想条件下，由于相加点为“虚地”，电路输入端 $u_{i1}$ 和 $u_{i2}$ 分别与 −5～+5V 可调直流信号源相接，两路输入电压 $u_{i1}$ 和 $u_{i2}$ 可以彼此独立地通过自身输入回路电阻转换为电流，这样就能精确地进行代数相加运算，其输出电压为

$$u_o=-\left(\frac{R_f u_{i1}}{R_1}+\frac{R_f u_{i2}}{R_2}\right)$$

当 $R_1=R_2=R$ 时：

$$u_o=-\frac{R_f(u_{i1}+u_{i2})}{R}$$

## 四、实验内容

1. 反相比例放大器的设计

（1）设计要求：给出 $R_F=100k\Omega$，要求 $|A_{uf}|=10$。

（2）按图 2-5-2 的要求连接实验电路，接通 ±12V 直流电源，再分别输入 $f=1kHz$，$u_i=0.5V$ 和 1V 的正弦信号，测量相应的 $u_o$，并用示波器观测 $u_i$ 和 $u_o$ 的相位关系，将结果记入表 2-5-1 中。

**表 2-5-1　　反相比例放大器实验数据**

| $u_i$（V） | $u_o$（V） | $A_u$ | | $u_i$ 波形 | $u_o$ 波形 |
|---|---|---|---|---|---|
| | | 公式法 | 测量法 | | |
| 0.5 | | | | | |
| 0.1 | | | | | |

2. 同相比例放大器

按图 2-5-3 的要求连接实验电路，实验步骤重复内容 1，将结果记入表 2-5-2 中。

**表 2-5-2　　同相比例放大器实验数据**

| $u_i$（V） | $u_o$（V） | $A_u$ | | $u_i$ 波形 | $u_o$ 波形 |
|---|---|---|---|---|---|
| | | 公式法 | 测量法 | | |
| 0.5 | | | | | |
| 0.1 | | | | | |

3. 反相加法器

按图 2-5-4 的要求连接实验电路，输入信号采用直流信号，用直流电压表测量输入电压 $u_{i1}$、$u_{i2}$ 和输出电压 $u_o$，将结果记入表 2-5-3 中。

**表 2-5-3　　反相加法器实验数据**

| $u_{i1}$（V） | $u_{i2}$（V） | $u_o$ 测量值 | $u_o$ 计算值 |
|---|---|---|---|
| | | | |

注意：①实验前要看清运放各管脚的位置，注意正负电源的极性不能接反，输出端不能短路，否则将损坏集成块；②为提高运放的运算精度，应首先对直流输出电位进行调零，在运放的 1 脚、5 脚之间接入一个 100kΩ 的电位器 $R_w$，细心调节 $R_w$，当输入端为零时，保证输出端也为零。

## 五、实验报告的要求

（1）列表整理测量结果，并把实测数据与理论计算值比较分析产生误差原因。

（2）总结本实验 3 种运算电路的特点与性能。

(3) 总结集成运放在实际应用时应该注意的事项。

(4) 画出波形图，注意波形间的相位及幅值对应关系。

## 第六节 实验 集成运算放大器的基本应用（Ⅱ）

——占空比可调的方波发生器

### 一、实验目的

(1) 学习使用集成运放构成方波发生器。

(2) 熟悉方波发生器的工作性能，了解其调整方法。

### 二、实验仪器和设备

(1) 双踪示波器。

(2) 交流毫伏表。

(3) ±12V 直流电源。

(4) 器件：集成运放，$\mu$741 一个；双向稳压管，2DW7 一个；二极管，4001 两个；电阻、电容，若干。

### 三、实验原理

本实验电路如图 2-6-1 所示。由图可见，集成运放起电压比较的作用；负反馈网络是由 $R$、$C$ 组成的充、放电回路，二极管起将充、放电回路分开的作用；由 $R_1$ 和 $R_2$ 组成了正反馈网络，为比较器提供一个基准电压，双向稳压管 $VD_W$ 保证了输出方波的正负对称性；$R_o$ 是稳压管的限流电阻。

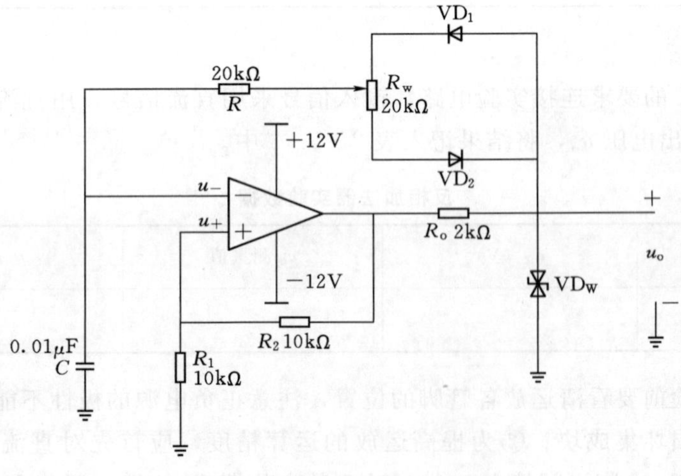


图 2-6-1 实验箱接线电路图

当 $t=0$ 时，$u_o$ 为正饱和值 $+U_z$，通过 $VD_1$、$R_w$、$R$ 向 $C$ 充电，当 $U_-$ 稍大于 $U_+$ 时，$u_o$ 立刻跳到 $-U_z$；此时，$C$ 通过 $C$ 和 $R$ 和 $R_w$ 和 $VD_2$ 放电，$U_-$ 逐渐下降。如此不断重复，即可在输出端得到周期性方波，波形如图 2-6-2 所示。

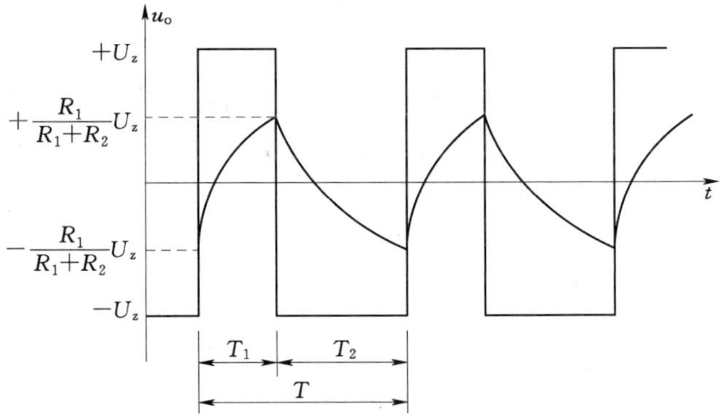


图 2-6-2　方波发生器波形

由于充电和放电时间可以通过 $R_w$ 进行调节，所以能得到占空比不同的方波。本电路的振荡周期为

$$T=T_1+T_2$$

$$T_1=(\alpha R_1+R_2)C\ln\left(\frac{U_S-U_{D1}+\frac{1}{2}U_S}{U_S-U_{D1}-\frac{1}{2}U_S}\right)$$

$$T_2=[(1-\alpha)R_1+R_2]C\ln\left(\frac{U_S-U_{D2}+\frac{1}{2}U_S}{U_S-U_{D2}-\frac{1}{2}U_S}\right)$$

占空比

$$D=\frac{T_1}{T_1+T_2}=\frac{\alpha R_1+R_2}{R_1+2R_2}$$

## 四、实验内容

（1）按图 2-6-1 连接实验电路，检查无误后，接通集成运放的直流电源。

（2）将电位 $R_w$ 器调到适当的位置，用示波器观察其输出波形是否是方波，然后调节 $R_w$，看方波周期是否改变，占空比是否可调。

（3）调节电位器 $R_w$ 分别使占空比 $D$ 为 1/4、1/2、3/4 时，测相应的输出波波形的幅值、周期，将结果记入表 2-6-1 中。

**表 2-6-1**　　**方波发生器实验数据**

| 占空比 $D$ | 高电平 $T_1$ | 周期 $T$ | 频率 $F$ | 幅值 |
|---|---|---|---|---|
| 1/4 | | | | |
| 1/2 | | | | |
| 3/4 | | | | |

## 五、实验报告的要求

（1）整理实验数据，计算该电路的振荡周期 $T$ 和占空比 $D$，以便与实测值进行比较。

（2）分析 $R_w$ 变化时，对输出波形的幅值和频率的影响。

## 第七节 实验 音频功率放大器特性综合测量（实验板 1）

### 一、实验目的

掌握函数信号发生器、电子毫伏表和通用示波器综合应用。对 TDA2030 集成电路音频放大器的输出特性进行综合测试，分析实验数据，讨论综合测试的特点、要求。

### 二、实验仪器和设备

（1）XJ4312 型（20MHz）双踪示波器。

（2）KH—1 数控函数信号发生器。

（3）KH－DV1 数字式交流毫伏表。

### 三、实验内容

（1）最大不失真输出功率的测量，试验电路如图 2－7－1 所示，试验电路板如图 2－7－2所示，测试仪器连线如图 2－7－3 所示。

（2）电压放大倍数、电压增益和输入灵敏度的测量。

（3）频率响应特性的测量（点频测量法）。

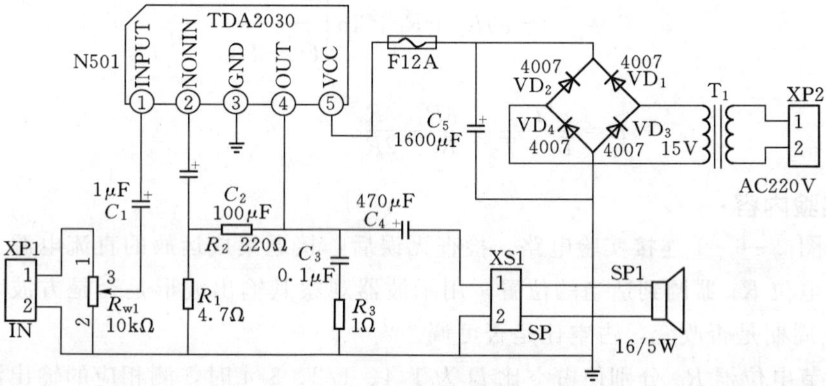


图 2－7－1 TDA2030 功率放大器原理图

### 四、实验步骤

1. 熟悉和检验相关仪器仪表

（1）把信号发生器的（A）端口输出连接到电子毫伏表和示波器的输入端口。使用示波器（扫描时间为 1ms/div，偏转灵敏度为 10mV/div，触发方式为自动，输入方式为 AC，电子毫伏表 200mV 挡）。连接示意图如图 1－3－4 所示。

（2）把信号发生器设置 1kHz 正弦波输出（按复位按钮即可），调节（A）输出端口幅度调节旋钮，用电子毫伏表测量信号发生器输出信号幅值不大于 50mV。用示波器（扫描时间为 1ms/div，偏转灵敏度为 10mV/div）观察信号发生器输出信号的正弦波应当不

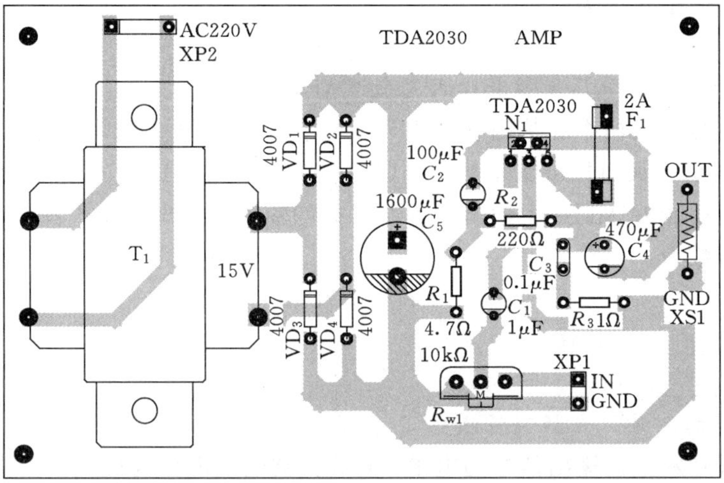


图 2-7-2　TDA2030 功率放大器 PCB 板图

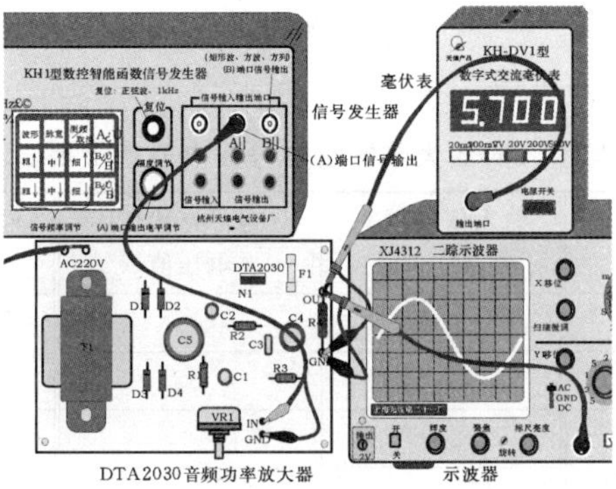


图 2-7-3　功率放大器各项指标测试仪器接线示意图

失真。

2. 最大不失真输出功率测量

（1）在放大器的输出 OUT 接上 10Ω/2W 的负载电阻，把信号发生器的 A 输出连接到放大器的输入端口（MTP2 或 IN），把探头接地夹子夹到接地端（GND）。把示波器和电子毫伏表的输入探头接到放大器的输出端口（OUT），探头接地夹子夹到接地端（GND）。把电源插头接到电源插座。

（2）将音量电位器 $R_{w1}$ 调至最大输出，调节信号发生器的输出电平，同时用示波器观察放大器输出信号的波形，找出刚刚开始出现波形失真（波形出现削顶）的位置，再回调到刚好不失真的位置，此时通过电子毫伏表即可读得放大器的最大不失真输出电压。

（3）放大器的最大不失真输出电压：电子毫伏表的显示值为放大器输出电压 $U_o$=____V，根据公式 $P_o=U_o^2/R_L$，则可计算最大不失真输出功率。

（4）记录并计算测量结果（测试条件：电源电压 9V、负载为 10Ω、测试信号为 1kHz 正弦波）。

最大不失真输出功率为

$$P_o = U_o^2 / R_L$$

3. 电压放大倍数、电压增益和输入灵敏度的测量

在最大不失真输出功率的基础上，改为用电子毫伏表测量此时输入信号（MTP2）的幅值$U_i$，然后求出最大电压放大倍数$A_u$（倍）和电压增益$A$（dB）可用查表得到放大倍数对应的分贝值；能够达到最大输出功率所需要的输入电压即为输入灵敏度。

电压放大倍数为

$$A_u = U_o / U_i$$

电压增益：$A$=________dB。

输入灵敏度：________mV。

4. 频率特性的测量（点频测量法）

（1）调小信号发生器输出信号的电平，使放大器输出电压为最大不失真输出电压的1/2，此后信号发生器输出信号的幅值保持固定不变（波形仍然为正弦波）。

（2）调节信号发生器的［粗↑］或［粗↓］或［中↓］……按钮，按1/4倍频改变输出信号的频率，分别测出表2-7-1所列各频点的输出信号幅值，并且在表格中记录各频率信号在电子毫伏表显示的电压值。

**表2-7-1　不同频率信号输入时放大器输出信号在电子毫伏表显示的电压值**

| 输入信号频率（Hz） | 电子毫伏表电压值 | 输入信号频率（Hz） | 电子毫伏表电压值 | 输入信号频率（Hz） | 电子毫伏表电压值 |
|---|---|---|---|---|---|
| 16 | | 200 | | 2500 | |
| 20 | | 250 | | 3100 | |
| 25 | | 310 | | 4000 | |
| 31 | | 400 | | 5000 | |
| 40 | | 500 | | 6300 | |
| 50 | | 630 | | 8000 | |
| 63 | | 800 | | 10000 | |
| 80 | | 1000 | | 12000 | |
| 100 | | 1200 | | 16000 | |
| 125 | | 1600 | | 20000 | |
| 160 | | 2000 | | 25000 | |

（3）指出功率放大器输出电压相对于1.0kHz频点的增益不大于±2dB（查表可知：+2dB约为1.26、−2dB约为0.8）的下限频点和上限频点多少，二者之间即为该功率放大器的频率响应范围（相对1.0kHz的其他频点电压下降不小于80%和上升不大于126%的所有信号的频率范围）。

该放大器的频率范围为：________Hz～________kHz，不均匀度不大于±2dB。

（4）绘制频率特性曲线图（用曲线图描述频率特性）：对应以上表格所有频点的电压值，把频点（$X$轴）与电压（$Y$轴）交点用笔标出小点，把小点连接起来，成为一条水平

曲线，画在图 2-7-4 上。该曲线越平坦则表明功率放大器的频率特性越好。

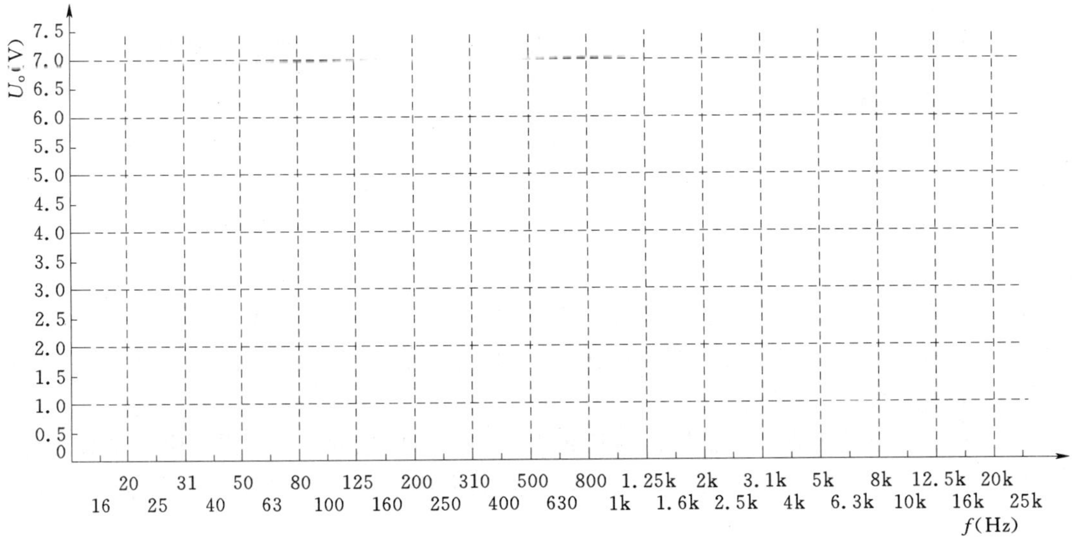


图 2-7-4 音频放大器的频率响应特性曲线图

（国家标准规定：四级音频功率放大器的频率响应特性为：150～5000Hz 的增益不大于±2db。）

（5）输出内阻（阻尼系数）。

1）在放大器空载时，测量出最大不失真输出电压 $U_o$，接上负载电阻（$R_L=10\Omega$）时，再测量最大不失真输出电压 $U_R$。

2）根据公式 $R_o=[U_o/U_R-1]R_L$，计算输出内阻。（测试信号：1kHz 正弦波，空载最大输出电压 $U_o$ 为________V，带负载最大输出电压 $U_R$ 为________V，$R_o$=________。）

（6）测试瞬态反应（转换速率）特性。

1）校正示波器探极的补偿：把探极接到示波器的“1kHz 方波”测验信号，检查显示的方波波形是否正常（正确补偿），否则调整探极内的补偿电容直到正确补偿。

2）调节信号发生器输出“方波”信号（B 口输出），使功率放大器输出电压为最大不失真输出电压的 70%，使用 1～20kHz 的方波信号观察放大的输出波形，如图 2-7-5 所示。好的音频放大器应能做到对 10kHz 方波信号放大后波形的前沿不出现较大的圆弧角。

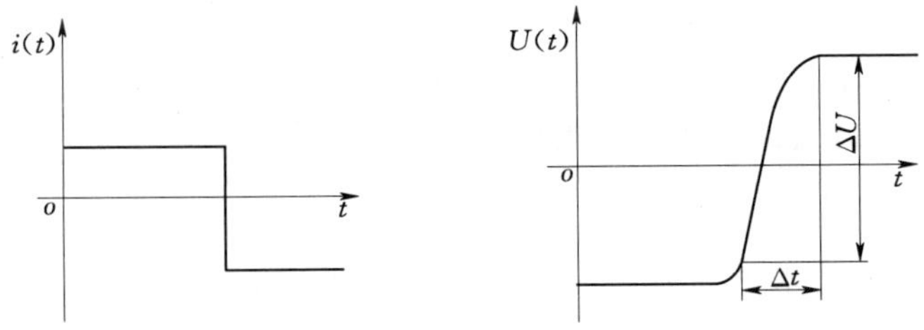


(a)输入信号的波形 (b)输出信号的波形

图 2-7-5 测试放大器转换速率

3）放大器转换速率用 $S_r$ 来表示，$S_r=\Delta U/\Delta t$。

转换速率 $S_r=$ ________ V/μs。

转换速率表示音频放大器对瞬间信号的跟随能力，优秀音频放大器能做到 20V/μs。

## 五、实验分析与讨论

（1）通常测试参数应附注测试条件，如最大不失真功率与电源电压、负载阻抗有关。测试所使用的频率也很重要，如用 10kHz 与 1kHz 测量的结果则相差甚远，因此规定使用 1kHz 或 400Hz（高要求时）进行测量。

（2）频率特性测量是研究信号中各频率信号的幅值 A 与频率 $f$ 的关系，测量方法为“点频测量法”。频率响应特性表达了放大器的放大能力在一定的频率范围内是否一致，一般用频率范围表示，因此上限/下限频点的定义则与幅值的变化量很相关，如果用特性曲线图来表示则更直观。

（3）输出内阻越小则放大器输出电流越大，即带动负载的能力越强，阻尼系数为音频放大器的指标，所以阻尼系数要求越大越好，好的大功率放大器的阻尼系数可在 200，甚至更大。

（4）放大器等电子设备的特性通常要由多项参数（综合）构成。参数综合测试项目越多，则越能全面反映其性能。

# 第八节 实验 集成低频功率放大器（实验板 2）

## 一、实验目的

（1）通过实验了解功率放大器的工作原理。

（2）熟悉对集成低频功率放大器组件的合理选择和正确使用。

（3）掌握集成低频功率放大器基本技术指标的测试。

## 二、实验仪器和设备

（1）函数信号发生器。

（2）双踪示波器。

（3）晶体管交流毫伏表。

（4）直流电压表。

（5）直流毫安表。

（6）+9V 直流电源。

（7）集成功放块，LA4112 1 块；电阻、电容，若干。

## 三、实验原理

本实验要求完成的技术指标为：

（1）输出功率 $P_L\geqslant0.5W$（$U_{CC}=9V$）。

（2）谐波失真度 $T_{HD}\leqslant10\%$。

（3）输入电压有效值 $U_i\leqslant15mV$。

（4）上下限截止频率 $f_H \geqslant 10kHz$，$f_L \leqslant 50Hz$。

集成低频功率放大器由集成功放块和一些外部阻容元件构成。其优点为线路简单、性能优越、工作可靠、调试方便，已成为在音频领域中应用十分广泛的功率放大器。实验电路如图 2－8－1 所示，其电路板如图 2－8－2 所示。

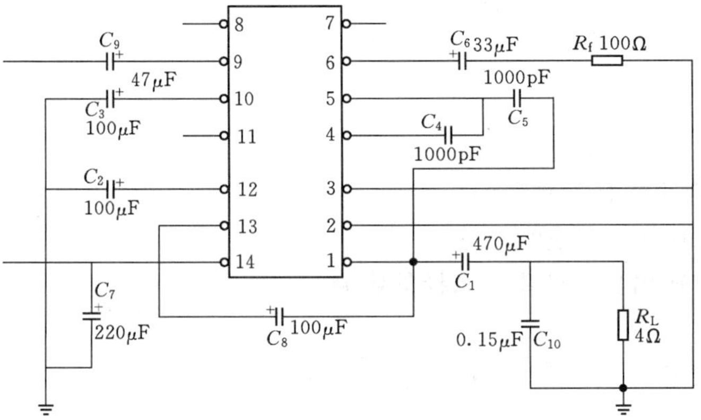


图 2－8－1　实验电路

$C_1$、$C_9$—输出、输入耦合电容；$C_2$、$C_3$、$C_7$—电源滤波、退耦电容；$C_4$、$C_5$、$C_{10}$—防止自激的相位补偿电容；$C_8$—自举电容，可提高激励电压幅度；$C_6$、$R_f$—反馈支路元件，可调整放大器的电压增益

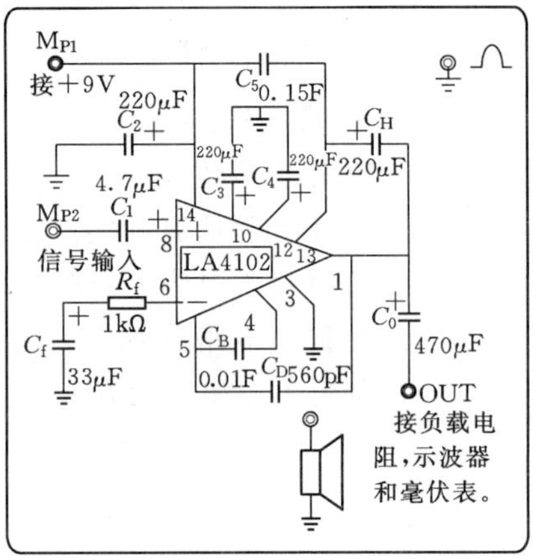


图 2－8－2　集成低频放大器 PCB 板

## 四、实验内容

实验接线如图 2－8－3 所示。

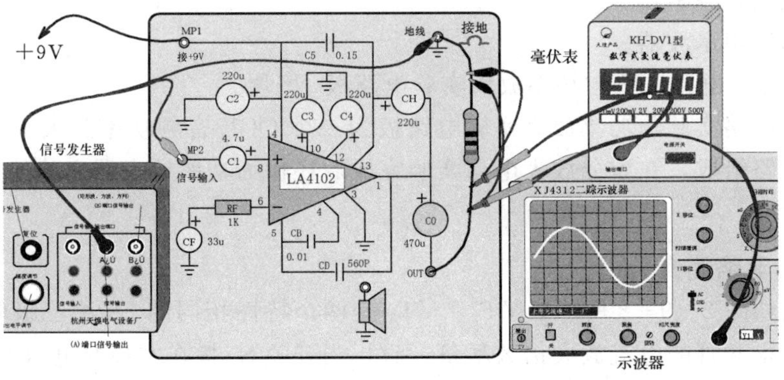


图 2－8－3　实验连接图

1．静态测试

输入信号设置为零，接通＋9V 直流电源，测量静态总电流及集成块各引脚对地电压，记录在实验报告本上。

2．动态测试

（1）测量最大不失真输出功率 $P_{omax}$。输入 1kHz 的正弦信号，用示波器观察输出电压的波形，逐渐加大输入信号的幅度，使输出电压的波形最大而不失真，再用晶体管毫伏表测量此时的输出电压 $U_{omax}$，则最大不失真功率为

$$p_{omax}=\frac{U_{omax}^2}{R_L}$$

（2）测量输入灵敏度。输入灵敏度是指输出最大不失真功率时，输入信号 $u_i$ 之值。

（3）测量上、下限截止频率。用示波器法测量 $f_H$ 和 $f_L$，定出 $B_W$。

## 五、实验报告的要求

（1）整理实验数据。

（2）对比工程估算和实测结果，进行分析讨论。

（3）若将自举电容 $C_8$ 除去，将会出现什么现象？

（4）为提高电路总效率，可以采取哪些措施？

（5）降低 $U_{CC}$ 和加大 $R_L$，将会对输出功率产生什么样的影响？

# 第九节　实验　差分放大电路

## 一、实验目的

（1）加深和巩固差分放大电路的性能认识和理解。

（2）掌握主要性能指标的计算和测量方法。

## 二、实验仪器和设备

（1）DC20V 数字显示直流电压表。

（2）交流毫伏表。

（3）低频信号发生器。

（4）双踪通用示波器。

（5）差分放大电路实验与功率放大实验电路板，1 块。

差分放大电路实验与功率放大实验电路板为一个 OCL 音频功率放大电路，电压放大由差分放大电路组成，在差分放大电路实验完成后还作为功率放大器实验使用。电路板如图 2-9-1 所示。

## 三、实验电路简介

实验电路如图 2-9-2 所示，$VT_1$、$VT_2$ 是两个特性相同的 NPN 三极管的共发射极放大组态，要求两管的电流放大倍数尽量一致，当开关 $S_1$ 拨在左边时电阻 $R_4$ 为它们的公共发射极电阻。电阻 $R_9$ 和 $R_{10}$ 分别为 $VT_1$、$VT_2$ 各自的发射极电阻，可以补偿由于两管的电流放大倍数不一致造成的电流不平衡。当开关 $S_1$ 拨在右边时，公共发射极电阻 $R_4$ 由 $VT_3$ 构成的恒流源替代。

1. 电路的静态工作电流估算

（1）恒流源电流 $I_{Q3}$ 可按以下公式计算

$$I_{Q3}=\frac{U_{LD}-0.7}{R_5}=\frac{3-0.7}{2000}=1.15(\text{mA})$$

式中 $U_{LD}$——蓝色 LED 的正向压降，约为 3V。

（2）当使用恒流源替代公用发射极电阻时，电路静态工作电流为恒流源电流 $I_{Q3}$，如果 $VT_1$ 与 $VT_2$ 的电流放大倍数相同，则 $VT_1$ 与 $VT_2$ 的集电极电流相同。则有

$$I_{C1}=I_{C2}=\frac{I_{Q3}}{2}=0.6(mA)$$

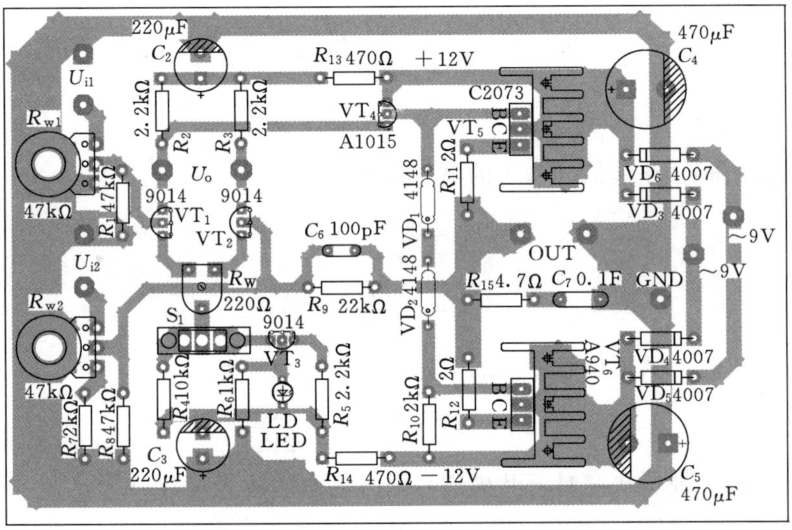


图 2-9-1 OCL 音频功率放大 PCB 板

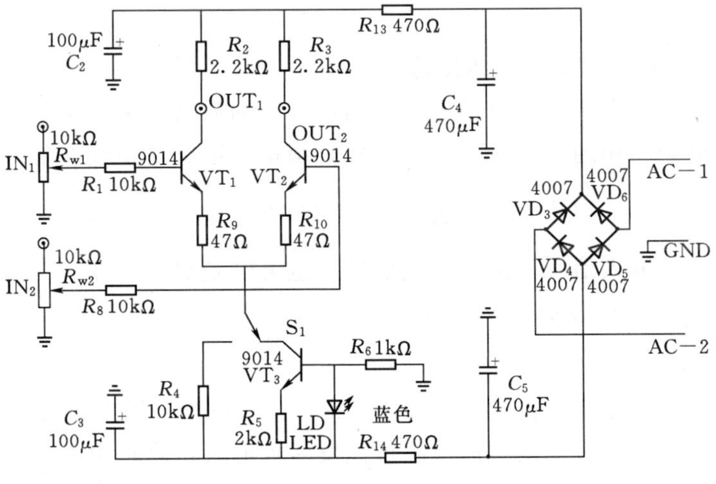


图 2-9-2 差分放大电路

（3）计算由电阻 $R_4$ 作为公用发射极电阻时的静态工作电流，由于 $VT_1$、$VT_2$ 的集电极电流都流经 $R_4$，所以 $R_4$ 的电流 $I_{R4}=I_{C1}+I_{C2}$。只要求出 $R_4$ 的电流就可以知道 $VT_1$、$VT_2$ 的集电极电流。由于 $VT_1$ 与 $VT_2$ 的基极电压都为 0V，$VT_1$ 与 $VT_2$ 的电流放大倍数相同，则 $VT_1$ 与 $VT_2$ 的集电极电流相同，设电路由 ±12V 电源 $U_C$ 供电，则有

$$I_{C1}=I_{C2}=\frac{U_C-0.7}{2R_4}=\frac{12V-0.7}{20000}=0.6(mA)$$

2. 差分电路的电压放大倍数计算

当差分电路的公共发射极电阻 $R_4$ 足够大或采用恒流源替代时，差模信号输入的电压放大倍数 $A_d$ 只由输出方式决定，与输入方式无关。

（1）双端输出时，差模信号输入的电压放大倍数 $A_d$ 为

$$A_d=\frac{\Delta U_o}{U_i}=\frac{\beta R_C}{R_B+R_E+\frac{(1+\beta)R_p}{2}}$$

式中 $R_p$——负载。

（2）单端输出时，差模信号输入的电压放大倍数 $A_{d1}$、$A_{d2}$ 为

$$A_{d1}=\frac{\Delta U_{C1}}{\Delta U_i}=\frac{A_d}{2}$$

$$A_{d2}=-\frac{\Delta U_{C2}}{\Delta U_i}=\frac{A_d}{2}$$

（3）单端输出时，共模信号输入的电压放大倍数 $A_c$ 为

$$A_{c1}=A_{c2}=\frac{\Delta U_C}{\Delta U_i}=-\frac{R_C}{2R_E}$$

（4）双端输出在理想状况时，共模信号输入的电压放大倍数 $A_c$ 为

$$A_c=\frac{\Delta U_o}{\Delta U_i}=0$$

实际上，由于元器件不可能完全对称，因此共模信号输入的电压放大倍数 $A_c$ 也就不会等于 0。

3. 差分电路的共模抑制比 *CMRR* 的计算

为了表征差分放大电路对差模信号（有用信号）的放大作用，对共模信号（无用信号和干扰信号）的抑制作用通常用一个综合指标来衡量，这就是共模抑制比 *CMRR*。

$$CMRR=\left|\frac{A_d}{A_c}\right| \text{或} CMRR=20\lg\left|\frac{A_d}{A_c}\right|$$

差分放大电路的输入信号可以是直流信号，也可以是交流信号。一般实验可由信号发生器输出频率为 1kHz 的正弦信号作为输入信号进行测试。

## 四、实验内容

连接实验电路板，把开关拨向左边使用 10kΩ 电阻作为公用发射极电阻，构成典型差分放大电路；开关拨向右边则是由恒流源替代发射极电阻，此时构成具有恒流源的差分放大电路。

把交流电源的 9.5V 输出端口接到电路板的地，把 0V 和 19V 输出端口分别接到电路板的 $AC_1$ 和 $AC_2$，然后进行以下的测量。

1. 典型差分放大电路和恒流源的静态工作状态测量

静态工作状态测量时，电路没有信号输入，并且将输入端 $IN_1$ 和 $IN_2$ 与地短接，以避免干扰信号引入。

（1）把直流电压表分别接到输出端 OUT—1 和 OUT—2（即 $VT_1$、$VT_2$ 的集电极），检查输出电压 $U_o$ 应等于 0V。否则检查原因：①三极管 $VT_1$ 与 $VT_2$ 的 $\beta$ 值应配对，应做到两者的 $\beta$ 值相差不超过 5%；集电极电阻 $R_1$、$R_2$ 不应误差过大；力求做到测量输出电压 $U_o=0V$。

（2）用直流电压表分别测量表 2-9-1 中的各项电压，并记录到对应的表格内。

**表 2-9-1　典型差分放大电路和恒流源的静态工作状态测量数据**

| | | | | | |
|---|---|---|---|---|---|
| （测量）示值 | $U_{R9}$（V） | $U_{R10}$（V） | $U_{R4}$（V） | $U_{R1}$ | $U_{R8}$ |
| | | | | | |
| （计算）计算值 | $I_{E1}$（mA） | $I_{E2}$（mA） | $I_{E1}+I_{E2}$（mA） | $I_{B1}$（mA） | $I_{B2}$（mA） |
| | | | | | |

2. 差模信号输入的电压放大倍数测量

切断电源后，把信号发生器输出的频率为 1kHz 正弦信号分别接到输入端 $IN_1$ 和 $IN_2$，构成双端输入方式（此时信号为浮地，即不接地），把示波器接到输出端 OUT—A 或 OUT—B 与地之间，用来观察输出信号的波形是否出现失真。

电子毫伏表用来测量输入信号的电压 $U_i$ 和输出信号的电压 $U_o$，测量输入信号电压 $U_i$ 时可分别测量 $IN_1$ 和 $IN_2$ 与地之间，然后把绝对值相加即为输入信号电压 $U_i$。

**表 2-9-2　差模信号输入的电压放大倍数测量数据**

| （测量）示值 | $U_{i1}$（mV） | $U_{i2}$（mV） | $U_i$（mV） | $U_{C1}$（V） | $U_{C2}$（V） | $U_o$（V） |
|---|---|---|---|---|---|---|
| 差模输入 | | | | | | |

3. 共模信号输入的电压放大倍数测量

（1）把输入端 $IN_1$ 和 $IN_2$ 短接，信号发生器输出分别接到输入端与地之间，构成共模信号输入。

（2）求出电路的共模抑制比 $CMRR$。

# 第十节　实验　场效应管主要特性参数测量

## 一、实验目的

掌握结型场效应管（FET）中的 N 沟道与 P 沟道、绝缘栅型场效应管（MOSFET）中的 N 沟道与 P 沟道（增强型）四种常用场效应管的特性测量方法、曲线绘制及跨导参数求取，了解场效应管的种类和使用方法。

## 二、实验内容

（1）了解场效应管符号的表示方式，学习使用万用表进行栅极、漏极和源极的判别方法。

（2）了解“适配电路”工作原理，正确连接适配电路，包括测试漏源极电流（$I_{DS}$）的电流表，栅极电压（$U_{GS}$）的电压表和工作电源的连接。

（3）结型 N 沟道（耗尽型）场效应管 K105 和结型 P 沟道（耗尽型）场效应管 J103

的测量，求出饱和漏源电流、夹断电压和跨导、绘制转移特性曲线图。

（4）绝缘栅型 N 沟道场效应管 K214 和绝缘栅型 P 沟道场效应管 J77 的测量，求出开启电压、饱和通态电阻和跨导，绘制转移特性曲线图。

## 三、实验用场效应管型号、符号及封装图

（1）K105、K246. 结型—N 沟道。

（2）J103 结型—P 沟道。

（3）K214 绝缘栅型—N 沟道。

（4）J77 绝缘栅型—N 沟道。

实验器件型号及封装、符号如图 2-10-1～图 2-10-3 所示。

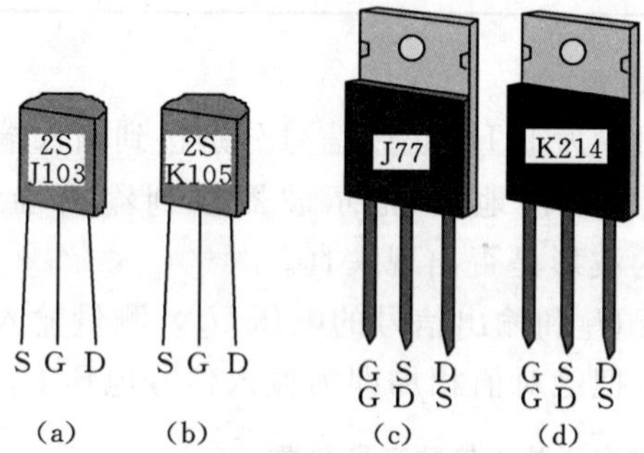


图 2-10-1 场效应型号及封装图

G—栅极；D—漏极；S—源极

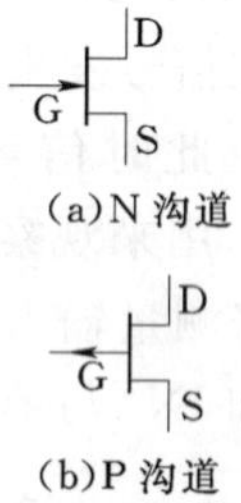


图 2-10-2 结型场效应管（FET）的符号

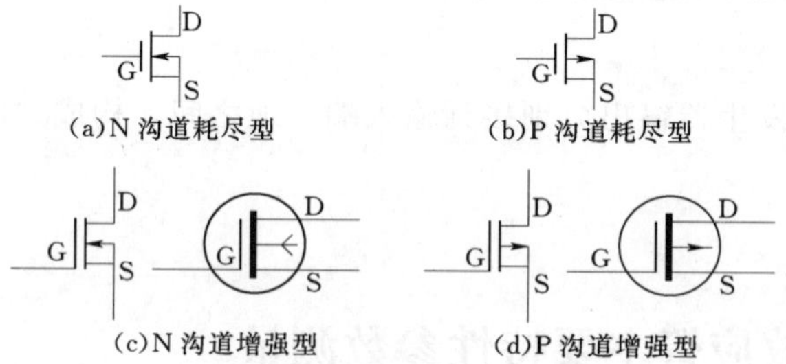


图 2-10-3 绝缘栅型场效应管（MOS FET）的符号

## 四、场效应管的分类与主要参数

场效应管可分为结型和绝缘栅型两种类型，而它们又有 N 沟道和 P 沟道的区分、绝缘栅型场效应管还有增强型和耗尽型的区分。

结型场效应管（FET、JFET）只有耗尽型的。结型（N 沟道）场效应管的栅极没有施加电压时，其漏—源电流为饱和状态，称为饱和漏－源电流（$I_{DSS}$），工作时需在栅极加上负电压，栅极电压越负，漏—源电流越小，当漏—源电流为零时，栅极电压称为夹断电压（$V_P$ 或 $V_{GS}$）。

常见的绝缘栅型场效应管（MOS、JGFET、MOSFET）多是属于增强型的（但也有是耗尽型的）当没有栅极电压时，漏—源电流为零。N 沟道管工作时需在栅极加上正电压，栅极电压的变化将导致漏—源电流变化，漏—源起始电流多为 2V 以上的栅极电压，当刚有漏—源电流出现时的栅极电压，称为漏—源起始电流时的栅极电压，即阈值电压或者开启电压（$U_T$）。当栅极电压加大到某一定值时，漏—源电流不再增加。此时用漏—源通态电阻（$R_{DS}$－on）表示，大功率绝缘栅型场效应管（VMOS）的漏—源通态电阻可达毫欧姆（mΩ）级。

## 五、万用表欧姆挡测量结型 N 沟道场效应管（P 沟道测量时万用表的表笔相反）

使用 $R\times1$k 挡分别测量栅极与源极或漏极的正/反向电阻，测量结果与普通晶体管相同，但测量源/漏极之间的电阻值很小。

结型场效应管的结构有点类似普通晶体三极管，但工作原理却不一样，特点是栅极不施加电压时的漏/源电流为饱和电流。用万用表的电阻挡测量时，它的漏—源极之间的等效直流电阻很小，给栅极施加一定电压（N 沟道加负电压、P 沟道加正电压）后会呈现夹断现象，用万用表的电阻挡测量的方法如下：

（1）结型 N 沟道场效应管可以看成一只 NPN 型三极管结构，栅极 G 对应基极 $B$、漏极 D 对应集电极 C、源极 S 对应发射极 E。用 $R\times1$k 挡，像测量 NPN 型三极管那样测两个 PN 结的正向/反向电阻，即可找到栅极。对结型场效应管来讲，它的漏极和源极可以互换使用的。

（2）把栅极与源极短接一下，然后用万用表 $R\times100$ 挡，表笔接到漏极和源极，可测出饱和漏—源极电流（$I_{DSS}$）状态时的通态电阻正/反向均为几百欧姆。

（3）用万用表 $R\times10$k 挡（夹断电压一般大于 3V）红笔接栅极、黑笔接漏极或源极，给栅极加上较高的负电压。然后换用万用表 $R\times100$ 挡，并把表笔改接到漏极与源极，能测量到管子夹断状态，正/反向阻值均接近∞。此时，如果用手指接触栅极（栅极此时只累积的负电荷被释放），万用表指针发生偏转。

## 六、万用表欧姆挡对绝缘栅型 N 沟道管测量（P 沟道管万用表的表笔相反）

绝缘栅型场效应管的特点是当栅极不施加电压时，它的漏—源电阻为：正/反向均为无穷大，用万用表的电阻挡测量时，给栅极施加小于起始电压的电压值后（N 沟道加负电压；P 沟道加正电压）会出现夹断现象。它的漏—源极之间的夹断电阻为极大，给栅极施加起始电压（N 沟道加大于起始电压的正电压；P 沟道加小于起始电压的负电压）后会出现导通现象，用万用表电阻挡测量它的漏—源极之间的导通电阻为极小，导通电阻能小于毫欧姆（mΩ 级）。因此，用万用表的电阻挡可做出粗略的判定。

（1）绝缘栅型场效应管的栅极与漏极和源极可认为是绝缘的，用万用表 $R\times1$k 挡可很容易找到栅极。

（2）使用万用表 $R\times10$k 挡，对于 N 沟道管，黑笔接漏极 D、红笔接源极 S，然后用镊子短接栅极 G 和源极 S（注意要求先放开栅极），可以看到表针偏向∞，此时测到管子夹断（截止）状态。

（3）然后用镊子短接栅极 G 和漏极 D（注意要求先放开栅极），可以看到表针偏转到很小阻值的刻度，测到管子的漏—源通态电阻（$R_{DS}$）。

（4）用手指直接跨接栅极与漏极或源极（注意要先放开栅极），也可以看到表针的偏转发生变化的情况。

（5）绝缘栅型场效应管的漏极和源极不能互换，上述测量过程中，如果漏极和源极反接时，则得不到上述结果。

## 七、使用通用仪器和适配电路测量场效应管的特性

$U_{GS}$ 和 $V_1$ 为栅极电压源和栅极电压表、$U_{DS}$ 和 $A_1$ 为漏—源电源和电流表。

（1）结型N沟道场效应管的测量适配电路和转移特性曲线如图2-10-4所示。

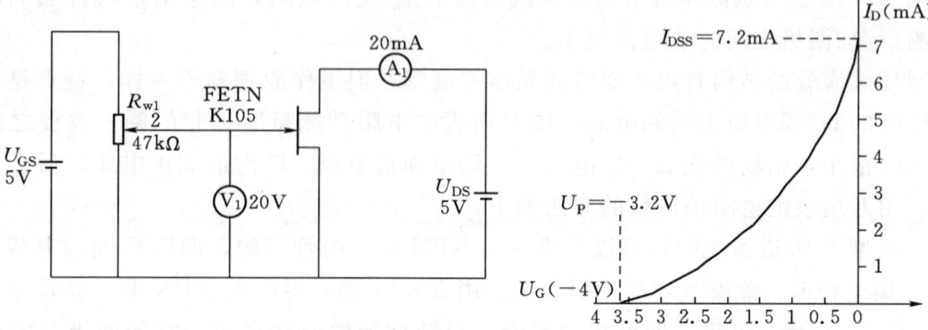


(a)结型N沟道场效应管的测量适配电路　　(b)K105转移特性曲线

图2-10-4　结型N沟道场效应管适配电路和转移特性曲线图

（2）结型P沟道场效应管的测量适配电路和转移特性曲线如图2-10-5所示。

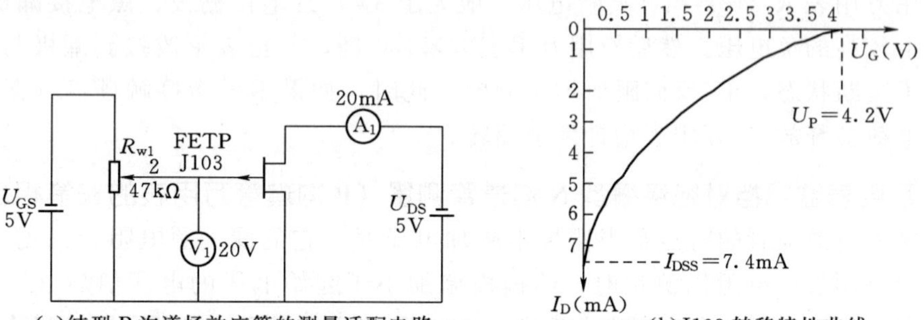


(a)结型P沟道场效应管的测量适配电路　　(b)J103转移特性曲线

图2-10-5　结型P沟道场效应管的测量适配电路和转移特性曲线

（3）绝缘栅型N沟道（增强型）场效应管的测量适配电路和转移特性曲线如图2-10-6所示。

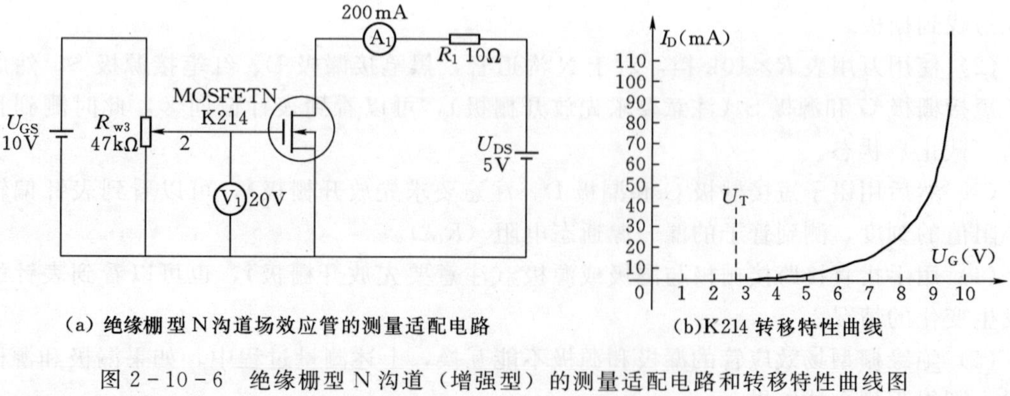


(a)绝缘栅型N沟道场效应管的测量适配电路　　(b)K214转移特性曲线

图2-10-6　绝缘栅型N沟道（增强型）的测量适配电路和转移特性曲线图

（4）绝缘栅型P沟道（增强型）场效应管的测量适配电路和转移特性曲线如图2-10-7所示。

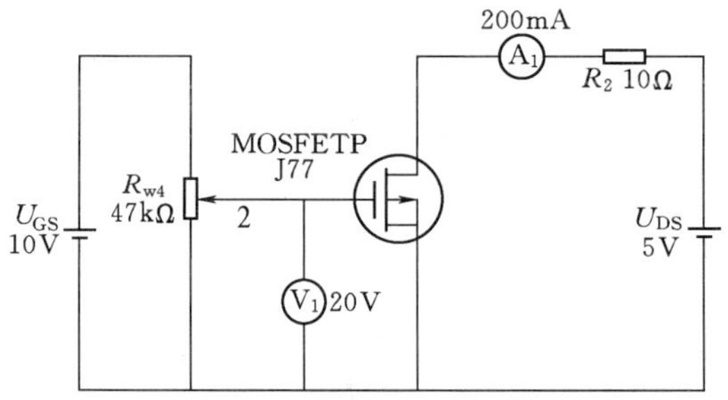

(a)绝缘栅型 P 沟道场效应管测量原理图

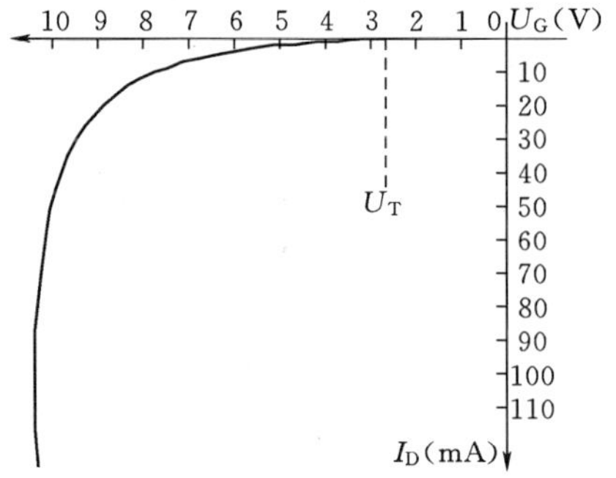

(b)J77 转移特性曲线

图 2-10-7　绝缘栅型 P 沟道（增强型）场效应管的测量适配电路和转移特性曲线图

基于以上测量方式，可采用图 2-10-8 所示电路作为以上 4 种常用场效应管测量的适配电路。

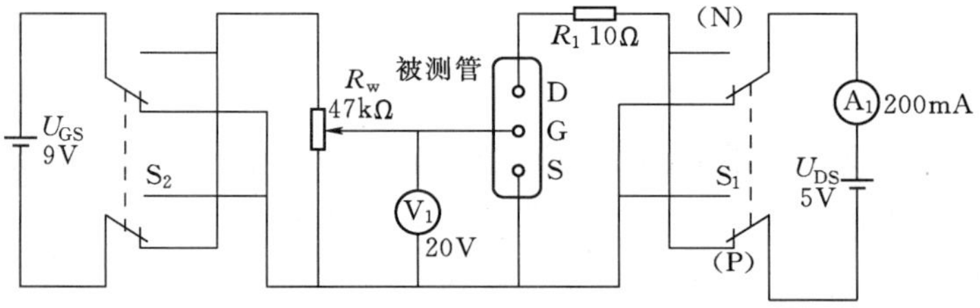

图 2-10-8　通用适配电路

$U_{GS}$：栅极电压源，电流极小，可采用 9V 层叠电池。

$V_1$：栅极电压指示，可用数字式万用表 DC20V 挡，以能够显示栅极电压的正/负值，如使用指针表，则需要注意极性的要求。

$S_2$：栅极电压的极性切换开关，采用 2×2 拨动开关。结型场效应管（耗尽型）N 沟道管测量时栅极需要接负电压，P 沟道管测量时接正电压。而绝缘栅型场效应管 N 沟道管测量时栅极需要接正电压，P 沟道管测量时接负电压。

$U_{DS}$：漏—源电源，向场效应管提供漏—源电流。测量结型场效应管时可用 9V 层叠电池，测量绝缘栅型场效应管时可采用 5V、1A 的直流稳压电源。

$A_1$：漏极电流指示，可采用数字式万用表或指针式万用表的 20mA（K105、K246、J103）或 200mA（K214、J77）的直流电流挡。

$S_1$：为 N/P 沟道切换开关，采用 2×2 拨动开关，用于切换漏（源）电压的极性。N 沟道管的漏极需要接电源正极，P 沟道管漏极接电源负极。

$R_w$：调节被测管的栅极电压。

$R_1$：限流电阻，防止测量绝缘栅型场效应管时因电流过大而导致损坏。

图 2-10-9 所示为场效应管测量电路的 PCB 板图。

在 $E_1$ 位置安装 9V 层叠电池、在 $V_1$ 接线柱连接（20V）数字式电压表，调节电位器 $R_{w1}$，电压表显示电压在 0～9V 之间变化，开关 $S_1$ 搬到“－”时，电压表显示负值。

在 $E_2$－ $A_1$ 红色接线柱连接 ＋5V 电源，电源负串接（20mA/200mA）数字式电流表负端，电流表的正端连接到黑色接线柱。

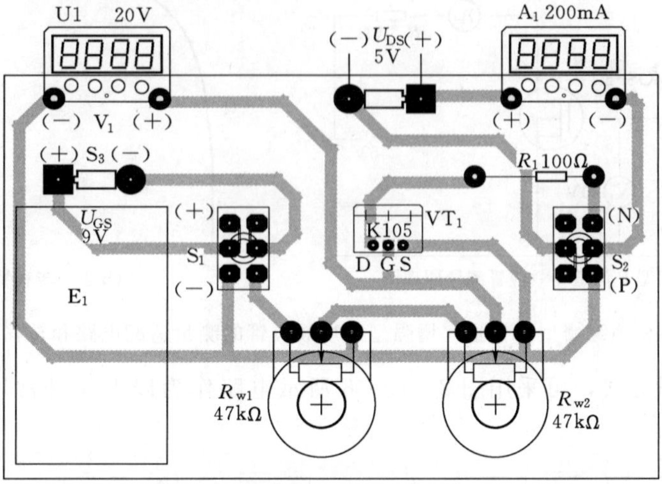


图 2－10－9 场效应管测量电路的 PCB 板图

## 八、测量方法与步骤这里举例说明测量方法，参考说明写出实际测量报告

1. 结型 N 沟道场效应管（K105）测量（结果）报告

把开关 $S_1$ 置"－"位置、$S_2$ 置"N"位置。调节 $R_{w1}$ 使被测管子的栅极电压（$U_G$）变化，由电压表 $V_1$ 的显示读取实时被测管的栅极电压，由电流表 $A_1$ 的显示读取实时被测管对应的漏极电流（$I_D$）。

（1）确定"漏－源饱和电流"与"夹断电压"。调节 $R_{w1}$ 使被测管子的栅极电压（$U_G$）为 0V，此时电流表 $A_1$ 显示的漏极电流（$I_D$）即为漏—源饱和电流（$I_{DSS}$）；再调节 $R_{w1}$ 使被测管子的漏极电流（$I_D$）为 0mA，此时的栅极电压即为夹断电压（$U_P$）。分别记录漏—源饱和电流（$I_{DSS}$）＝______ mA，夹断电压（$U_P$）＝－______ V。

（2）测定栅极电压与漏极电流的关系。根据已知的漏—源饱和电流（$I_{DSS}$）与夹断电压确定有效范围。选择 10 个或更多个有意义的测量数据填写下表格，例如，上一步骤的结果为：漏—源饱和电流（$I_{DSS}$）为 8.2mA，夹断电压（$U_P$）为－1.9V，在表格（表 2－10－1）第 2 列记录栅极电压 0V，漏极电流 8.2 mA；在表格（表 2－10－1）最后一列记录栅极电压－1.9V，漏极电流 0mA。

把有效的栅极电压 0～－1.9V 分成 10 等段，则可分成 0.2、0.4、…填写在栅极电压的各项小格内，然后调节 $R_{w1}$ 使被测管子的栅极电压（$U_G$）分别为各个值并且同时记录对应的漏极电流，分别填写表格（表 2－10－1）漏极电流的各项小格。

**表 2－10－1　栅极电压对应漏极电流变化的测量数据**

| 栅极电压（V） | 0 | －0.2 | －0.4 | －0.6 | －0.8 | －1.0 | －1.2 | －1.4 | －1.6 | －1.8 | －1.9 |
|---|---|---|---|---|---|---|---|---|---|---|---|
| 漏极电流（mA） | 8.2 | 5.7 | 4.3 | 3.4 | 2.6 | 1.9 | 1.2 | 0.8 | 0.3 | 0.1 | 0 |

（3）绘制转移特性曲线。绘出横向水平直线作横坐标并标示 $U_G$（V）表示负栅极电压，把 0～2V 有效的栅极电压分成 10 段，每均等段做出刻度，分别标示为 0.2V 递增值；做垂直线为

纵坐标，并且分成9等段刻度，分别标示1.0mA的递增值，并标示 $I_D$（mA）表示漏极电流。

当 $U_G=0.2V$ 时，$I_D=5.7mA$，所以在横坐标的0.2处向上垂直延长线与纵坐标5.7处的水平线交点上记录一个圆点表示栅极电压（$U_G$）为0.2V时的漏极电流为 $I_D=5.7mA$，……，完成11个圆点后，把所有圆点连在一起便构成该被测管的转移特性曲线，如图2-10-10所示。

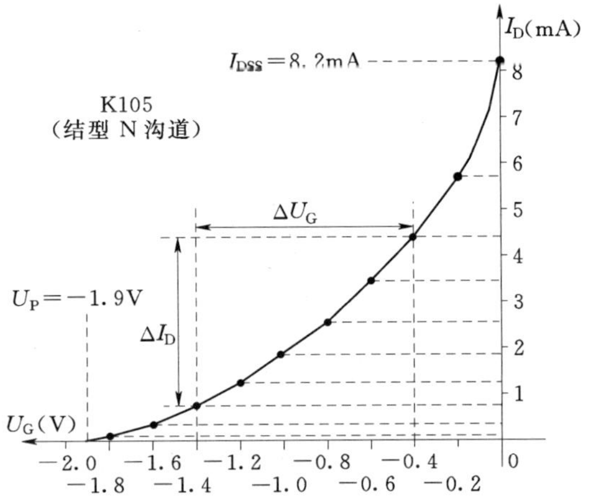

图2-10-10　被测管K105的转移特性曲线

（4）K105的主要参数。

1）漏—源饱和电流 $I_{DSS}$：$I_{DSS}=8.2mA$（在转移特性曲线图上表示）。

2）夹断电压 $U_P$：$U_P=-1.9V$（在转移特性曲线图上表示）。

3）跨导S：$S=\Delta I_D/\Delta U_G=(4.3mA-0.8mA)/(1.4V-0.4V)=3.5mA/V$（在转移特性图上标示 $\Delta I_D$ 和 $\triangle U_G$ 的取值范围）。

2. 结型P沟道场效应管（J103）的测量（结果）报告

把开关 $S_2$ 置“+”位置，$S_1$ 置“P”位置，测量步骤同1。

3. 绝缘栅型N沟道场效应管（K214）的测量（结果）报告

把开关 $S_2$ 置“+”位置，$S_1$ 置“N”位置，测量步骤同1。

4. 绝缘栅型P沟道场效应管（J77）的测量（结果）报告

把开关 $S_2$ 置“−”位置，$S_1$ 置“P”位置，测量步骤同1。

# 第十一节　实验　晶闸管的导通与关断条件

## 一、实验目的

（1）判别晶闸管的好坏。

（2）晶闸管的导通与维持条件。

（3）测量晶闸管元件的维持电流 $I_H$ 和擎住电流 $I_L$。

## 二、实验仪器、仪表及元器件

（1）万用表。

（2）直流电源。

（3）小灯泡。

（4）电位器。

（5）直流电流表50mA、10mA各1只。

## 三、实验内容及步骤

1. 判断晶闸管的引脚

单向晶闸管的内部由四层半导体材料构成3个PN结，最外层的P层引出阳极A，N

层引出的是阴极 K，中间的 P 层引出的是控制极，也称为门极或触发极。其内部结构和外部封装如图 2-11-1 所示，其符号和管脚判断如图 2-11-2 所示。

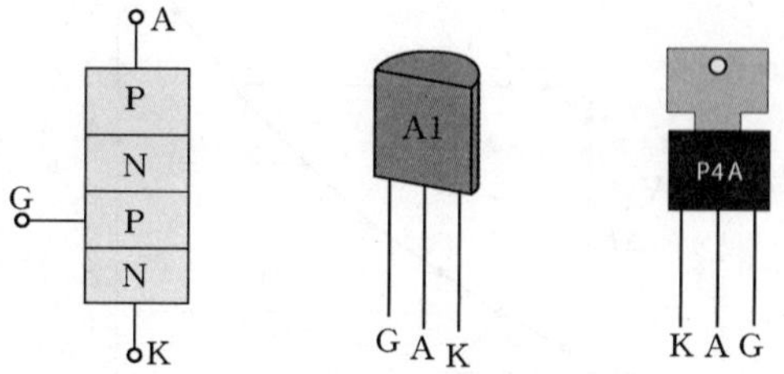


图 2-11-1 单向晶闸管的内部结构示意图和外形封装

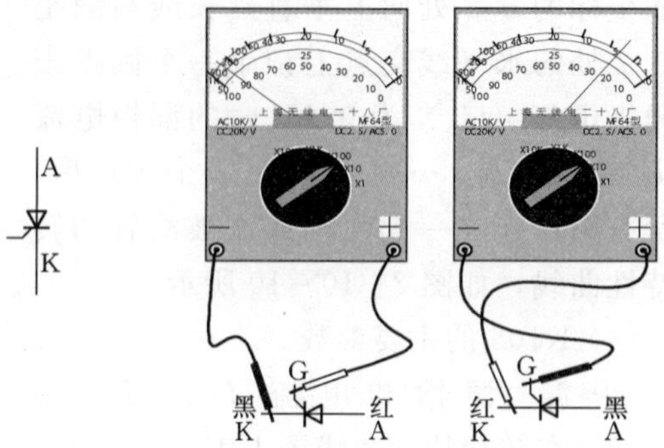


图 2-11-2 单向晶闸管符号和管脚判断
A—阳极；G—控制极；K—阴极

用万用表的 $R\times1$ 或 $R\times100$ 或 $R\times1\text{k}$ 挡测量晶闸管的阴极 K 与控制极 G 的正/反向电阻即可找到它的 3 个引脚。好的晶闸管的 3 个引脚中只有阴极 K 与控制极 G 具有正/反向电阻的表现，A—K 和 A—G 的正/反向电阻均为∞。只要找到两个具有 PN 结特征的两个引脚，就知道它们就是阴极 K 与控制极 G。在测到正向电阻（阻值很小）时，黑表笔所接的引脚是控制极 G，红表笔所接的引脚是阴极 K，剩下的就是阳极 A。如图 2-11-2 所示。

2. 判别晶闸管的好坏

确定了晶闸管的 3 个引脚后，还可以用万用表的电阻挡继续简易判断它的好坏，用万用表的 $R\times1$ 或 $R\times10$ 挡进行测量：黑表笔接阳极 A，红表笔接阴极 K。表现的阻值为∞，然后把阳极 A 与控制极 G 用镊子或导线短接一下，万用表指针会偏转很大角度，即使短接处断开，晶闸管的阳极 A 与阴极 K 仍维持导通，表笔断开才恢复截止状态，这时阳极 A 与阴极 K 的电阻又表现为∞。

还可以用灯泡串连晶闸管的阳极 A 与阴极 K 后接到一个直流电源上，然后把阳极 A 与控制极 G 用镊子或导线短接一下，可看到灯泡发光，即使短接处断开然仍可看到灯泡仍然发光。

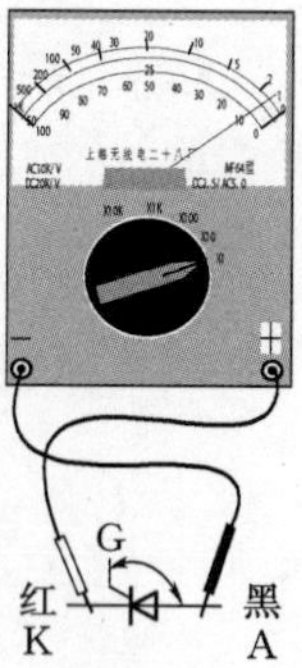


图 2-11-3 晶闸管的好坏判断

判断方法如图 2-11-3 所示。

3. 晶闸管的导通与维持条件

（1）为了验证晶闸管的导通条件，可按图 2-11-4 所示的电路做如下实验：

1）晶闸管阳极接直流电源的正端，阴极经灯泡接电源的负端，此时晶闸管承受正向电压。控制极电路中开关 S 断开（不加电压），这时灯不亮，说明晶闸管不导通。

2）晶闸管的阳极和阴极间加正向电压，控制极相对于阴极也加正向电压，这时灯亮，说明晶闸管导通。

3）晶闸管导通后，如果去掉控制极上的电压，即将图中的开关 S 断开，灯仍然亮，这表明晶闸管继续导通，即晶闸管一旦导通后，

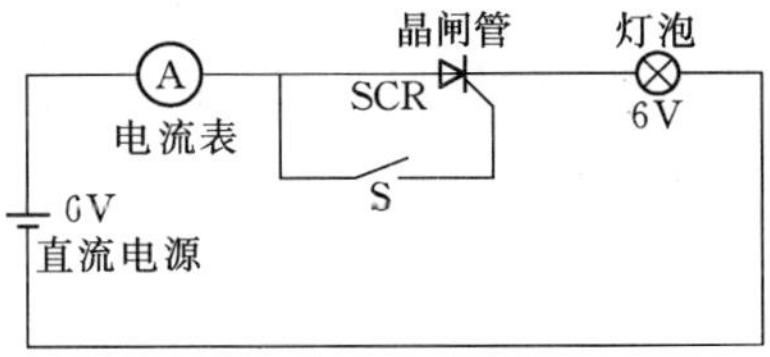


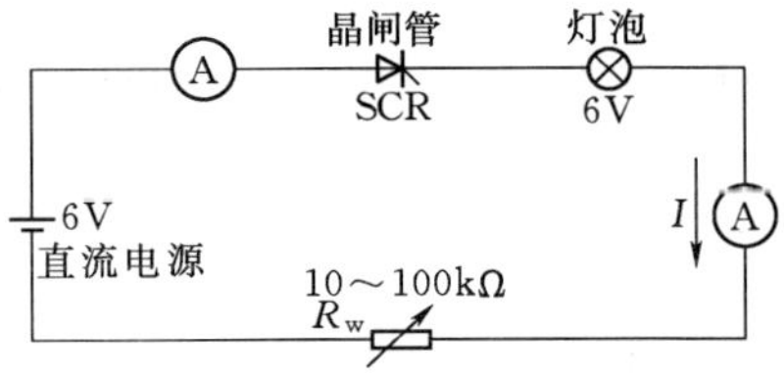


图 2-11-4　晶闸管的导通与维持实验

控制极就失去了控制作用。

4）晶闸管的阳极和阴极间加反向电压如图，无论控制极加不加电压，灯都不亮，晶闸管截止。

5）如果控制极加反向电压，晶闸管阳极回路无论加正向电压还是反向电压，晶闸管都不导通。

从上述实验可以看出，晶闸管导通必须同时具备两个条件：①晶闸管阳极电路加正向电压；②控制极电路加适当的正向电压（实际工作中，控制极加正触发脉冲信号）。

（2）晶闸管维持导通条件。在晶闸管导通后，若减小正向电压，正向电流就逐渐减小。当电流小到某一数值时，晶闸管又从导通状态转为阻断状态，这时所对应的最小电流称为维持电流 $I_H$。

在规定的环境温度和控制极断路时，维持元件继续导通的最小电流为维持电流 $I_H$。当晶闸管的正向电流小于这个电流时，晶闸管将自动关断。

注意：做此实验时手操纵可变电阻使阻值不断增加，但眼睛不能只观察灯泡的亮度变化，即使灯泡熄灭，只能说明电流很小，不能说明晶闸管已关断。关键是看电流表的指针随着可变电阻的增加，指针在不断的回落，要找出指针在什么位置突然掉落，掉落的位置就是晶闸管关断时的电流值，即维持电流 $I_H$。

从上述实验可以看出，晶闸管维持导通必须同时具备两个条件：①晶闸管阳极电路加正向电压；②正向电流大于晶闸管的维持电流 $I_H$。

## 四、实验报告要求

（1）符合实验报告规范。

（2）写出判断晶闸管极性及好坏的方法。

（3）通过实验列表写出关断、导通的条件。例如，当晶闸管阳极端为“+”电压，加触发信号，观察电流表有无电流；当晶闸管阳极端为“-”电压，加触发信号，观察电流表有无电流。观察到的电流表现象记录在学生原始实验数据纸上。

（4）写出所测晶闸管的维持电流 $I_H$ 和擎住电流 $I_L$。

1）测晶闸管维持电流 $I_H$：使晶闸管 VT 为导通状态，观察电流表缓慢增大滑线变阻器电阻 $R_w$ 的阻值，电流将缓慢减小。当电流减小到某一电流值时，再减小电流将为 0，晶闸管关断。这一数值电流为测得的晶闸管维持电流 $I_H$。

2）观察电流表，给晶闸管 VT 加触发信号，缓慢减小滑线变阻器电阻 $R_w$ 的阻值，当电阻 $R_w$ 的阻值为某一电流值时，给晶闸管 VT 加触发信号，晶闸管 VT 刚能导通时的电流为测得的晶闸管擎住电流 $I_H$。

# 第十二节 实验 晶闸管整流电路（阻性、感性负载）

## 一、实验目的

（1）学习和掌握晶闸管的测量方法。

（2）了解晶闸管工作的特点。

（3）学习和掌握使用示波器测量电路信号的波形，绘制波形图。

## 二、实验仪器仪表及元器件

（1）电路板。

（2）示波器。

（3）万用表。

（4）小变压器（感性负载）。

## 三、实验内容及步骤

1. 晶闸管调光电路

晶闸管调光电路如图 2－12－1 所示。

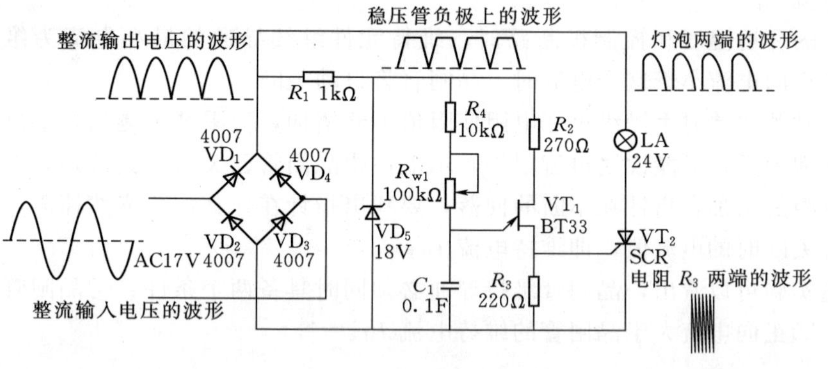


图 2－12－1 晶闸管调光电路原理

变压器原边绕组与主电路接在同一交流电源，主电路交流电压 $u_1$ 过零时，触发电路电源电压 $u_2$ 也过零，保证了两者同步，从而获得有规律的输出电压波形。

晶闸管调光电路：17V 的交流电经 $VD_1 \sim VD_4$ 整流后得到脉动的直流电压，经稳压管 $VD_5$ 直接稳压成为梯形波电压，由 $R_{w1}$、$C_1$、$R_1$、$R_2$、$R_4$、$VT_1$ 组成触发脉冲产生电路，触发脉冲由 $VT_1$ 的 $B_2$ 输出送到晶闸管的控制极使晶闸管导通。在每个半周期内，第一次电容 $C$ 由 0 开始充电，当 $U_E = U_P$（单结晶体管峰点电压）时单结晶体管导通，随后电容迅速向小电阻 $R_3$ 放电，在 $R_3$ 上形成一个尖脉冲电压。当放电到 $U_E = U_V$（单结晶体管谷点电压）时单结晶体管截止。然后又由 $U_V$ 开始充电，…，如此反复，直到电源电压减小到 0，结束半个周期，$u_C = 0$，从而获得一系列的尖脉冲电压 $u_G$，但只有第一个脉冲起到触发晶闸管的作用，一旦晶闸管被触发导通，后面的脉冲不再起作用。$R_{w1}$、$C_1$ 构成可调节充电时间电路，当 $C_1$ 上的充电压不小于 $VT_1$ 的导通电压时，$VT_1$ 的 $B_1$、$B_2$ 导通，在 $R_2$ 上形成压降，$C_1$ 上的充电压也同时释放，致使 $VT_1$ 重新截止，在 $R_3$ 上形成脉冲电压，该脉冲的形成由 $R_{w1}$、$C_1$ 的时间常数决定。第一个脉冲起到对晶闸管触发导通的作用，而且是由梯形电压的过零时间开始算起，也就对应了晶闸管的导通角时间。

第一个触发脉冲的形成时间由 $R_{w1}$ 控制，周期越大，晶闸管的导通角也越大，灯泡的亮度越暗。输出触发脉冲电压 $u_G$ 同时供给两个晶闸管，但每半周只对一个晶闸管起触发作用。

触发脉冲产生电路由梯形波稳压电压供电，目的是使触发信号的形成与晶闸管的工作电压（整流后脉动直流电压）同步。

$u_2$ 经桥式电路整流后得到全波整流电压 $u_{o1}$，再转换为梯形波 $u_z$ 作为触发电路的同步电源。

2. 晶闸管及单结晶体管引脚的判别

晶闸管用于大功率的开关电路中，具有控制方便等优点，在大功率调压电路中更具有效率高的优势。其符号与外形如图 2－12－2 和图 2－12－3 所示。

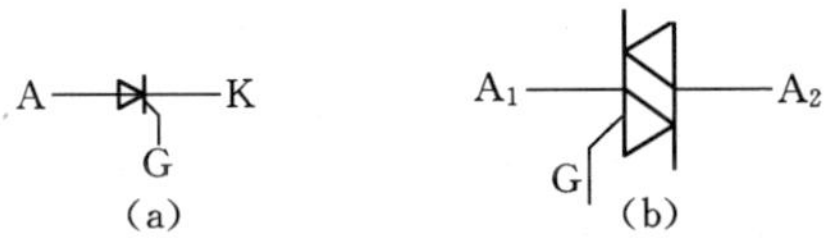


图 2－12－2　晶闸管的符号

A、$A_1$、$A_2$—阳极；K—阴极；G—控制极

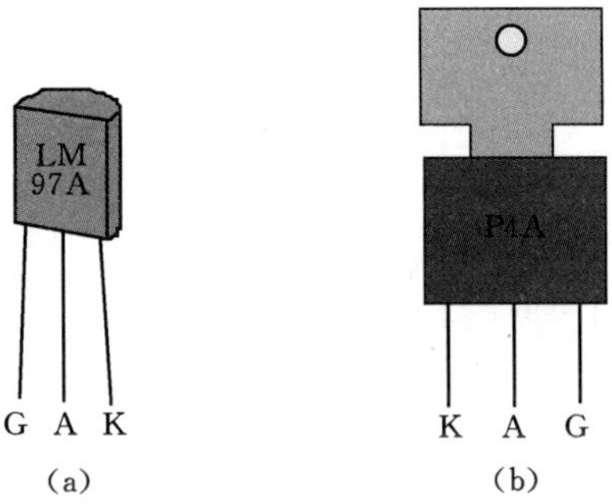


图 2－12－3　晶闸管的外形

晶闸管的阳极与阴极间的导通由控制极与阴极间的电流所控制，当电流达到开通值时，阳极与阴极导通，如有大于“维持电流”的电流持续通过时则维持导通，当持续电流小于“维持电流”则截止。利用该特点，可用万用表对晶闸管进行检测，把万用表置于 $R\times1$ 挡，黑表笔接阳极，红表笔接阴极，由于控制极与阴极间的触发电流为零，所以晶闸管不能导通。用镊子把控制极与阳极短接一下，可看到阳极与阴极之间的导通。并且镊子离开后仍维持导通，黑表笔（接阳极）或红表笔（接阴极）离开一下，再接回去却不能再导通（断开时没有持续电流则截止），重复以上步骤的结果相同。

单结晶体管（双基极三极管）外形及符号，如图 2－12－4 所示。

用万用表测量单结晶体管的 $B_1$ 与 $B_2$ 引脚之间的电阻为几百欧姆，E 引脚与 $B_1$、$B_2$ 引脚为两个 PN 结的正向和反向电阻，E 引脚与 $B_1$ 的正向电阻小于与 $B_2$ 的正向电阻。

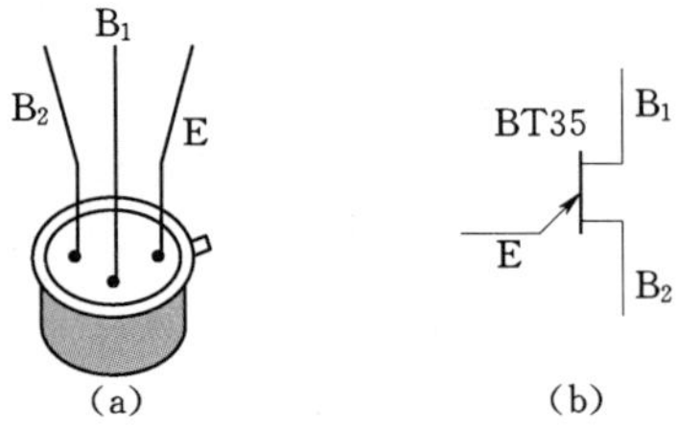


图 2－12－4　单结晶体管（双基极三极管）外形及符号

3. 晶闸管控制整流电路

在桥式整流电路的两臂回路中的两个整流二极管用晶闸管代替便构成可控制输出电流的桥式整流电路，如图 2-12-5 所示。由于触发电路与被控制的输出电路是分别由两组电源提供，所以具有较好的可靠性和稳定性，特别是输出电路的电流较大及负载是感性时其优点尤其显得必要。

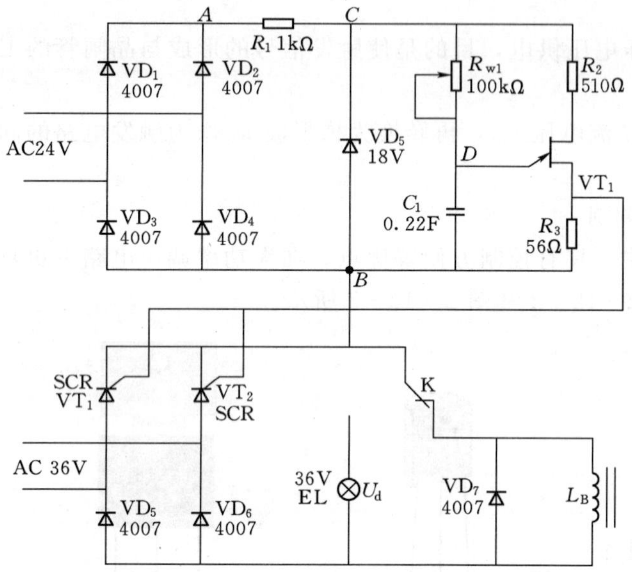


图 2-12-5 晶闸管控制整流电路原理

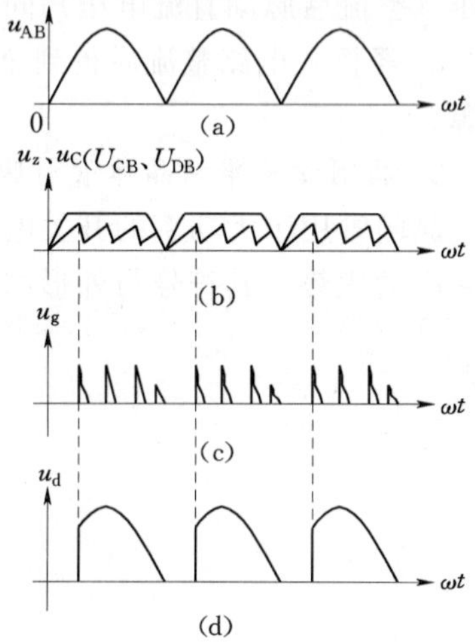


图 2-12-6 参考波形图

## 四、实验报告要求

测量整流器输入电压、整流器输出电压、稳压管负极、单结晶体管输出及晶闸管负载上的电压波形，并绘画波形图，要求波形的相位对应（可参考图 2-12-6）。

# 第十三节 实验 晶体三极管输出特性图示测量

## 一、实验目的

学习电子电路实验台晶体三极管图示测量功能的使用方法，了解和掌握实际晶体管图示仪的基本工作原理和使用方法。

## 二、实验内容

（1）用示波器测量实验台中晶体管图示测量面板基极阶梯信号与集电极扫描电波形。

（2）测量指定晶体三极管的共射极放大输出特性，绘画曲线图，分析结果。

（3）用万用表测量晶体三极管的质量，判别它们的引脚名称。

## 三、实验原理

一般万用表只能对三极管的电流放大倍数进行测量，并且一般都是按 10μA 基极电流作为测量条件，只能适用于小功率三极管，而大、中功率三极管的电流放大倍数（$\beta$）测量应使用晶体管直流参数测量仪或晶体管图示仪等专门的测量设备。

实验台中的晶体管图示测量电路方框图如图 2-13-1 所示。

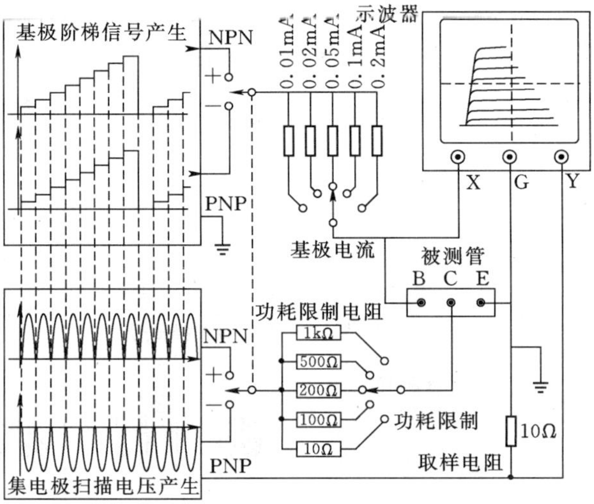


图 2-13-1　晶体管图示测量电路方框图

晶体管直流参数测量仪可测量晶体管在不同基极电流时三极管的电流放大倍数、集电极与发射极间最大耐压、不同集电极电流情况下集电极与发射极压降等。

晶体管图示仪是测量晶体管特性的专用仪器设备，可用来测量晶体管的多种直流参数和动态特性（交流参数），常用于三极管的严格筛选。其内部由阶梯波信号产生电路、集电极扫描电压发生电路、测量转换电路、控制电路、显示电路和显示器等组成。集电极扫描电压产生电路通过功耗限制电阻和集电极电流取样电阻（取样电阻的阻值为 10Ω，其压降作为示波器的 $Y$ 轴驱动）向集电极提供集电极电压。由阶梯信号电压产生电路输出的 8 级阶梯电压则经不同级别的基极偏流电阻（由基极阶梯信号转换开关控制）向被测量三极管提供 8 组递升的基极电流，在集电极扫描电压的作用下形成 8 条曲线。

电子电路实验台中的晶体管图示测量功能面板图如图 2-13-2 所示。

## 四、实验内容

1. 检查实验台的基极阶梯信号与集电极扫描电压（确认测试环境）

（1）用示波器测量（检查）基极阶梯信号。

1）示波器的扫描置 10ms/挡位，触发方式设置“CH1”。并且把 CH1 输入测试笔连接到面板的被测三极管插座的“B”插孔，测试笔的衰减（灵敏度）置“×1”，并且连接接地夹子到面板的“⊥”地。

2）调节示波器的（灵敏度）衰减调节旋钮，使基极阶梯信号显示整周期 $T_C$（8 个阶梯）记录波形图和计算出周期时间。

3）置于衰减微调旋钮至标准，调节基极阶梯信号显示 1 个阶梯，记录波形，算出基极阶梯信号 1 个阶梯电压的幅度 $U_A=$____V 。计算出基极电流为 0.02mA 时的串联的电阻 $R_A=U_A/$ 0.02mA=____。读出基极阶梯信号第 1 级阶梯电压的值 $U_{B1}$ 为______V，第

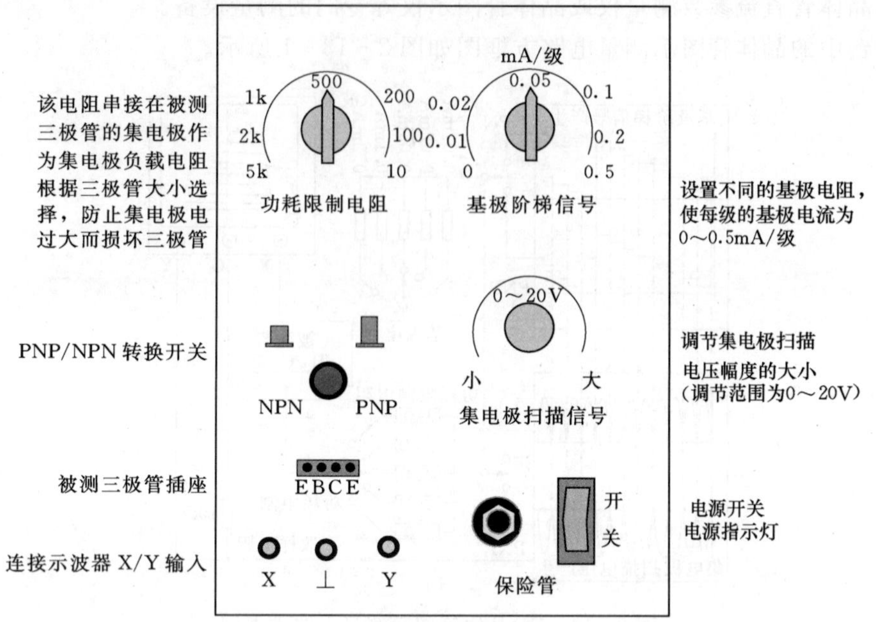


图 2-13-2 晶体管图示测量功能面板图

8 级阶梯电压的值 $U_{B8}$ 为______V。

（2）用示波器测量（检查）集电极扫描信号。

1）信号把示波器的 CH1 输入测试笔改为接到面板上的被测三极管插座的“C”插孔，测试笔的衰减置“×1”，接地夹子接到面板的“⊥”地。

2）置于衰减微调旋钮至标准，调节集电极扫描信号旋钮至中间位置，调节示波器的衰减调节旋钮，使集电极扫描信号波形的幅度合适并且记录该信号的波形、幅度，计算出此时集电极扫描信号幅度为______V，周期 $T_c$ 为____。

（3）基极阶梯信号与集电极扫描信号的测量结果。

1）基极阶梯信号测量结果。

波形：8 级阶梯波。

周期（$T_B$）：50ms。

幅值：阶梯的幅值 $U_{B1}=U_{B2}=\cdots=U_{B8}$，为 1.5 格×1V/格＝1.5V；周期最大值 $U_B=U_{Bi}\times 8=1.5V\times 8=12V$。

2）集电极扫描信号测量结果。

波形：连续的正弦半周波形。

周期（$T_C$）：50÷8 ＝6.25ms。

幅度（$U_C$）：最大值为 5 格×4V/格＝20V（集电极扫描信号旋钮顺时针到底）；最小值为 0V（调节集电极扫描信号旋钮反时针到底）。

3）说明：基极阶梯信号和集电极扫描信号测量时 NPN/PNP 开关置“NPN”位置，如果置“PNP”位置时，两个信号均反相。

基极阶梯信号与集电极扫描信号的波形如图 2-13-3 所示。

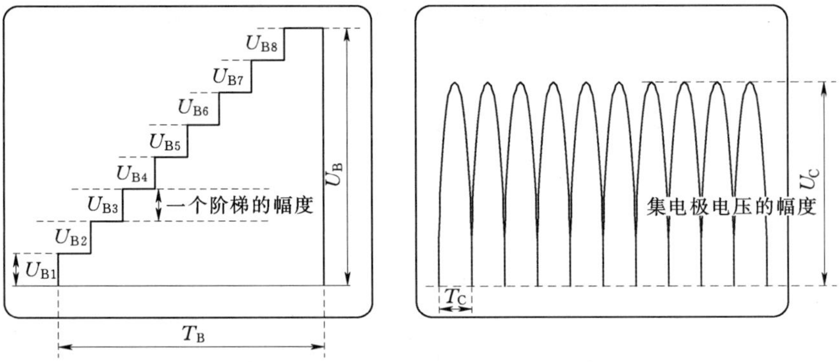


图 2－13－3　基极阶梯信号与集电极扫描信号的波形
（集电极电压通过集电极扫描旋钮调整可从 0～20V 连续可调）

2. 晶体三极管输出特性的测量

（1）测量小功率管时把功耗限制电阻旋钮置于 1kΩ，基极阶梯电流旋钮置于 0.02 mA/级。测量中功率管时把功耗限制电阻旋钮置于 500Ω，基极阶梯电流旋钮置于0.05 mA/级，集电极扫描电压调节旋钮置于较小位置（可从最小位置旋转到约 1/4 的位置，通俗说法为相当于时钟的约“10 点钟”位置）。

（2）把示波器的扫描旋钮置于“X/Y”挡位，触发方式为“外触发”。把输入端口“CH1/X”和“CH2/Y”用测试笔连接到实验台面板的“X”和“Y”输出端口，测试笔的接地夹子连接到面板的“⊥”，测试笔的衰减开关置“×1”位置。

（3）确认三极管的 B、C、E 引脚，正确插入三极管插座的 B、C、E 插孔，并根据被测管子的极性正确选择“PNP/NPN”开关的位置（测量 NPN 管时，开关按下，测量 PNP 管时，开关抬起）。

（4）打开电源开关，由小到大慢慢调节集电极扫描电压，配合示波器的 $X$ 轴和 $Y$ 轴输入衰减调节旋钮，使示波器的曲线图形尽可能大的显示出一簇（7～8 条）曲线。

（5）每两条曲线之间的垂直幅度为仪器内的集电极电流取样电阻（阻值为 10Ω）上的压降，通过 $I_C=U_C/R_{取}$，计算可得出集电极电流，读取基极阶梯信号电流，计算出该管的电流放大倍数（$\beta=I_C/I_B$）。

（6）计算出该管此时的最大基极电流，对应的最大集电极电流。

（7）基极电流是按基极阶梯信号的每级电流（mA/级）递增的、每级递增的幅度是相等的。因此，电流放大倍数成线性时，集电极电流的递增量也相等。所以，三极管的电流放大倍数是线性的则每两条曲线之间的幅度均等。

晶体三极管输出特性曲线如图 2－13－4 所示

（8）每两条曲线之间的幅度是否均等或曲线末端是否能连成一条直线（集电极扫描电压、基极电流、集电极电阻与曲线的水平线段长度有关），反映了被测管的电流放大倍数在不同基极电流情况下是否一致，即线性度是否良好。

（9）通过观察曲线簇的上升线段是否垂直及转折角形状反映了该被测管的开关速率特性，上升线段越陡直、转折部分越呈现直角形状，说明该被测管的开关特性越好，能工作

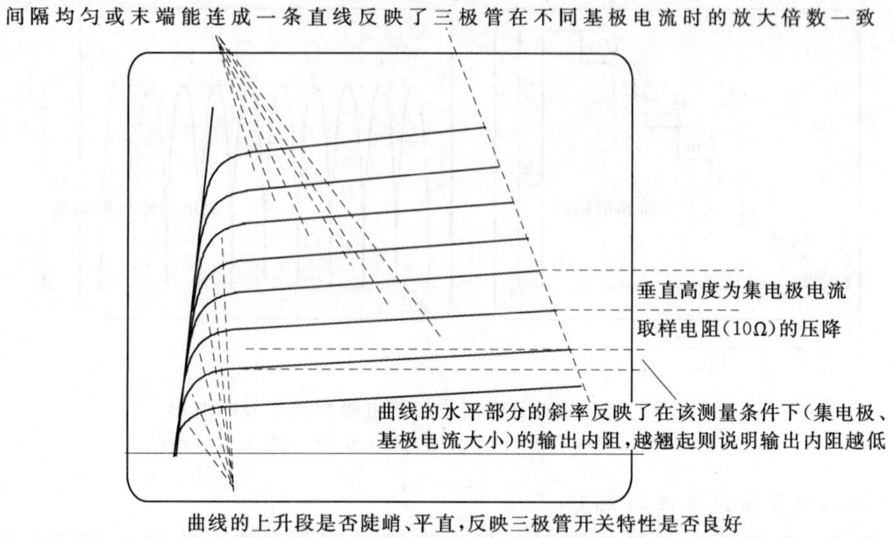


图 2-13-4 晶体三极管输出特性曲线

在频率高的开关工作状况（开关过程短暂，功耗小）。

（10）通过分析曲线的水平线段的平坦度，可反映在不同集电极电阻和基极电流情况下的输出内阻。通过实验可知：集电极负载电阻越小、基极电流越大，曲线的斜率部分越翘起，说明此时的输出内阻越低；反之情况相反。

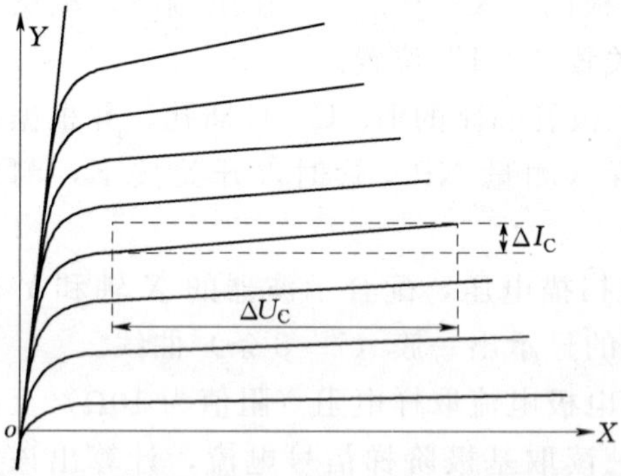


图 2-13-5 $\Delta U_C$ 与 $\Delta I_C$ 示意图

（11）输出特性曲线斜率的倒数等于输出阻抗 $R_o$，即 $R_o=1/\tan\alpha=\Delta U_C/\Delta I_C$。线段的水平线段的变化为 $\Delta U_C$，可从 $X$ 轴输入衰减旋钮上直接算出。线段斜率部分的高度可从 $Y$ 轴输入衰减旋钮上求出：$\Delta I_C=\Delta U_C/10$（$\Delta I_C$ 与求 $\beta$ 时的方法相同）这样即可算出基极电流 $I_B$ 为______mA，共发射极放大方式时的输出阻抗。输出阻抗 $R_o=\Delta U_C/\Delta I_C=$______。$\Delta U_C$ 及 $\Delta I_C$ 如图 2-13-5 所示。（基极电流 $I_B$=基极阶梯信号 mA/级×第 N 级）

3. 晶体三极管共射放大输出特性图示测量结果报告

（1）晶体三极管 C1815（NPN）共射极放大输出特性测量。

1）测试条件（面板设置）。

a. 基极阶梯信号电流：0.02mA/级。

b. 集电极功耗限制电阻 1kΩ。

c. 集电极扫描电压：10V（集电极扫描电压旋钮，旋至中间位置）。

d. NPN/PNP 转换开关：NPN。

e. 共发射极放大方式。

2）C1815 共射极放大输出特性曲线图。

3）求出电流放大倍数 $\beta$。

通过 $Y$ 轴读取两条水平线之间的高度求得取样电阻 10Ω 上的压降，算出集电极电流 $I_C$。基极电流 $I_B$ 为所用的基极阶梯信号电流。

$$\beta=\frac{I_C}{I_B}=\frac{\frac{U_{取样电阻}}{R_{取样电阻}}}{I_B}=\frac{\frac{V}{10\Omega}}{0.02mA}=\_\_\_\_\_\_$$

4）求取输出阻抗 $R_o$。

$$R_o=\frac{\Delta U_C}{\Delta I_C}=\_\_\_\_\_\_$$

$\Delta U_C$ 由 $X$ 轴直接读出。$\Delta I_C$ 由 $Y$ 轴读出，$\Delta I_C=U_{取样电阻}/R_{取样电阻}$，$R=10\Omega$。

5）曲线的分析。

a. 除第一条曲线外，其他 7 条曲线之间的幅度均等，说明在正常工作区内该管的电流放大倍数线性较好，即基极电流在 0.04～0.14mA 变化范围内，电流放大倍数均为相等。

b. 上升线段基本能够呈现陡直、转折部分能够接近直角形状，说明该被测管的开关特性较好，能在频率较高的电路中，工作在开关工作状况。

c. 集电极扫描电压：10V（集电极扫描电压旋钮，旋至中间位置）。

d. 分析曲线的水平线段的平坦度认为较为翘起，说明此工作（测试）条件下构成共射放大电路的输出电阻还算是较低的。

# 第十四节　实验　场效应管基本放大电路

## 一、实验目的

（1）了解结型场效应管的性能和特点。

（2）掌握场效应管放大器动态参数的测试方法。

## 二、实验原理

场效应管是一种电压控制型器件。按结构可分为结型和绝缘栅型两种类型。由于场效应管栅源之间处于绝缘或反向偏置，所以输入电阻很高（一般可达上百兆欧）。又由于场效应管是一种多数载流子控制器件，因此热稳定性好，抗辐射能力强，噪声系数小。加之制造工艺较简单，便于大规模集成，因此得到越来越广泛的应用。

### 1. 结型场效应管的特性和参数

场效应管的特性主要有输出特性和转移特性。图 2－14－1 所示为 N 沟道结型场效应管 3DJ6F 的输出特性和转移特性曲线。其直流参数主要有饱和漏极电流 $I_{DSS}$、夹断电压 $U_P$ 等；交流参数主要有低频跨导 $g_m=\frac{\Delta I_D}{\Delta U_{GS}}|U_{DS}=常数$。表 2－14－1 列出了 3DJ6F 的典型参数值及测试条件。

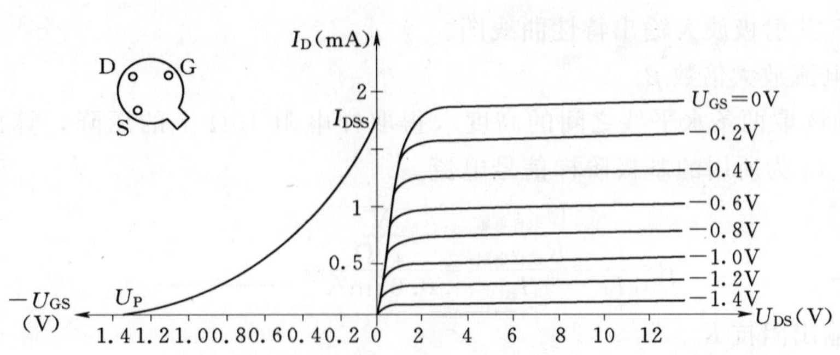


图 2-14-1 3DJ6F 的输出特性和转移特性曲线

**表 2-14-1　　3DJ6F 的典型参数值及测试条件**

| 参数名称 | 饱和漏极电流<br>$I_{DSS}$ (mA) | 夹断电压<br>$U_P$ (V) | 跨导<br>$g_m$ (μA/V) |
|---|---|---|---|
| 测试条件 | $U_{DS}$=10V<br>$U_{GS}$=0V | $U_{DS}$=10V<br>$I_{DS}$=50μA | $U_{DS}$=10V<br>$I_{DS}$=3mA<br>$f$=1kHz |
| 参数值 | 1～3.5 | <\|−9\| | >100 |

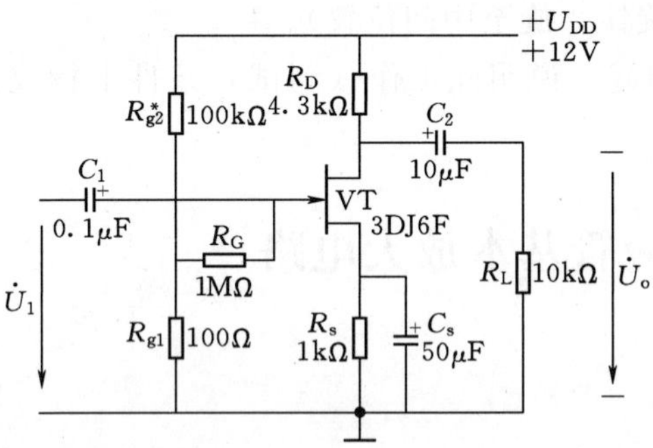


图 2-14-2 结型场效应管共源级放大电路

2. 场效应管放大器性能分析

图 2-14-2 所示为结型场效应管组成的共源级放大电路。其静态工作点为

$$U_{GS}=U_G-U_S=\frac{R_{g1}}{R_{g1}+R_{g2}}U_{DD}-I_DR_s$$

$$I_D=I_{DSS}\left(1-\frac{U_{GS}}{U_P}\right)^2$$

中频电压放大倍数为

$$A_V=-g_mR'_L=-g_mR_D/\!/R_L$$

输入电阻 $R_i=R_G+R_{g1}/\!/R_{g2}$

输出电阻 $$R_o\approx R_D$$

式中，跨导 $g_m$ 可由特性曲线用作图法求得，或用式 $g_m=-\frac{2I_{DSS}}{U_P}\left(1-\frac{U_{GS}}{U_P}\right)$计算。但要注意，计算时 $U_{GS}$要用静态工作点处之数值。

3. 输入电阻的测量方法

场效应管放大器的静态工作点、电压放大倍数、输入电阻和输出电阻的测量方法与晶体管放大器的测量方法相同。但由于场效应管的 $R_i$ 比较大，如直接测输入电压 $U_s$ 和 $U_i$，则限于测量仪器的输入电阻有限，必然会带来较大的误差。因此为了减小误差，常利用被测放大器的隔离作用，通

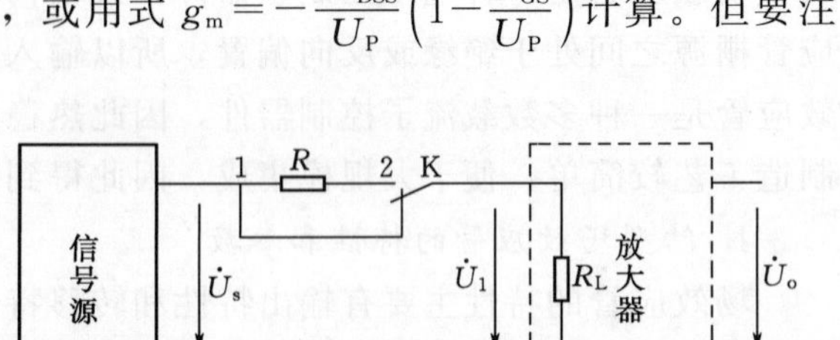


图 2-14-3 输入电阻测量电路

过测量输出电压 $U_o$ 来计算输入电阻。测量电路如图 2-14-3 所示。

在放大器的输入端串入电阻 $R$，把开关 K 掷向位置 1（即使 $R=0$），测量放大器的输出电压 $U_{o1}=A_V U_s$；保持 $U_s$ 不变，再把 K 掷向 2（即接入 $R$），测量放大器的输出电压 $U_{o2}$。由于两次测量中 $A_V$ 和 $U_s$ 保持不变，故

$$U_{o2}=A_V U_i=\frac{R_i}{R+R_i}U_s A_V$$

可以求出

$$R_i=\frac{U_{o2}}{U_{o1}-U_{o2}}R$$

式中，$R$ 和 $R_i$ 不要相差太大，本实验可取 $R=100\sim200\text{k}\Omega$。

## 三、实验设备与器件

(1) +12V 直流电源。

(2) 函数信号发生器。

(3) 双踪示波器。

(4) 交流毫伏表。

(5) 直流电压表。

(6) 结型场效应管 3DJ6F×1。

(7) 电阻器、电容器若干。

## 四、实验内容

### 1. 静态工作点的测量和调整

(1) 查阅场效应管的特性曲线和参数，记录下来备用，由图 2-14-2 可知放大区的中间部分：$U_{DS}$ 在 4～8V 之间，$U_{GS}$ 在 −1～−0.2V 之间。

(2) 使 $U_i=0$，接通电源，用万用表测量 $U_G$，$U_S$ 和 $U_D$。检查静态工作点是否在特性曲线放大区的中间部分。如合适，则把结果记入表 2-14-2。若不合适，则适当调整 $R_{g2}$ 和 $R_S$，调好后，再记入表 2-14-2。

**表 2-14-2　　静态工作点的测量**

| 测量值 | | | | | | 计算值 | | |
|---|---|---|---|---|---|---|---|---|
| $U_G$ (V) | $U_S$ (V) | $U_D$ (V) | $U_{DS}$ (V) | $U_{GS}$ (V) | $I_D$ (mA) | $U_{DS}$ (V) | $U_{GS}$ (V) | $I_D$ (mA) |
| | | | | | | | | |

### 2. 电压放大倍数 $A_V$、输入电阻 $R_i$ 和输出电阻 $R_o$ 的测量

(1) $A_V$ 和 $R_o$ 的测量。在放大器的输入端加入 $f=1\text{kHz}$ 的正弦信号 $U_i$（50～100mV），并用示波器监视输出电压 $u_o$ 的波形。在输出电压 $u_o$ 没有失真的条件下，用交流毫伏表分别测量 $R_L=\infty$ 和 $R_L=10\text{k}\Omega$ 时的输出电压 $U_o$（注意：保持 $U_i$ 幅值不变），记入表 2-14-3。用示波器同时观察 $u_i$ 和 $u_o$ 的波形，描绘出来并分析它们的相位关系。

表 2-14-3 $A_V$和 $R_o$的 测 量

| 测量值 | | | | 计算值 | | $u_i$ 和 $u_o$ 波形 |
|---|---|---|---|---|---|---|
| 项目 / 条件 | $U_i$（V） | $U_o$（V） | $A_V$ | $R_o$（kΩ） | $A_V$ | $R_o$（kΩ） | 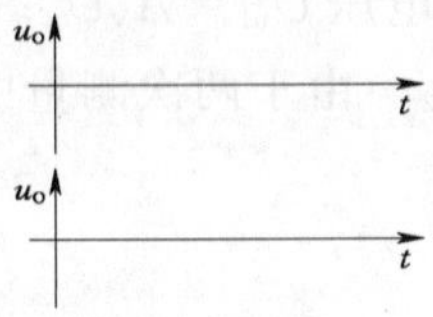 |
| $R_L=\infty$ | | | | | | | |
| $R_L=10k\Omega$ | | | | | | | |

（2）$R_i$ 的测量。按图 2-14-3 所示电路部分改接实验电路，选择合适大小的输入电压 $U_s$（约 50～100mV），将开关 K 掷向“1”，测出 $R=0$ 时的输出电压 $U_{o1}$，然后将开关掷向“2”，（接入 $R$），保持 $U_s$ 不变，再测出 $U_{o2}$，根据公式 $R_i=\frac{U_{o2}}{U_{o1}-U_{o2}}R$ 求出 $R_i$，记入表 2-14-4。

表 2-14-4 $R_i$ 的 测 量

| 测量值 | | | 计算值 |
|---|---|---|---|
| $U_{o1}$（V） | $U_{o2}$（V） | $R_i$（KΩ） | $R_i$（KΩ） |
| | | | |

## 五、实验报告要求

（1）整理实验数据，将测得的 $A_V$、$R_i$、$R_o$ 和理论计算值进行比较。

（2）把场效应管放大器与晶体管放大器进行比较，总结场效应管放大器的特点。

（3）分析测试中的问题，总结实验收获。

# 第三章　数字电子电路基础实验

（以天煌数电实验箱为平台）

## 第一节　实验　门　电　路

### 一、预习要求

复习分立元件门电路内容和门电路的使用注意实事项。

### 二、实验目的

（1）掌握由分立元件（二极管、三极管）的开关特性和由它们组成的门电路。

（2）认识集成门电路的结构及其逻辑功能。

（3）熟悉门电路的应用。

### 三、实验仪器和设备

（1）数字电子技术试验箱或试验台。本实验主要用到 15V 直流电源、逻辑电平开关逻辑电平显示器、连续脉冲源。

（2）IN4007、3DK2、74LS00（CC4011）、$R$（4.7k）×3。

（3）双踪系示波器

### 四、实验原理及说明

在数字电路中晶体二极管、三极管经常工作在开关状态，常作为开关元件使用。由于晶体二极管具有单向导电性，晶体二极管的开关特性表现在正向导通和反向截止两种不同状态的转换过程，而晶体三极管的开关特性是指它以截止状态到饱和导通，或从饱和导通到截止状态的转换过程。

在二极管电路中，二极管导通后可以用来实现其两端电压钳住（通常为 0.7V），这样二极管可以用来实现与逻辑关系和或逻辑关系。在三极管电路通过合理选择电路参数，保证三极管仅工作在饱和状态和截止状态。从而实现非逻辑关系。

在后面的电路中，我们用到的门电路大部分为集成门电路（TTL 系统或 CMOS 系统）。在使用集成门电路时，要根据其分脚排列图进行电路连接，特别是电源线和地线的正确连接是集成块工作的最基本的条件。另外，使用集成门电路时，对闲置不用的输入端的处理方式不同。

对于 TTL 集成门电路，闲置输入端可以悬空，这样是为了防止干扰信号从悬空输入端上引入电路，对 TTL 与非门的闲置输入端，可以直接接电源电压 $U_{CC}$ 或通过 1～10kΩ 的电阻接电源 $U_{CC}$；对 TTL 或非门不使用的闲置输入端，应接地。而 CMOS 集成门电路闲置输入端不允许悬空，即对于 CMOS 与门和与非门，其闲置输入端应接正电源或高电平，对于 CMOS 或门和或非门，其闲置输入端应接地或低电平。

## 五、实验内容

（1）熟悉实验台（试验箱）的结构，分别找到稳压电源、逻辑电平开关、逻辑电平显示器、连续脉冲源的位置并掌握使用方法。

（2）利用万用表判断出二极管的正负极，三极管的各极，并利用所给的二极管、三极管和电阻等元件分别设计出与门、或门和非门电路，并通过真值表进行检验，参考电路如图 3－1－1 所示。

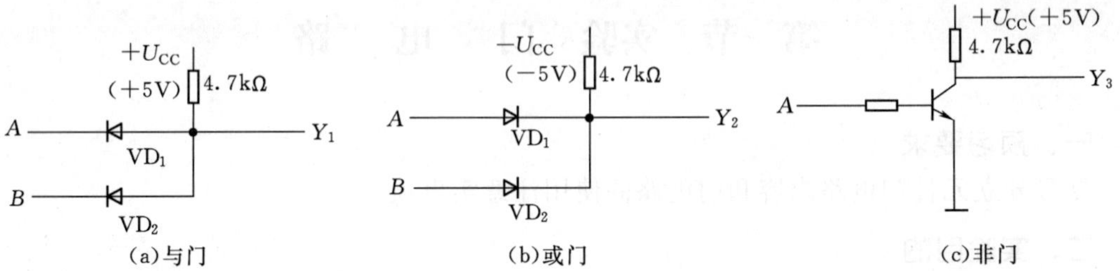


图 3－1－1 参考电路

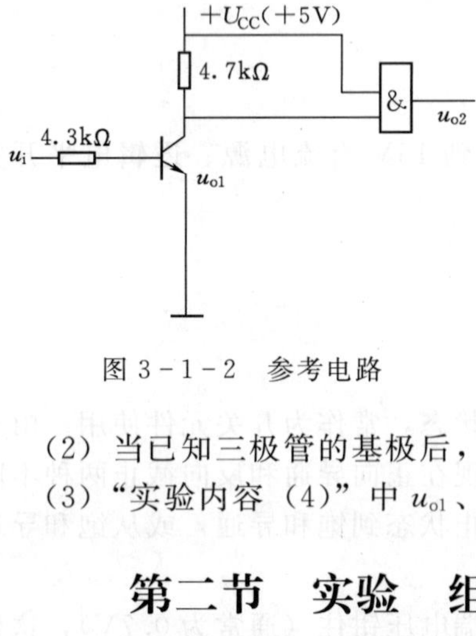


图 3－1－2 参考电路

（3）对照集成块各部分引脚排列图，利用真值表测试所给集成块的逻辑功能。

（4）按所给出的电路图 3－1－2 进行连接，$u_i$ 接逻辑电平开关，$u_{o1}$、$u_{o2}$ 接逻辑电平显示器。分别检测 $u_{o1}$、$u_{o2}$ 与 $u_i$ 的相位关系。$u_i$ 接连续脉冲源，利用双踪示波器观测 $u_{o1}$、$u_{o2}$ 与 $u_i$ 的波形。

## 六、实验报告

（1）列出“实验内容（3）”中个电路的真值表。

（2）当已知三极管的基极后，如何利用万用表判断出其他两极？

（3）“实验内容（4）”中 $u_{o1}$、$u_{o2}$ 与 $u_i$ 的相位关系如何？试分析其原因。

# 第二节 实验 组合逻辑电路Ⅰ（半加器、全加器）

## 一、实验目的

（1）掌握组合逻辑电路的功能测试。

（2）验证半加器和全加器的逻辑功能。

（3）学会二进制数的运算规律。

## 二、实验仪器及材料

（1）实验仪器设备：双踪示波器、数字万用表、数字电路实验箱。

（2）器件：74LS00，二输入端四与非门，3 片；74LS86，二输入端四异或门，1 片；74LS54，四组输入与或非门，1 片。各器件管脚排列如图 3－2－1 所示。

## 三、预习要求

（1）预习组合逻辑电路的分析方法。

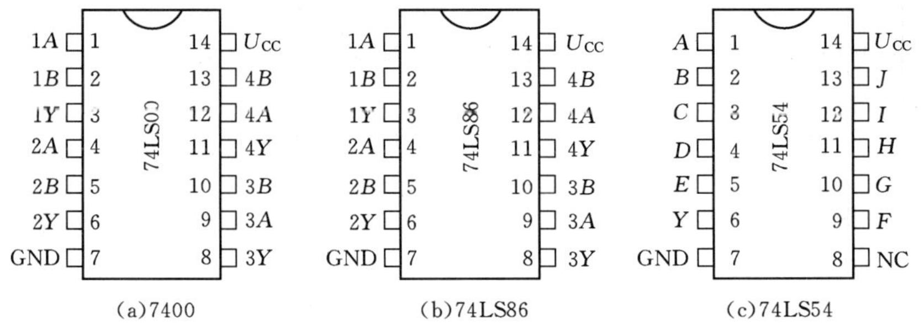

图 3－2－1　实验器件

（2）预习用与非门和异或门构成的半加器、全加器的工作原理。

（3）预习二进制数的运算。

## 四、实验内容及步骤

### （一）组合逻辑电路功能测试

（1）用 2 片 74LS00 组成图 3－2－2 所示逻辑电路。为便于接线和检查，在图中要注明芯片编号及各引脚对应的编号。

（2）先按图 3－2－2 写出 $Y_2$ 的逻辑表达式并化简。

（3）图 3－2－2 中 $A$、$B$、$C$ 接逻辑开关，$Y_1$、$Y_2$ 接发光管电平显示。

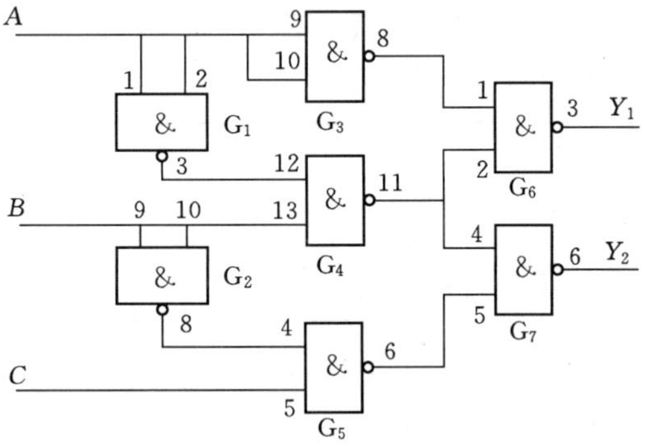

图 3－2－2　74LS00 逻辑电路

（4）按表 3－2－1 要求，改变 $A$、$B$、$C$ 输入的状态，填表写出 $Y_1$、$Y_2$ 的输出状态。

**表 3－2－1**　　逻辑电路测试表

| 输入端 | | | 输出端 | |
|---|---|---|---|---|
| $A$ | $B$ | $C$ | $Y_1$ | $Y_2$ |
| 0 | 0 | 0 | | |
| 0 | 0 | 1 | | |
| 0 | 1 | 1 | | |
| 1 | 1 | 1 | | |
| 1 | 1 | 0 | | |
| 1 | 0 | 0 | | |
| 1 | 0 | 1 | | |
| 0 | 1 | 0 | | |

（5）将运算结果与实验结果进行比较。

### （二）用异或门（74LS86）和与非门组成的半加器电路

根据半加器的逻辑表达式可知，半加器 $Y$ 是 $A$、$B$ 的异或，而进位 $Z$ 是 $A$、$B$ 相与，即半加器可用 1 个异或门和 2 个与非门组成一个电路，如图 3－2－3 所示。

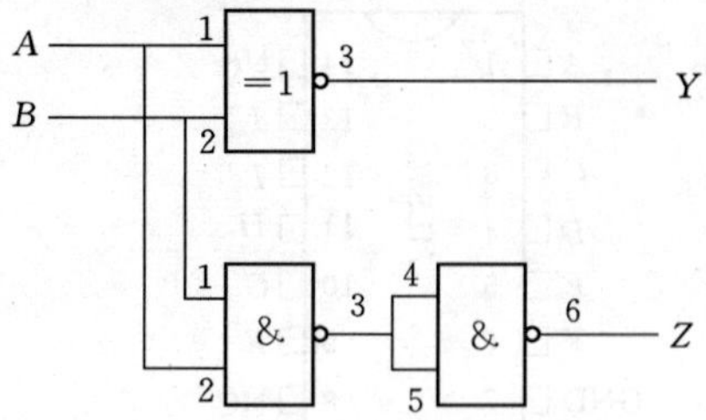


图 3-2-3 半加器电路

(1) 在数字电路实验箱上插入异或门和与非门芯片。输入端 $A$、$B$ 接逻辑开关 K，$Y$，$Z$ 接发光管电平显示。

(2) 按表 3-2-2 要求改变 $A$、$B$ 状态，填表并写出 $Y$、$Z$ 逻辑表达式。

(3) 全加器组合电路的逻辑功能测试。

1) 写出图 3-2-4 所示电路的逻辑表达式。

2) 根据逻辑表达式列真值表，见表 3-2-3。

**表 3-2-2** 半加器真值表

| | | | | | |
|---|---|---|---|---|---|
| 输入端 | $A$ | 0 | 1 | 0 | 1 |
| | $B$ | 0 | 0 | 1 | 1 |
| 输出端 | $Y$ | | | | |
| | $Z$ | | | | |

**表 3-2-3** 全加器真值表

| 输入端 | | | 输出端 | | | | | | |
|---|---|---|---|---|---|---|---|---|---|
| $A_i$ | $B_i$ | $C_{i-1}$ | $Y$ | $Z$ | $X_1$ | $X_2$ | $X_3$ | $S_1$ | $C_1$ |
| 0 | 0 | 0 | | | | | | | |
| 0 | 1 | 0 | | | | | | | |
| 1 | 0 | 0 | | | | | | | |
| 1 | 1 | 0 | | | | | | | |
| 0 | 0 | 1 | | | | | | | |
| 0 | 1 | 1 | | | | | | | |
| 1 | 0 | 1 | | | | | | | |
| 1 | 1 | 1 | | | | | | | |

3) 根据真值表画出逻辑函数 $S_i$、$C_i$ 的卡诺图，如图 3-2-5 所示。

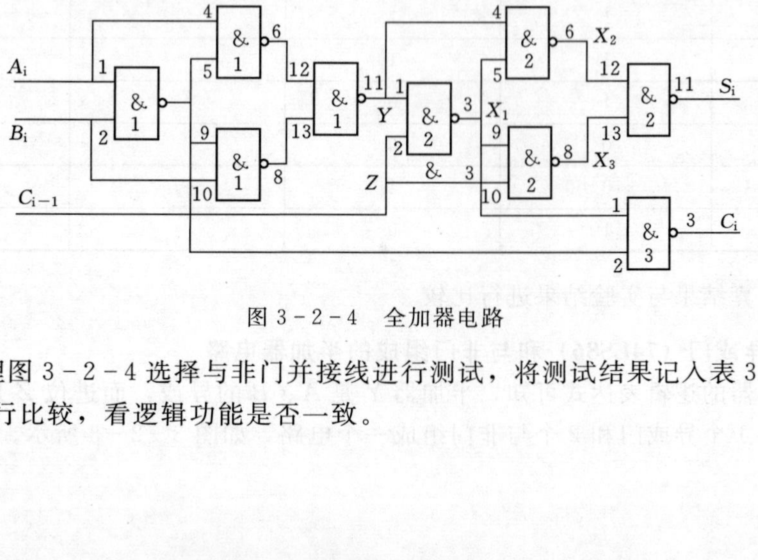


图 3-2-4 全加器电路

4) 按原理图 3-2-4 选择与非门并接线进行测试，将测试结果记入表 3-2-4，并与表 3-2-3 进行比较，看逻辑功能是否一致。

表 3-2-4　　测　试　表　1

| 输　入　端 | | | 输　出　端 | |
|---|---|---|---|---|
| $A_i$ | $B_i$ | $C_{i-1}$ | $C_i$ | $S_i$ |
| 0 | 0 | 0 | | |
| 0 | 1 | 0 | | |
| 1 | 0 | 0 | | |
| 1 | 1 | 0 | | |
| 0 | 0 | 1 | | |
| 0 | 1 | 1 | | |
| 1 | 0 | 1 | | |
| 1 | 1 | 1 | | |

（4）用异或门、与或非门、与非门组成的全加器电路的逻辑功能测试。全加器电路可以用两个半加器和两个与门和一个或门组成。在实验中，常用一片双异或门、一片与或非门和一片与非门来实现。

| $A_i$ \ $B_iC_{i-1}$ | 00 | 01 | 11 | 10 |
|---|---|---|---|---|
| 0 | | | | |
| 1 | | | | |

图 3-2-5

1）画出用异或门、与或非门和非门实现全加器的逻辑电路图，写出逻辑表达式。

2）用异或门、与或非门和与非门器件按自己设计画出的电路图接线，注意：接线时与或非门中不用的与门输入端应该接地。

3）当输入端 $A_i$、$B_i$、$C_{i-1}$变化时，测量 $S_i$ 和 $C_i$ 的逻辑状态并填入表 3-2-5。

表 3-2-5　　测　试　表　2

| | | | | | | | | | |
|---|---|---|---|---|---|---|---|---|---|
| 输入端 | $A_i$ | 0 | 0 | 0 | 0 | 1 | 1 | 1 | 1 |
| | $B_i$ | 0 | 0 | 1 | 1 | 0 | 0 | 1 | 1 |
| | $C_{i-1}$ | 0 | 1 | 0 | 1 | 0 | 1 | 0 | 1 |
| 输出端 | $S_i$ | | | | | | | | |
| | $C_i$ | | | | | | | | |

## 五、实验报告

（1）整理实验数据、图表并对实验结果进行分析讨论。

（2）总结全加器卡诺图的分析方法。

（3）总结实验中出现的问题和解决的办法。

# 第三节　实验　组合逻辑电路Ⅱ（译码器和数据选择器）

## 一、实验目的

（1）熟悉集成数据选择器、译码器的逻辑功能及测试方法。

(2) 学会用集成数据选择器、译码器进行逻辑设计。

## 二、实验仪器及材料

(1) 实验仪器设备：双踪示波器、数字万用表、数字电路实验箱。

(2) 器件：74LS139，2—4 线译码器，1 片；74LS153，双 4 选 1 数据选择器，1 片；74LS00，二输入端四与非门，1 片。实验器件如图 3-3-1 所示。

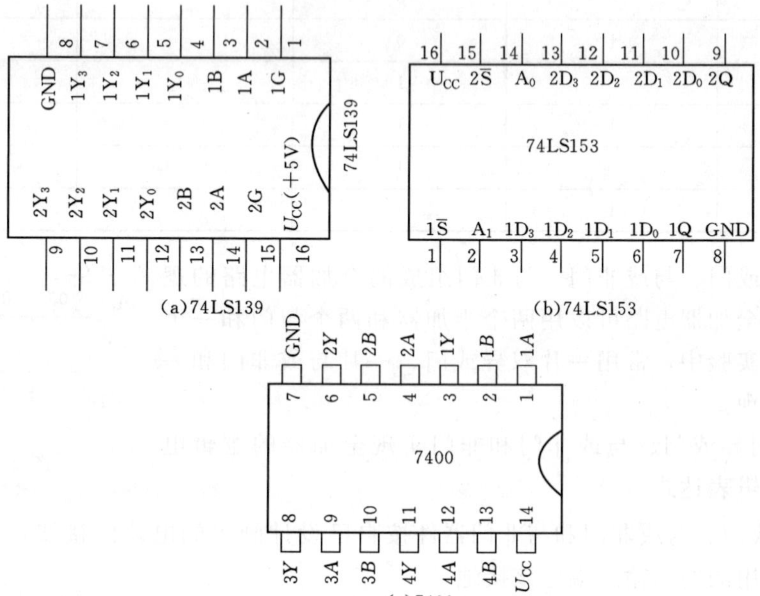


(a)74LS139　(b)74LS153　(c)7400

图 3-3-1　实验器件

## 三、实验内容及步骤

### (一) 译码器功能测试

将 74LS139 双 2—4 线译码器按图 3-3-2 分别输入逻辑电平，并填写表 3-3-1 输出状态。

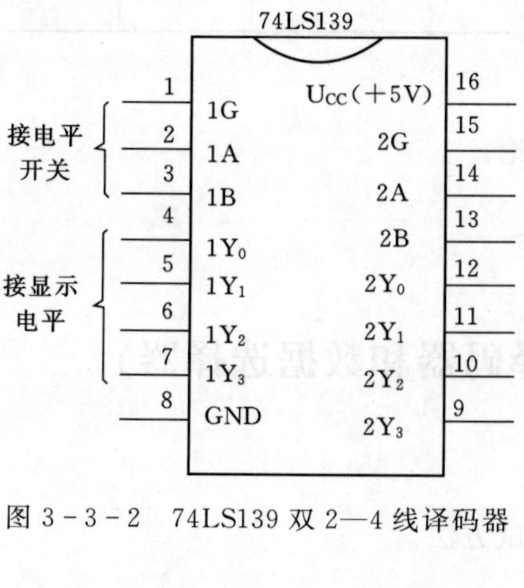


图 3-3-2　74LS139 双 2—4 线译码器

表 3-3-1　译码器功能测试表

| 输入端 | | | 输出端 | | | |
|---|---|---|---|---|---|---|
| 使能 | 选择 | | | | | |
| $1G$ | $1B$ | $1A$ | $Y_0$ | $Y_1$ | $Y_2$ | $Y_3$ |
| H | × | × | | | | |
| L | L | L | | | | |
| L | L | H | | | | |
| L | H | L | | | | |
| L | H | H | | | | |

**(二) 译码器转换**

将双 2—4 线译码器转换为 3—8 线译码器。

(1) 画出转换电路图。

(2) 在实验箱上接线并验证设计是否正确。

(3) 设计并填表写该 3—8 线译码器功能表。

**(三) 数据选择器的测试及应用**

(1) 将双 4 选 1 数据选择器 74LS153 参照图 3-3-3 接线，测试其功能并填写功能表，见表 3-3-2。

(2) 找到实验箱脉冲信号源中 $S_c$，$S_1$ 两个不同频率的信号，接到数据选择器任意 2 个输入端，将选择端置位，使输出端可分别观察到 $S_c$，$S_1$ 信号。

(3) 分析上述实验结果并总结数据选择器作用并画出波形。

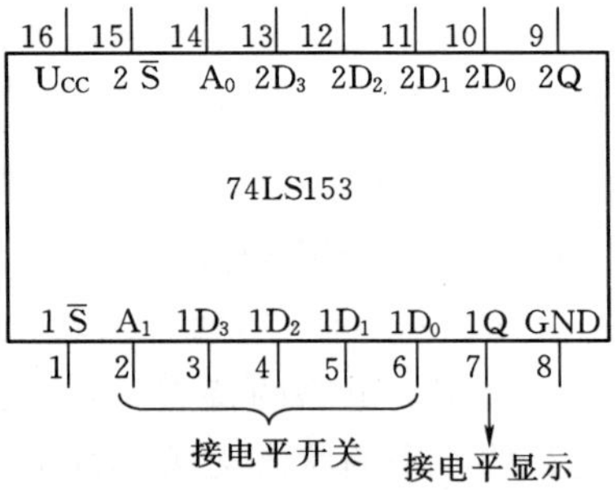


图 3.3.3 数据选择器 74LS153

表 3-3-2 数据选择器测试表

| 选择端 | | 输入端 | | | | 输出控制 | 输出 |
|---|---|---|---|---|---|---|---|
| $A_1$ | $A_0$ | $D_0$ | $D_1$ | $D_2$ | $D_3$ | $\overline{S}$ | $Q$ |
| × | × | × | × | × | × | H | |
| L | L | L | × | × | × | L | |
| L | L | H | × | × | × | L | |
| L | H | × | L | × | × | L | |
| L | H | × | H | × | × | L | |
| H | L | × | × | L | × | L | |
| H | L | × | × | H | × | L | |
| H | H | × | × | × | L | L | |
| H | H | × | × | × | H | L | |

## 四、实验报告

(1) 画出实验要求的波形图。

(2) 画出实验内容（二）、（三）的接线图。

(3) 总结译码器和数据选择的使用体会。

# 第四节 实验 组合逻辑电路的设计

## 一、预习要求

复习组合逻辑电路的设计和数据选择器部分内容，并根据实验内容设计出所要求的电路。

## 二、实验目的

（1）掌握组合逻辑电路的设计方法，能根据要求设计出所需的电路。

（2）掌握数据选择器的逻辑功能和应用。

## 三、实验仪器和设备

（1）数字电子技术实验箱或实验台（本实验主要用到+5V、−5V直流电源、逻辑电平开关、逻辑电平显示器）。

（2）74LS00（CC4011）、74LS20、CC4030、74LS04、74LS151。

## 四、实验原理和说明

1. 组合逻辑电路的特点及设计的步骤

组合逻辑电路的特点是：电路在任何时刻的输出状态只取决于该时刻的输入状态，而与电路的原来的状态无关，即输出只与某一些输入的组合有关。

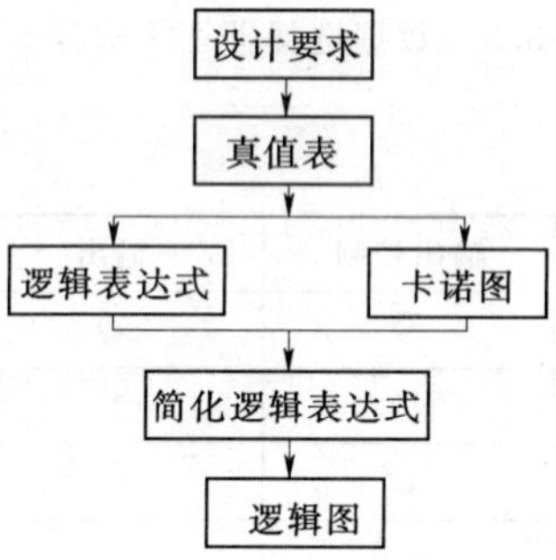


图3-4-1 组合逻辑电路设计流程图

2. 组合逻辑电路设计的步骤

组合逻辑电路设计的步骤如图3-4-1所示。

（1）将逻辑问题的文字命题变换为真值表。

（2）由真值表写出逻辑函数表达式。

（3）将逻辑函数表达式进行简化并变换成指定的表达形式。

（4）按最简函数表达式画出对应的逻辑线路图。

3. 组合逻辑电路设计举例

用“与非”门设计一个表决电路。当4个输入端中有3个或4个为“1”时，输出端才为“1”。

设计步骤：根据题意列出真值表见表3-4-1，再填入卡诺图，如图3-4-2所示。

表3-4-1 组合逻辑电路设计举例真值表

| | | | | | | | | | | | | | | | | |
|---|---|---|---|---|---|---|---|---|---|---|---|---|---|---|---|---|
| $D$ | 0 | 0 | 0 | 0 | 0 | 0 | 0 | 0 | 1 | 1 | 1 | 1 | 1 | 1 | 1 | 1 |
| $A$ | 0 | 0 | 0 | 0 | 1 | 1 | 1 | 1 | 0 | 0 | 0 | 0 | 1 | 1 | 1 | 1 |
| $B$ | 0 | 0 | 1 | 1 | 0 | 0 | 1 | 1 | 0 | 0 | 1 | 1 | 0 | 0 | 1 | 1 |
| $C$ | 0 | 1 | 0 | 1 | 0 | 1 | 0 | 1 | 0 | 1 | 0 | 1 | 0 | 1 | 0 | 1 |
| $Z$ | 0 | 0 | 0 | 0 | 0 | 0 | 0 | 1 | 0 | 0 | 0 | 1 | 0 | 1 | 1 | 1 |

由卡诺图3-4-2得出逻辑表达式，并演化成“与非”的形式，即

$$Z=ABC+BCD+ACD+ABD=\overline{\overline{ABC}\cdot\overline{BCD}\cdot\overline{ACD}\cdot\overline{ABC}}$$

根据逻辑表达式画出用“与非门”构成的逻辑电路如图3-4-3所示。

## 五、实验内容

（1）有一个车间，有红、黄两个故障指示灯，用来表示3台设备的工作情况，如一台设备出现故障，则黄灯亮；如两台设备出现故障，则红灯亮；如三台设备同时出现故障时，则红灯和黄灯都亮。试用与非门和异或门设计一个能实现此要求的逻辑电路。

| DA<br>BC | 00 | 01 | 11 | 10 |
|---|---|---|---|---|
| 00 | | | | |
| 01 | | | 1 | |
| 11 | | 1 | 1 | 1 |
| 10 | | | 1 | |

图 3-4-2 卡诺图

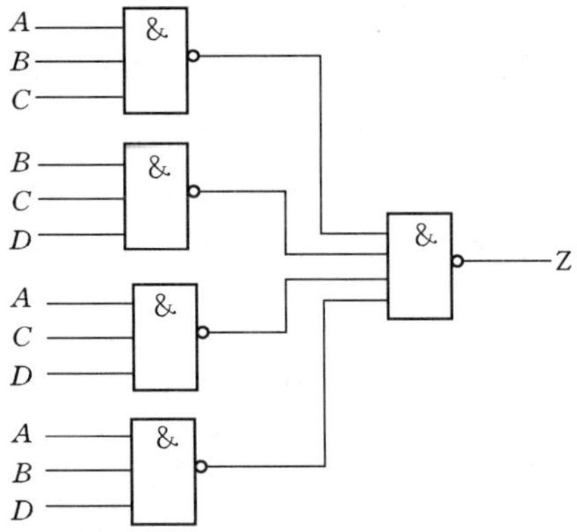


图 3-4-3 表决电路逻辑图

（2）用异或门和非门设计一个四输入奇偶校验发生器，当输入“1”的个数为奇数时，奇数校验端输出为 1，当输入“1”的个数为偶数时，偶数校验输出为 1。

## 六、实验报告

（1）分别写出“实验内容”中各题的逻辑函数表达式，并画出逻辑电路图，并深刻体会组合逻辑电路设计过程。

（2）能否用一个 4 选 1 数据选择器来实现三输入的多数表决电路？若能则数据选择器地址变量、数据输入变量的表达式是什么？

（3）用与非门来实现三输入多数表决电路图与“实验内容”中（1）的电路图是否相同？

# 第五节 实验 译 码 器

## 一、实验目的

（1）掌握中规模集成译码器的逻辑功能和使用方法。

（2）掌握数码管的使用方法。

## 二、实验原理

译码器是一个多输入、多输出的组合逻辑电路。它的作用是把给定的代码进行“翻译”，变成相应的状态，使输出通道中相应的一路有信号输出。译码器在数字系统中有广泛的用途，不仅用于代码的转换、终端的数字显示，还用于数据分配，存储器寻址和组合控制信号等。不同的功能可选用不同种类的译码器。译码器可分为通用译码器和显示译码器两大类。前者又分为变量译码器和代码变换译码器。

### （一）变量译码器

变量译码器又称二进制译码器，用以表示输入变量的状态，如 2—4 线、3—8 线和 4—16 线译码器。若有 $n$ 个输入变量，则有 $2^n$ 个不同的组合状态，就有 $2^n$ 个输出端供其使用。而每一个输出所代表的函数对应于 $n$ 个输入变量的最小项。

图 3-5-1(a)、(b) 所示分别为 3—8 线译码器 74HC138 逻辑图及其引脚排列图。其中 $A_2$、$A_1$、$A_0$ 为地址输入端，$\overline{Y}_0 \sim \overline{Y}_7$ 为译码输出端，$S_1$、$\overline{S}_2$、$\overline{S}_3$ 为使能端。表 3-5-1 为 74HC138 的功能表。当 $S_1=1$，$\overline{S}_2+\overline{S}_3=0$ 时，器件使能，地址码所指定的输出端有信号（为 0）输出，其他所有输出端均无信号（全为 1）输出。当 $S_1=0$，$\overline{S}_2+\overline{S}_3=\times$ 时，或 $S_1=\times$，$\overline{S}_2+\overline{S}_3=1$ 时，译码器被禁止，所有输出同时为 1。

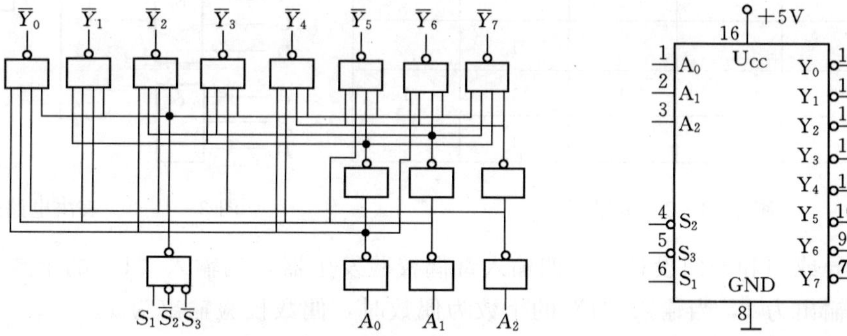

(a) 74HC138 的逻辑图　　(b)74HC138 的引脚排列

图 3-5-1　3—8 线译码器 74HC138 逻辑图及引脚排列

**表 3-5-1　　74HC138 的功能表**

| 输入 | | | | | 输出 | | | | | | | |
|---|---|---|---|---|---|---|---|---|---|---|---|---|
| $S_1$ | $\overline{S}_2+\overline{S}_3$ | $A_2$ | $A_1$ | $A_0$ | $\overline{Y}_0$ | $\overline{Y}_1$ | $\overline{Y}_2$ | $\overline{Y}_3$ | $\overline{Y}_4$ | $\overline{Y}_5$ | $\overline{Y}_6$ | $\overline{Y}_7$ |
| 1 | 0 | 0 | 0 | 0 | 0 | 1 | 1 | 1 | 1 | 1 | 1 | 1 |
| 1 | 0 | 0 | 0 | 1 | 1 | 0 | 1 | 1 | 1 | 1 | 1 | 1 |
| 1 | 0 | 0 | 1 | 0 | 1 | 1 | 0 | 1 | 1 | 1 | 1 | 1 |
| 1 | 0 | 0 | 1 | 1 | 1 | 1 | 1 | 0 | 1 | 1 | 1 | 1 |
| 1 | 0 | 1 | 0 | 0 | 1 | 1 | 1 | 1 | 0 | 1 | 1 | 1 |
| 1 | 0 | 1 | 0 | 1 | 1 | 1 | 1 | 1 | 1 | 0 | 1 | 1 |
| 1 | 0 | 1 | 1 | 0 | 1 | 1 | 1 | 1 | 1 | 1 | 0 | 1 |
| 1 | 0 | 1 | 1 | 1 | 1 | 1 | 1 | 1 | 1 | 1 | 1 | 0 |
| 0 | × | × | × | × | 1 | 1 | 1 | 1 | 1 | 1 | 1 | 1 |
| × | 1 | × | × | × | 1 | 1 | 1 | 1 | 1 | 1 | 1 | 1 |

二进制译码器实际上也是负脉冲输出的脉冲分配器。若利用使能端中的一个输入端输入数据信息，器件就成为一个数据分配器（又称多路分配器），如图 3-5-2 所示。若在 $S_1$ 输入端输入数据信息，$\overline{S}_2=\overline{S}_3=0$，地址码所对应的输出是 $S_1$ 数据信息的反码；若从 $\overline{S}_2$ 端输入数据信息。令 $S_1=1$、$\overline{S}_3=0$，地址码所对应的输出就是$S_2$ 端数据信息的原码。若数据信息是时钟脉冲，则数据分配器便成为时钟脉冲分配器。根据输入地址的不同组合译出唯一地址，故可用作地址译码器。接成多路分配器，可将一个信号源的数据信息传输到不同的地点。

二进制译码器还能方便地实现逻辑函数运算，如图 3-5-3 所示，实现的逻辑函数为

$$Z=\overline{ABC}+\overline{A}B\,\overline{C}+A\,\overline{BC}+ABC$$

利用使能端能方便地将两个 3—8 线译码器组合成一个 4—16 线译码器，如图 3-5-4 所示。

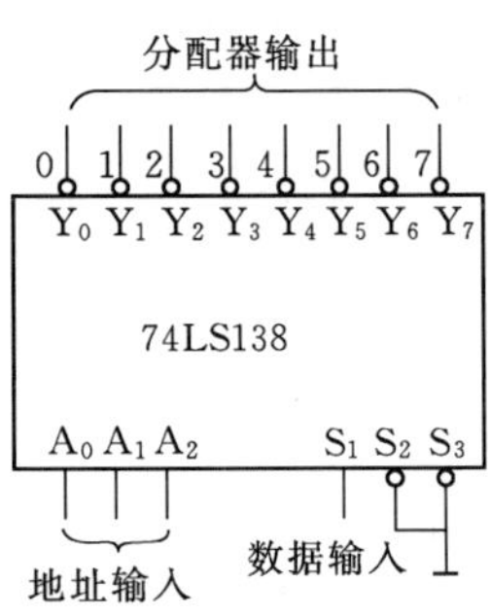

图 3-5-2 作数据分配器

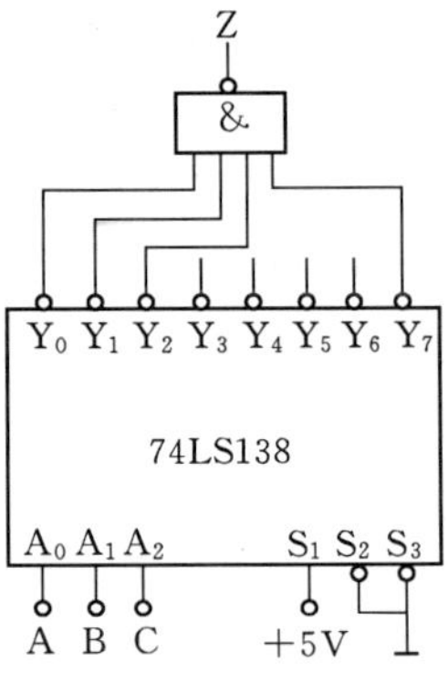

图 3-5-3 实现逻辑函数

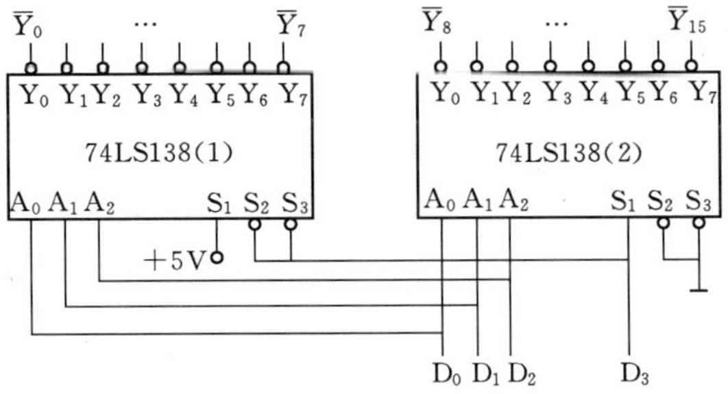

图 3-5-4 用两片 74LS138 组合成 4—16 线译码器

## （二）数码显示译码器

1. 七段发光二极管（LED）数码管

LED 数码管是目前最常用的数字显示器，图 3-5-5（a）、（b）所示分别为共阴管和共阳管的电路，图 3-5-5（c）所示为两种不同出线形式的引出脚功能图。一个 LED 数码管可用来显示一位 0～9 十进制数和一个小数点。小型数码管（0.5 英寸和 0.36 英寸）每段发光二极管的正向压降随显示光（通常为红、绿、黄、橙色）的颜色不同略有差别，通常约为 2～2.5V，每个发光二极管的点亮电流为 5～10mA。LED 数码管显示 BCD 码所表示的十进制数字需要有一个专门的译码器，该译码器不但要完成译码功能，还要有相当的驱动能力。

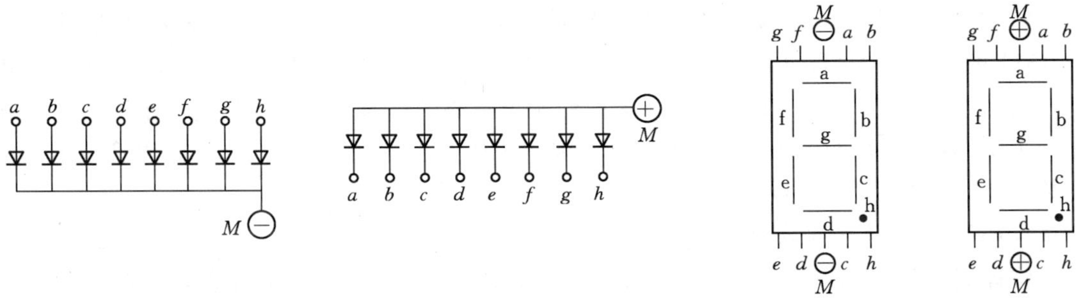

图 3-5-5 LED 数码管

2. BCD 码七段译码驱动器

BCD 码七段译码驱动器型号有 74HC47（共阳）、74HC48（共阴）、CC4511（共阴）等，本实验采用 CC4511 BCD 码锁存/七段译码/驱动器。驱动共阴极 LED 数码管。图 3-5-6 所示为 CC4511 引脚排列。其中：$A$、$B$、$C$、$D$ 为 BCD 码输入端；$a$、$b$、$c$、$d$、$e$、$f$、$g$ 为译码输出端，输出“1”有效，用来驱动共阴极 LED 数码管。$\overline{LT}$为测试输入端，$\overline{LT}$=“0”时，译码输出全为“1”。

$\overline{BT}$为消隐输入端，$\overline{BT}$=“0”时，译码输出全为“0”。$LE$ 为锁定端，$LE$=“1”时译码器处于锁定（保持）状态，译码输出保持在 $LE=0$ 时的数值，$LE=0$ 为正常译码。

表 3-5-2 为 CC4511 的功能表。CC4511 内接有上拉电阻，故只需在输出端与数码管笔段之间串入限流电阻即可工作。译码器还有拒伪码功能，当输入码超过 1001 时，输出全为“0”，数码管熄灭。在本数字电路实验装置上已完成了译码器 CC4511 和数码管 BS202 之间的连接。实验时，只要接通+5V 电源和将十进制数的 BCD 码接至译码器的相应输入端 $A$、$B$、$C$、$D$ 即可显示 0～9 的数字。4 位数码管可接受 4 组 BCD 码输入。CC4511 与 LED 数码管的连接如图 3-5-7 所示。

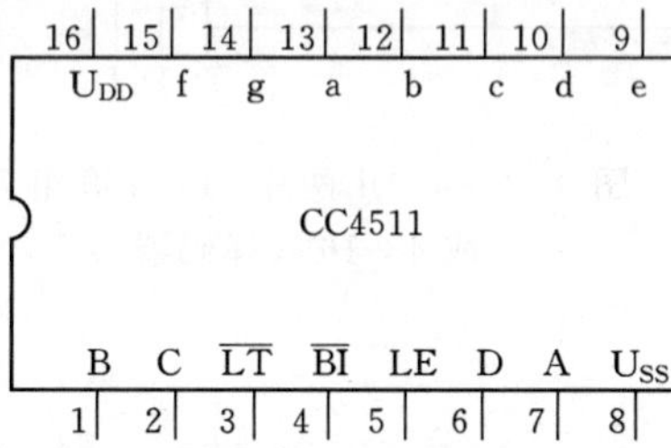


图 3-5-6 CC4511 引脚排列

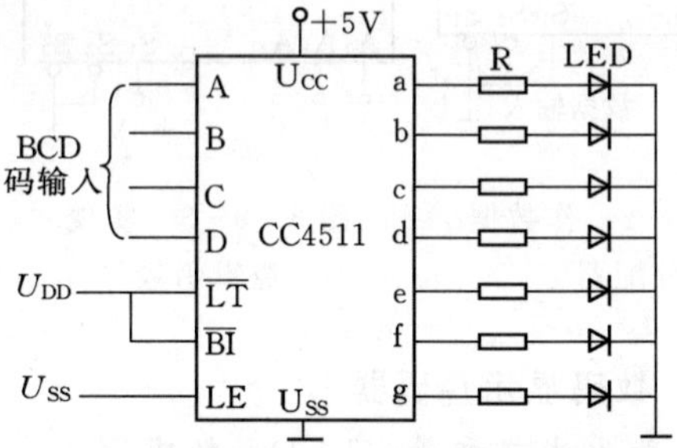


图 3-5-7 CC4511 驱动 LED 数码管

## 三、实验设备与器件

+5V 直流电源；双踪示波器；连续脉冲源；逻辑电平开关；逻辑电平显示器；拨码开关组；译码显示器；74LS138×2、CC4511。

## 四、实验内容

1. 数据拨码开关的使用

将实验装置上的 4 组拨码开关的输出 $A_i$、$B_i$、$C_i$、$D_i$ 分别接至 4 组显示译码/驱动器 CC4511 的对应输入端，$LE$、$\overline{BI}$、$\overline{LT}$接至 3 个逻辑开关的输出端，接上+5V 显示器的电源，然后按功能表 3-5-2 输入的要求拨动 4 个数码的增减键（“+”与“-”键）和操作与 $LE$、$\overline{BI}$、$\overline{LT}$对应的 3 个逻辑开关，观测拨码盘上的 4 位数与 LED 数码管显示的对应数字是否一致及译码显示是否正常。

2. 74HC138 译码器逻辑功能测试

将译码器使能端 $S_1$、$\overline{S}_2$、$\overline{S}_3$ 及地址端 $A_2$、$A_1$、$A_0$ 分别接至逻辑电平开关输出端，8 个输出端$\overline{Y}_7$、…、$\overline{Y}_0$ 依次连接在逻辑电平显示器的 8 个输入端，拨动逻辑电平开关，按表 3-5-2 逐项测试 74HC138 的逻辑功能。

**表 3-5-2　CC4511 的功能表**

| 输入端 | | | | | | | 输出端 | | | | | | | |
|---|---|---|---|---|---|---|---|---|---|---|---|---|---|---|
| $LE$ | $\overline{BI}$ | $\overline{LT}$ | $D$ | $C$ | $B$ | $A$ | $a$ | $b$ | $c$ | $d$ | $e$ | $f$ | $g$ | 显示字形 |
| × | × | 0 | × | × | × | × | 1 | 1 | 1 | 1 | 1 | 1 | 1 | |
| × | 0 | 1 | × | × | × | × | 0 | 0 | 0 | 0 | 0 | 0 | 0 | 消隐 |
| 0 | 1 | 1 | 0 | 0 | 0 | 0 | 1 | 1 | 1 | 1 | 1 | 1 | 0 | |
| 0 | 1 | 1 | 0 | 0 | 0 | 1 | 0 | 1 | 1 | 0 | 0 | 0 | 0 | |

续表

| 输入端 | | | | | | | 输出端 | | | | | | | |
|---|---|---|---|---|---|---|---|---|---|---|---|---|---|---|
| $LE$ | $\overline{BI}$ | $\overline{LT}$ | $D$ | $C$ | $B$ | $A$ | $a$ | $b$ | $c$ | $d$ | $e$ | $f$ | $g$ | 显示字形 |
| 0 | 1 | 1 | 0 | 0 | 1 | 0 | 1 | 1 | 0 | 1 | 1 | 0 | 1 | |
| 0 | 1 | 1 | 0 | 0 | 1 | 1 | 1 | 1 | 1 | 1 | 0 | 0 | 1 | |
| 0 | 1 | 1 | 0 | 1 | 0 | 0 | 0 | 1 | 1 | 0 | 0 | 1 | 1 | |
| 0 | 1 | 1 | 0 | 1 | 0 | 1 | 1 | 0 | 1 | 1 | 0 | 1 | 1 | |
| 0 | 1 | 1 | 0 | 1 | 1 | 0 | 0 | 0 | 1 | 1 | 1 | 1 | 1 | |
| 0 | 1 | 1 | 0 | 1 | 1 | 1 | 1 | 1 | 1 | 0 | 0 | 0 | 0 | |
| 0 | 1 | 1 | 1 | 0 | 0 | 0 | 1 | 1 | 1 | 1 | 1 | 1 | 1 | |
| 0 | 1 | 1 | 1 | 0 | 0 | 1 | 1 | 1 | 1 | 0 | 0 | 1 | 1 | |
| 0 | 1 | 1 | 1 | 0 | 1 | 0 | 0 | 0 | 0 | 0 | 0 | 0 | 0 | 消隐 |
| 0 | 1 | 1 | 1 | 0 | 1 | 1 | 0 | 0 | 0 | 0 | 0 | 0 | 0 | 消隐 |
| 0 | 1 | 1 | 1 | 1 | 0 | 0 | 0 | 0 | 0 | 0 | 0 | 0 | 0 | 消隐 |
| 0 | 1 | 1 | 1 | 1 | 0 | 1 | 0 | 0 | 0 | 0 | 0 | 0 | 0 | 消隐 |
| 0 | 1 | 1 | 1 | 1 | 1 | 0 | 0 | 0 | 0 | 0 | 0 | 0 | 0 | 消隐 |
| 0 | 1 | 1 | 1 | 1 | 1 | 1 | 0 | 0 | 0 | 0 | 0 | 0 | 0 | 消隐 |
| 1 | 1 | 1 | × | × | × | × | 锁存 | | | | | | | 锁存 |

3. 用 74HC138 构成时序脉冲分配器

时钟脉冲 $CP$ 频率约为 1kHz，要求分配器输出$\overline{Y}_0$、…、$\overline{Y}_7$ 的信号与 $CP$ 输入信号同相。画出分配器的实验电路，用配译码器的数码管观察和记录在地址端 $A_2$、$A_1$、$A_0$ 分别取 000～111 等 8 种不同状态时$\overline{Y}_0$、…、$\overline{Y}_7$ 端的输出状态。

4. 组合译码器

用两片 74HC138 组合成一个 4—16 线译码器，并进行实验。

### 五、实验报告

（1）画出实验线路，把观察到的波形画在坐标纸上，并标上对应的地址码。

（2）对实验结果进行分析、讨论。

## 第六节　实验　数据选择器及其应用

### 一、实验目的

（1）掌握中规模集成数据选择器的逻辑功能及使用方法。

（2）掌握用数据选择器构成组合逻辑电路的方法。

### 二、实验原理

数据选择器又称为多路开关。数据选择器在地址码（或叫选择控制）电位的控制下，从几个输入数据中选择一个并将其送到一个公共的输出端。数据选择器的功能类似一个多掷开关，如图 3-6-1 所示，图中有 4 路数据 $D_0$～$D_3$，通过选择控制信号 $A_1$、$A_0$（地址码）从 4 路数据中选中某一路数据送至输出端 $Q$。数据选择器为目前逻辑设计中应用十分广泛的逻辑部件，它有 2 选 1、4 选 1、8 选 1、16 选 1 等类别。数据选择器的电路结构一般由与或门阵列组成，也有用传输门开关和门电路混合而成的。

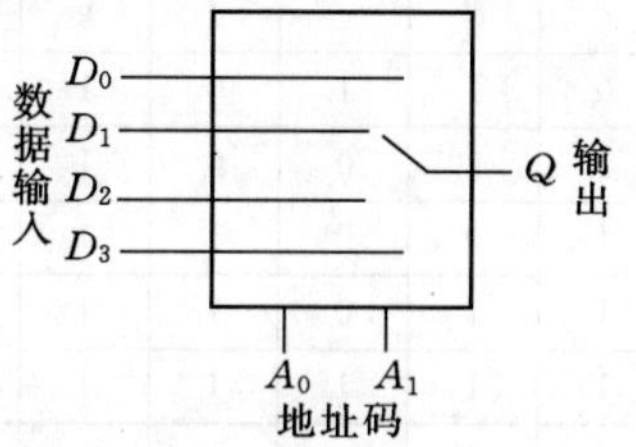


图 3－6－1 4 选 1 数据选择器示意图

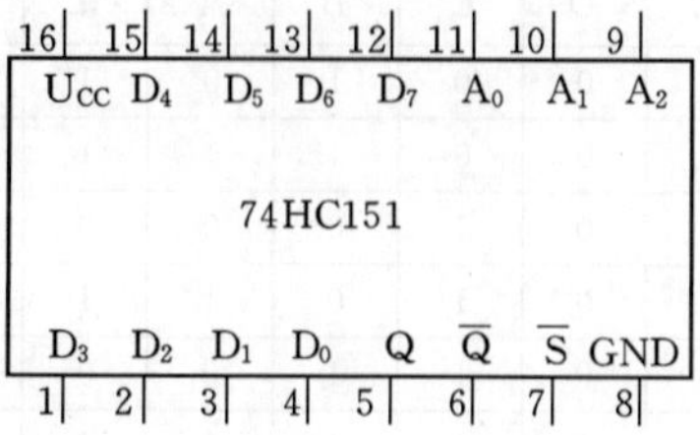


图 3－6－2 74LS151 引脚排列

1. 8 选 1数据选择器 74HC151

74HC151 为互补输出的 8 选 1 数据选择器，引脚排列如图 3－6－2 所示，功能见表 3－6－1所示。选择控制端（地址端）为 $A_2 \sim A_0$，按二进制译码，从 8 个输入数据 $D_0 \sim D_7$ 中，选择一个需要的数据送到输出端 $Q$，$\overline{S}$为使能端，低电平有效。

**表 3－6－1 8 选 1 数据选择器 74HC151 的功能表**

| 输入 | | | | 输出 | |
|---|---|---|---|---|---|
| $\overline{S}$ | $A_2$ | $A_1$ | $A_0$ | $Q$ | $\overline{Q}$ |
| 1 | × | × | × | 0 | 1 |
| 0 | 0 | 0 | 0 | $D_0$ | $\overline{D_0}$ |
| 0 | 0 | 0 | 1 | $D_1$ | $\overline{D_1}$ |
| 0 | 0 | 1 | 0 | $D_2$ | $\overline{D_2}$ |
| 0 | 0 | 1 | 1 | $D_3$ | $\overline{D_3}$ |
| 0 | 1 | 0 | 0 | $D_4$ | $\overline{D_4}$ |
| 0 | 1 | 0 | 1 | $D_5$ | $\overline{D_5}$ |
| 0 | 1 | 1 | 0 | $D_6$ | $\overline{D_6}$ |
| 0 | 1 | 1 | 1 | $D_7$ | $\overline{D_7}$ |

（1）使能端$\overline{S}=1$ 时，不论 $A_2 \sim A_0$ 状态如何，均无输出（$Q=0$，$\overline{Q}=1$），多路开关被禁止。

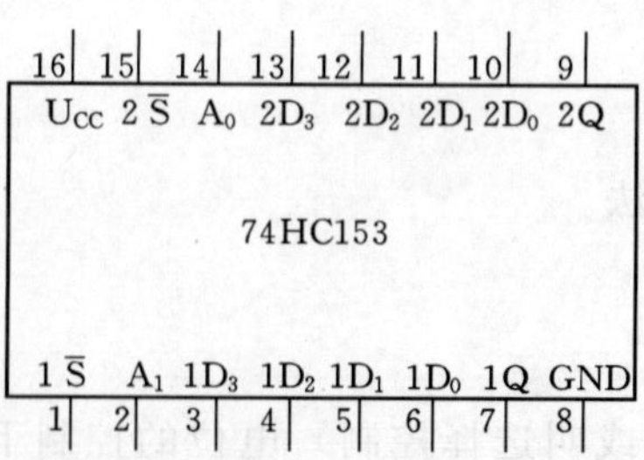


图 3－6－3 74HC153 引脚功能

（2）使能端$\overline{S}=0$ 时，多路开关正常工作，根据地址码 $A_2$、$A_1$、$A_0$ 的状态选择 $D_0 \sim D_7$ 中某一个通道的数据输送到输出端 $Q$。

如 $A_2A_1A_0=000$，则选择 $D_0$ 数据到输出端，即 $Q=D_0$；$A_2A_1A_0=001$，则选择 $D_1$ 数据到输出端，即 $Q=D_1$，其余类推。

2. 双 4 选 1 数据选择器 74HC153

双 4 选 1 数据选择器 74HC153 就是在一块集成芯片上有两个 4 选 1 数据选择器。引脚排列如图 3－6－3 所示，功能见表 3－6－2。

表 3－6－2　　双 4 选 1 数据选择器 74HC153 的功能表

| 输　入 | | | 输出 |
|---|---|---|---|
| $\overline{S}$ | $A_1$ | $A_0$ | $Q$ |
| 0 | × | × | 0 |
| 0 | 0 | 0 | $D_0$ |
| 0 | 0 | 1 | $D_1$ |
| 0 | 1 | 0 | $D_2$ |
| 0 | 1 | 1 | $D_3$ |

$1\overline{S}$、$2\overline{S}$为两个独立的使能端：$A_1$、$A_0$ 为公用的地址输入端；$1D_0$～$1D_3$ 和 $2D_0$～$2D_3$ 分别为两个 4 选 1 数据选择器的数据输入端；$Q_1$、$Q_2$ 为两个输出端。

（1）当使能端 $1\overline{S}(2\overline{S})=1$ 时，多路开关被禁止，无输出，$Q=0$。

（2）当使能端 $1\overline{S}(2\overline{S})=0$ 时，多路开关正常工作，根据地址码 $A_1$、$A_0$ 的状态，将相应的数据 $D_0$～$D_3$ 送到输出端 $Q$。

如 $A_1A_0=00$，则选择 $D_0$ 数据到输出端，即 $Q=D_0$；$A_1A_0=01$，则选择 $D_1$ 数据到输出端，即 $Q=D_1$，其余类推。数据选择器的用途很多，如多通道传输、数码比较、并行码变串行码以及实现逻辑函数等。

3. 数据选择器的应用——实现逻辑函数

**【例 3－6－1】** 用 8 选 1 数据选择器 74HC151 实现函数：$F=A\overline{B}+\overline{A}C+B\overline{C}$。

**解**　采用 8 选 1 数据选择器 74HC151 可实现任意三输入变量的组合逻辑函数。作出函数 $F$ 的功能表，见表 3－6－3，将函数 $F$ 功能表与 8 选 1 数据选择器的功能表相比较，可知：

（1）将输入变量 $C$、$B$、$A$ 作为 8 选 1 数据选择器的地址码 $A_2$、$A_1$、$A_0$。

（2）使 8 选 1 数据选择器的各数据输入 $D_0$～$D_7$ 分别与函数 $F$ 的输出值一一相对应，即 $A_2A_1A_0=CBA$，$D_0=D_7=0$　$D_1=D_2=D_3=D_4=D_5=D_6=1$，则 8 选 1 数据选择器 74HC151 的输出 $Q$ 便实现了函数 $F=A\overline{B}+\overline{A}C+B\overline{C}$。接线图如图 3－6－4 所示。显然，采用具有 $n$ 个地址端的数据选择实现 $n$ 变量的逻辑函数时，应将函数的输入变量加到数据选择器的地址端（$A$），选择器的数据输入端（$D$）按次序以函数 $F$ 输出值来赋值。

表 3－6－3　　［例 3－6－1］的功能表

| 输　入 | | | 输出 |
|---|---|---|---|
| $C$ | $B$ | $A$ | $F$ |
| 0 | 0 | 0 | 0 |
| 0 | 0 | 1 | 1 |
| 0 | 1 | 0 | 1 |
| 0 | 1 | 1 | 1 |
| 1 | 0 | 0 | 1 |
| 1 | 0 | 1 | 1 |
| 1 | 1 | 0 | 1 |
| 1 | 1 | 1 | 0 |

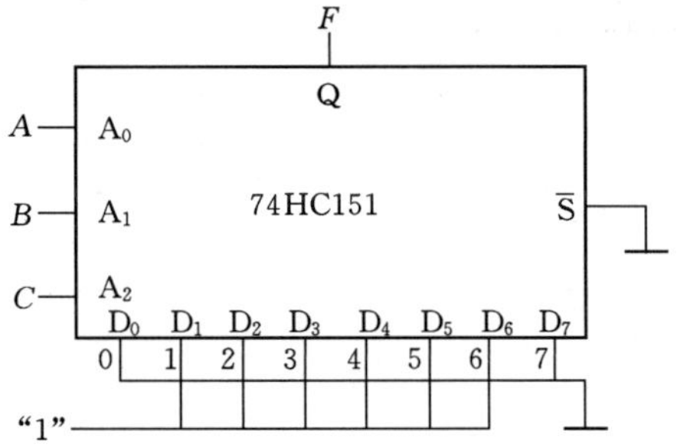


图 3－6－4　用 8 选 1 数据选择器实现 $F=A\overline{B}+\overline{A}C+B\overline{C}$ 的接线图

【例 3-6-2】 用 8 选 1 数据选择器 74HC151 实现函数：$F=A\overline{B}+\overline{A}B$。

表 3-6-4 [例 3-6-2] 函数 F 的真值表

| 输入 | | 输出 |
|---|---|---|
| $B$ | $A$ | $F$ |
| 0 | 0 | 0 |
| 0 | 1 | 1 |
| 1 | 0 | 1 |
| 1 | 1 | 0 |

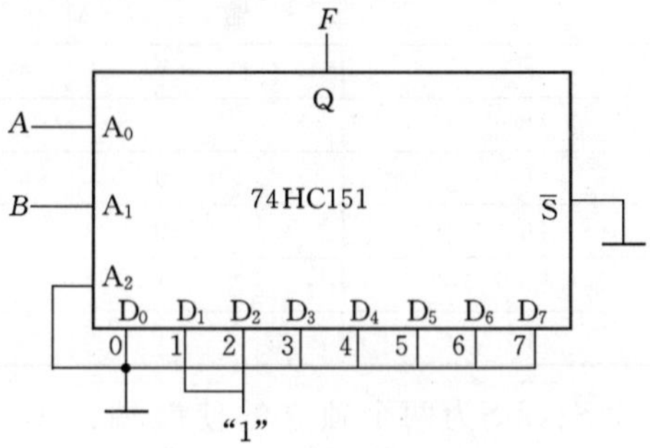


图 3-6-5 8 选 1 数据选择器实现 $F=A\overline{B}+\overline{A}B$ 的接线图

**解**

(1) 列出函数 $F$ 的真值表，见表 3-6-4。

(2) 将 $A$、$B$ 加到地址端 $A_1$、$A_0$，而 $A_2$ 接地，由表 3-6-4 可知，将 $D_1$、$D_2$ 接“1”及 $D_0$、$D_3$ 接地，其余数据输入端 $D_4 \sim D_7$ 都接地，则 8 选 1 数据选择器的输出 $Q$ 便实现了函数 $F=A\overline{B}+B\overline{A}$，接线图如图 3-6-5 所示。显然，当函数输入变量数小于数据选择器的地址端（$A$）时，应将不用的地址端及不用的数据输入端（$D$）都接地。

【例 3-6-3】 用双 4 选 1 数据选择器 74HC153 实现函数：$F=\overline{A}BC+A\overline{B}C+AB\overline{C}+ABC$。

**解** 函数 $F$ 的功能见表 3-6-5。函数 $F$ 有 3 个输入变量 $A$、$B$、$C$，而数据选择器有两个地址端 $A_1$、$A_0$，少于函数输入变量个数，在设计时，可任选 $A$ 接 $A_1$，$B$ 接 $A_0$。将函数功能表改成表 3-6-6 形式，可见当将输入变量 $A$、$B$、$C$ 中 $A$、$B$ 接选择器的地址端 $A_1$、$A_0$，由表 3-6-6 不难看出：$D_0=0$，$D_1=D_2=C$，$D_3=1$。则 4 选 1 数据选择器的输出便实现了函数 $F=\overline{A}BC+A\overline{B}C+AB\overline{C}+ABC$，接线图如图 3-6-6 所示。

当函数输入变量大于数据选择器地址端（$A$）时，可能随着选用函数输入变量作地址的方案不同而使其设计结果不同，需对几种方案比较，以获得最佳方案。

表 3-6-5 [例 3-6-3] 函数 F 的功能表

| 输入 | | | 输出 |
|---|---|---|---|
| $A$ | $B$ | $C$ | $F$ |
| 0 | 0 | 0 | 0 |
| 0 | 0 | 1 | 0 |
| 0 | 1 | 0 | 0 |
| 0 | 1 | 1 | 1 |
| 1 | 0 | 0 | 0 |
| 1 | 0 | 1 | 1 |
| 1 | 1 | 0 | 1 |
| 1 | 1 | 1 | 1 |

表 3-6-6 [例 3-6-3] 函数 F 功能表

| 输入 | | | 输出 | 中选数据端 |
|---|---|---|---|---|
| $A$ | $B$ | $C$ | $F$ | |
| 0 | 0 | 0<br>1 | 0<br>0 | $D_0=0$ |
| 0 | 1 | 0<br>1 | 0<br>1 | $D_1=C$ |
| 1 | 0 | 0<br>1 | 0<br>1 | $D_2=C$ |
| 1 | 1 | 0<br>1 | 1<br>1 | $D_3=1$ |

## 三、实验设备与器件

(1) +5V 直流电源、逻辑电平开关、逻辑电平显示器。

(2) 74HC151（或 CC4512、或 74HC153 或 CC4539）。

## 四、实验内容

1. 测试数据选择器 74HC151 的逻辑功能

按图 3-6-7 所示接线，地址端 $A_2$、$A_1$、$A_0$、数据端 $D_0 \sim D_7$、使能端 $S$ 接逻辑开关，输出端 $Q$ 接逻辑电平显示器，按 74HC151 功能表逐项进行测试，记录测试结果。

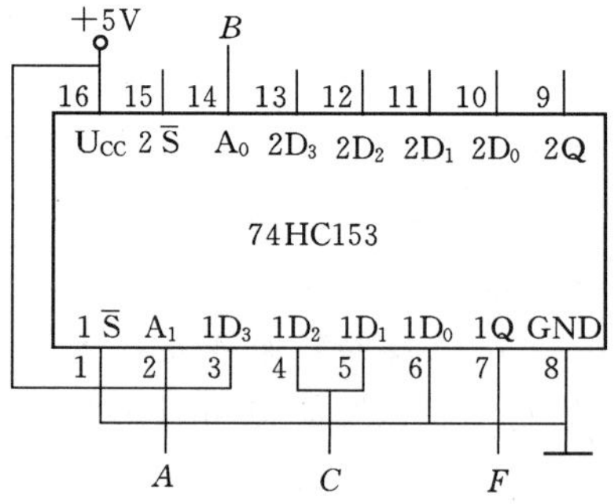


图 3-6-6　用 4 选 1 数据选择器实现

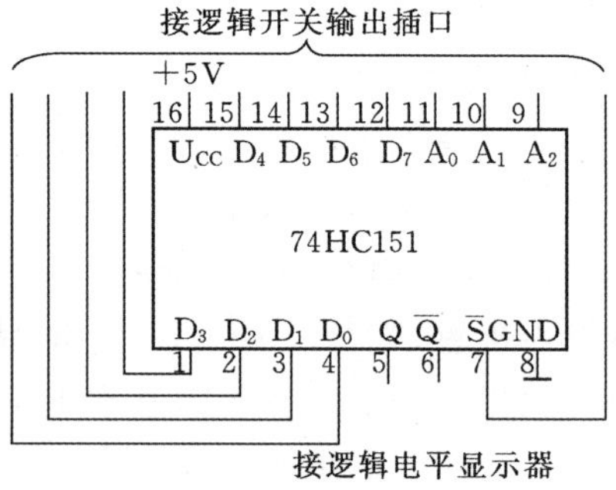


图 3-6-7　74HC151 逻辑功能测试

2. 测试 74HC153 的逻辑功能

测试 74HC153 逻辑功能的方法及步骤同实验内容 1，记录之。

3. 用 8 选 1 数据选择器 74HC151 设计三输入多数表决电路

(1) 写出设计过程。

(2) 画出接线图。

(3) 验证逻辑功能 $F(AB)=A\overline{B}+\overline{A}B+AB$。

4. 用 8 选 1 数据选择器 74HC151 实现逻辑函数 $F=\overline{A}BC+A\overline{B}C+AB\overline{C}+ABC$

(1) 写出设计过程。

(2) 画出接线图。

(3) 验证逻辑功能。

5. 用双 4 选 1 数据选择器 74HC153 实现全加器

(1) 写出设计过程。

(2) 画出接线图。

(3) 验证逻辑功能。

## 五、实验报告

用数据选择器对实验内容进行设计、写出设计全过程、画出接线图、进行逻辑功能测试；总结实验收获、体会。

# 第七节　实验　触发器及其应用

## 一、实验目的

(1) 掌握基本 RS、JK、D 和 T 触发器的逻辑功能。

(2) 掌握集成触发器的逻辑功能及使用方法。

(3) 掌握触发器之间相互转换的方法。

## 二、实验原理

触发器具有两个稳定状态，分别表示逻辑状态“1”和“0”。在一定的外界信号作用下，它可以从一个稳定状态翻转到另一个稳定状态，是一个具有记忆功能的二进制信息存储器件，是构成各种时序电路的最基本逻辑单元。

### (一) 基本 RS 触发器

图 3-7-1 为由两个与非门交叉耦合构成的基本 RS 触发器，它是无时钟控制低电平直接触发的触发器。基本 RS 触发器具有置“0”、置“1”和“保持”三种功能。通常称$\overline{S}$为置“1”端，因为$\overline{S}=0$ ($\overline{R}=1$) 时触发器被置“1”；$\overline{R}$为置“0”端，因为$\overline{S}=0$ ($\overline{S}=1$) 时触发器被置“0”，当$\overline{S}=\overline{R}=1$时状态保持；$\overline{S}=\overline{R}=0$时，触发器状态不定，应避免此种情况发生。表 3-7-1 为基本 RS 触发器的功能表。基本 RS 触发器也可以用两个或非门组成，此时为高电平触发有效。

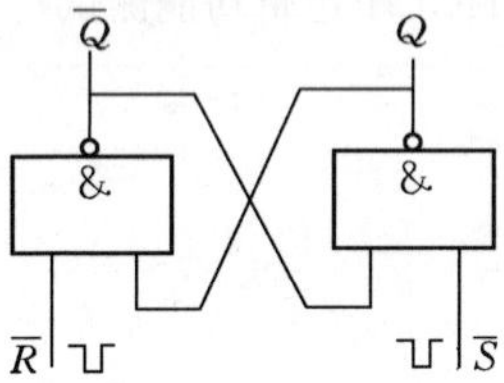

图 3-7-1　基本 RS 触发器

表 3-7-1　　基本 RS 触发器的功能表

| 输入 | | 输出 | |
|---|---|---|---|
| $\overline{S}$ | $\overline{R}$ | $Q^{n+1}$ | $\overline{Q}^{n+1}$ |
| 0 | 1 | 1 | 0 |
| 1 | 0 | 0 | 1 |
| 1 | 1 | $Q^n$ | $\overline{Q}^n$ |
| 0 | 0 | $\phi$ | $\phi$ |

### (二) JK 触发器

在输入信号为双端的情况下，JK 触发器是功能完善、使用灵活和通用性较强的一种触发器。本实验采用 74HC112 双 JK 触发器，是下降边沿触发的边沿触发器。引脚功能及逻辑符号如图 3-7-2 所示。JK 触发器的状态方程为

$$Q^{n+1}=J\overline{Q}^n+\overline{K}Q^n$$

$J$ 和 $K$ 是数据输入端，是触发器状态更新的依据，若 $J$、$K$ 有两个或两个以上输入端时，组成“与”的关系。$Q$ 与$\overline{Q}$为两个互补输出端。通常把 $Q=0$、$\overline{Q}=1$ 的状态定为触发器“0”状态；而把 $Q=1$，$\overline{Q}=0$ 定为“1”状态下降沿触发 JK 触发器的功能见表 3-7-2。

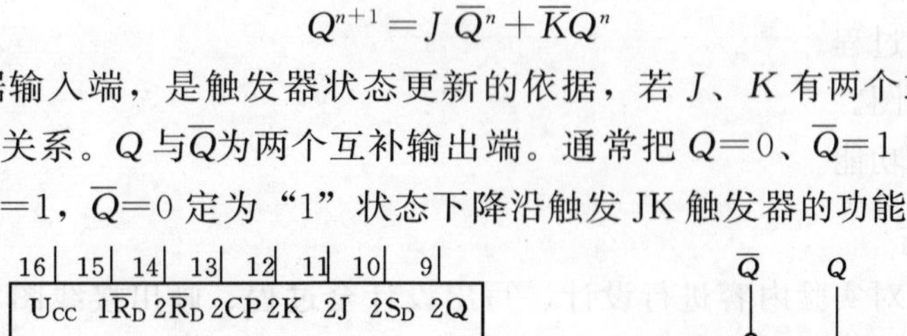

图 3-7-2　74HC112 的引脚排列图及逻辑符号

JK 触发器常被用作缓冲存储器，移位寄存器和计数器。

**表 3-7-2　　下降沿触发 JK 触发器的功能**

| 输入 | | | | | 输出 | |
|---|---|---|---|---|---|---|
| $\overline{S}_D$ | $\overline{R}_D$ | $CP$ | $J$ | $K$ | $Q^{n+1}$ | $\overline{Q}^{n+1}$ |
| 0 | 1 | × | × | × | 1 | 0 |
| 1 | 0 | × | × | × | 0 | 1 |
| 0 | 0 | × | × | × | $\phi$ | $\phi$ |
| 1 | 1 | ↓ | 0 | 0 | $Q^n$ | $\overline{Q}^n$ |
| 1 | 1 | ↓ | 1 | 0 | 1 | 0 |
| 1 | 1 | ↓ | 0 | 1 | 0 | 1 |
| 1 | 1 | ↓ | 1 | 1 | $\overline{Q}^n$ | $Q^n$ |
| 1 | 1 | ↑ | × | × | $Q^n$ | $\overline{Q}^n$ |

注　×为任意态，↓为高到低电平跳变，↑为低到高电平跳变，$Q^n$（$\overline{Q}^n$）为现态，$Q^{n+1}$（$\overline{Q}^{n+1}$）为次态，$\phi$ 为不定态。

## （三）D 触发器

在输入信号为单端的情况下，D 触发器用起来最为方便，其状态方程为 $Q^{n+1}=D^n$。其输出状态的更新发生在 $CP$ 脉冲的上升沿，故又称为上升沿触发的边沿触发器，触发器的状态只取决于时钟到来前 $D$ 端的状态，D 触发器的应用很广，可用作数字信号的寄存、移位寄存、分频和波形发生等。有很多种型号可供各种用途的需要而选用。如双 D 74HC74、四 D 74HC175、六 D 74HC174 等。图 3-7-3 所示为双 D 74HC74 的引脚排列及逻辑符号。其功能见表 3-7-3。

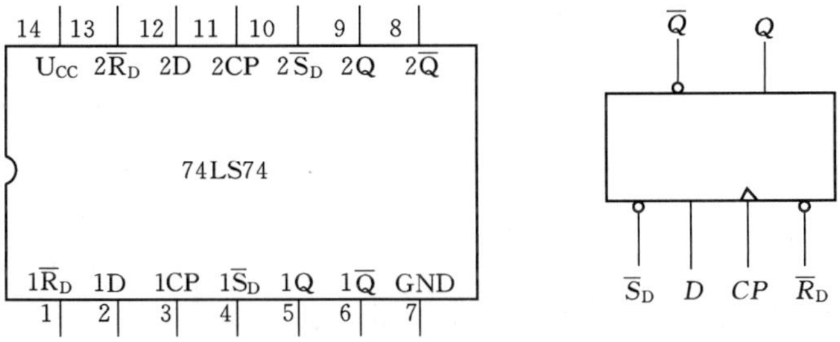


图 3-7-3　74HC74 引脚排列及逻辑符号

**表 3-7-3　　双 D 触发器 74HC74 的功能表**

| 输入 | | | | 输出 | |
|---|---|---|---|---|---|
| $\overline{S}_D$ | $\overline{R}_D$ | $CP$ | $D$ | $Q^{n+1}$ | $\overline{Q}^{n+1}$ |
| 0 | 1 | × | × | 1 | 0 |
| 1 | 0 | × | × | 0 | 1 |
| 0 | 0 | × | × | $\phi$ | $\phi$ |
| 1 | 1 | ↑ | 1 | 1 | 0 |
| 1 | 1 | ↑ | 0 | 0 | 1 |
| 1 | 1 | ↓ | × | $Q^n$ | $\overline{Q}^n$ |

## （四）触发器之间的相互转换

在集成触发器的产品中，每一种触发器都有自己固定的逻辑功能。但可以利用转换的方法获得具有其他功能的触发器。例如，将 JK 触发器的 $J$、$k$ 两端连在一起，并认它为 $T$ 端，就得到所需的 T 触发器，如图 3－7－4（a）所示，其状态方程为

$$Q^{n+1}=T\overline{Q}^n+\overline{T}Q^n$$

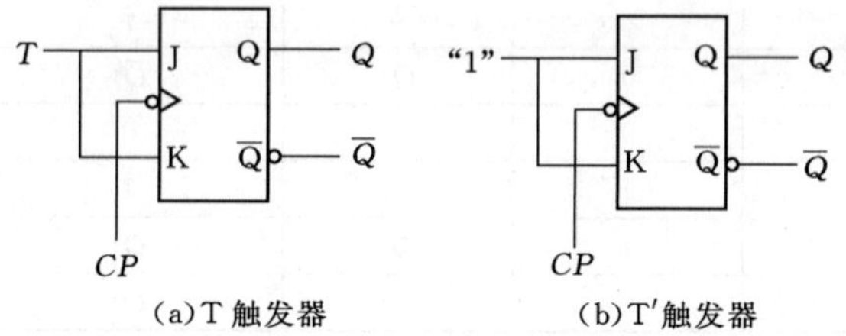

(a) T 触发器　(b) T′触发器

图 3－7－4　JK 触发器转换为 T 触发器和 T′触发器

T 触发器的功能见表 3－7－4。由表 3－7－4 知，当 $T=0$ 时，时钟脉冲作用后，其状态保持不变；当 $T=1$ 时，时钟脉冲作用后，触发器状态翻转。所以，若将 T 触发器的 $T$ 端置"1"，如图 3－7－4（b）所示，即得 T′触发器。在 T′触发器的 $CP$ 端每来一个 $CP$ 脉冲信号，触发器的状态就翻转一次，故称之为反转触发器，广泛用于计数电路中。同样，若将 D 触发器$\overline{Q}$端与 $D$ 端相连，便转换成 T′触发器，如图 3－7－5 所示。JK 触发器也可转换为 D 触发器，如图 3－7－6 所示。

**表 3－7－4　T 触发器的功能表**

| 输入 | | | | 输出 |
|---|---|---|---|---|
| $\overline{S}_D$ | $\overline{R}_D$ | $CP$ | $T$ | $Q^{n+1}$ |
| 0 | 1 | × | × | 1 |
| 1 | 0 | × | × | 0 |
| 1 | 1 | ↓ | 0 | $Q^n$ |
| 1 | 1 | ↓ | 1 | $\overline{Q}^n$ |

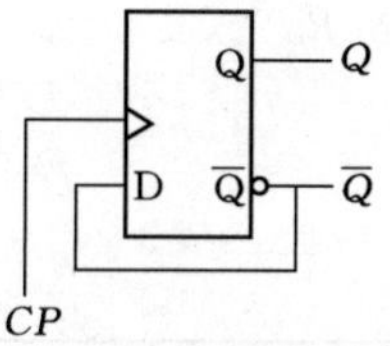

图 3－7－5　D 触发器转成 T′触发器

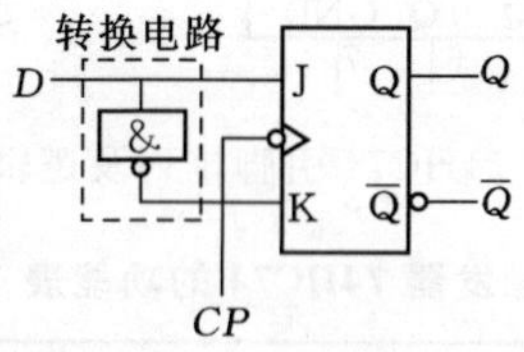

图 3－7－6　JK 触发器转成 D 触发器

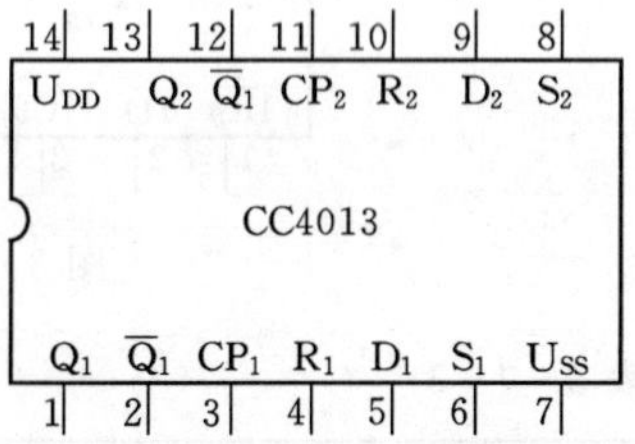

图 3－7－7　双上升沿 D 触发器

## （五）常用的 CMOS 边沿触发器

1. CMOS 边沿型 D 触发器

CC4013 是由 CMOS 传输门构成的边沿型 D 触发器。它是上升沿触发的双 D 触发器。表 3－7－5 为其功能表，图 3－7－7 所示为其引脚排列图。

表 3-7-5　　双 D 触发器 CC4013 的功能表

| 输入 | | | | 输出 |
|---|---|---|---|---|
| $S$ | $R$ | $CP$ | $D$ | $Q^{n+1}$ |
| 1 | 0 | × | × | 1 |
| 0 | 1 | × | × | 0 |
| 1 | 1 | × | × | $\phi$ |
| 0 | 0 | ↑ | 1 | 1 |
| 0 | 0 | ↑ | 0 | 0 |
| 0 | 0 | ↓ | × | $Q^n$ |

2. CMOS 边沿型 JK 触发器

CC4027 是由 CMOS 传输门构成的边沿型 JK 触发器，它是上升沿触发的双 JK 触发器，表 3-7-6 为其功能表，图 3-7-8 所示为其引脚排列图。

CMOS 触发器的直接置位、复位输入端 $S$ 和 $R$ 为高电平有效，当 $S=1$（或 $R=1$）时，触发器将不受其他输入端所处状态的影响，使触发器直接接置“1”（或置“0”）。但直接置位、复位输入端 $S$ 和 $R$ 必须遵守 $RS=0$ 的约束条件。CMOS 触发器在按逻辑功能工作时，$S$ 和 $R$ 必须均置“0”。

表 3-7-6　　双 JK 触发器 CC4027 的功能表

| 输入 | | | | | 输出 |
|---|---|---|---|---|---|
| $S$ | $R$ | $CP$ | $J$ | $K$ | $Q^{n+1}$ |
| 1 | 0 | × | × | × | 1 |
| 0 | 1 | × | × | × | 0 |
| 1 | 1 | × | × | × | $\phi$ |
| 0 | 0 | ↑ | 0 | 0 | $Q^n$ |
| 0 | 0 | ↑ | 1 | 0 | 1 |
| 0 | 0 | ↑ | 0 | 1 | 0 |
| 0 | 0 | ↑ | 1 | 1 | $\overline{Q}^n$ |
| 0 | 0 | ↓ | × | × | $Q^n$ |

## 三、实验设备与器件

(1) +5V 直流电源。

(2) 双踪示波器。

(3) 连续脉冲源。

(4) 单次脉冲源。

(5) 逻辑电平开关。

(6) 逻辑电平显示器。

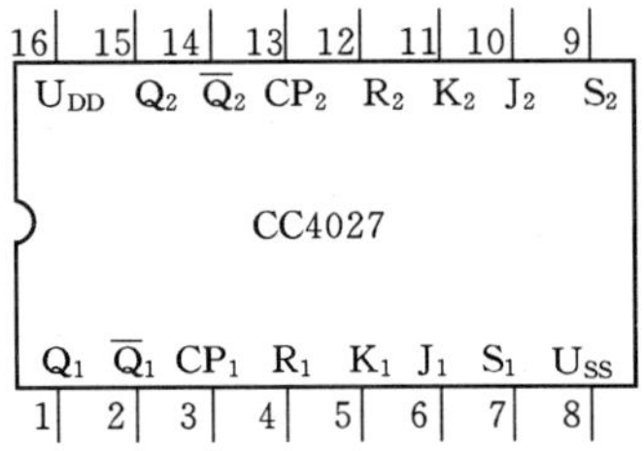


图 3-7-8　双上升沿 JK 触发器

(7) 74HC112（或 CC4027）、74HC00（或 CC4011）、74HC74（或 CC4013）。

## 四、实验内容

### （一）测试基本 RS 触发器的逻辑功能

按图 3－7－1 所示，用两个与非门组成基本 RS 触发器，输入端$\overline{R}$、$\overline{S}$接逻辑开关的输出插口，输出端 $Q$、$\overline{Q}$接逻辑电平显示输入插口，按表 3－7－7 的要求测试。

表 3－7－7 测试基本 RS 触发器的逻辑功能

| $\overline{R}$ | $\overline{S}$ | $Q$ | $\overline{Q}$ |
|---|---|---|---|
| 1 | 1→0 | | |
| | 0→1 | | |
| 1→0 | 1 | | |
| 0→1 | | | |
| 0 | 0 | | |

### （二）测试双 JK 触发器 74HC112 逻辑功能

1. 测试$\overline{R}_D$、$\overline{S}_D$ 的复位、置位功能

$\overline{R}_D$、$\overline{S}_D$、$J$、$K$ 端接逻辑开关输出插口，$CP$ 端接单次脉冲源，$Q$、$\overline{Q}$端接至逻辑电平显示输入插口。要求改变$\overline{R}_D$、$\overline{S}_D$（$J$、$K$、$CP$ 为任意状态），并在$\overline{R}_D=0$（$\overline{S}_D=1$）或$\overline{S}_D=0$（$\overline{R}_D=1$）作用期间任意改变 $J$、$K$ 及 $CP$ 的状态，观察 $Q$、$\overline{Q}$状态。自拟表格并记录之。

2. 测试 JK 触发器的逻辑功能

按表 3－7－8 的要求改变 $J$、$K$、$CP$ 端状态，观察 $Q$、$\overline{Q}$状态变化，观察触发器状态更新是否发生在 $CP$ 脉冲的下降沿（即 $CP$ 由 1→0），并记录在表 3－7－8 中。

表 3－7－8 测试 JK 触发器的逻辑功能

| $J$ | $K$ | $CP$ | $Q^{n+1}$ | |
|---|---|---|---|---|
| | | | $Q^n=0$ | $Q^n=1$ |
| 0 | 0 | 0→1 | | |
| | | 1→0 | | |
| 0 | 1 | 0→1 | | |
| | | 1→0 | | |
| 1 | 0 | 0→1 | | |
| | | 1→0 | | |
| 1 | 1 | 0→1 | | |
| | | 1→0 | | |

3. 测试D触发器的逻辑功能

将JK触发器的J、K端连在一起，构成T触发器。

在$CP$端输入1Hz连续脉冲，观察$Q$端的变化。在$CP$端输入1kHz连续脉冲，用双踪示波器观察$CP$、$Q$、$\overline{Q}$端波形，注意相位关系，描绘之。

4. 测试双D触发器74HC74的逻辑功能

(1) 测试$\overline{R}_D$、$\overline{S}_D$的复位、置位功能：测试方法同实验内容（二）中1，自拟表格记录。

(2) 测试D触发器的逻辑功能。按表3-7-9要求进行测试，并观察触发器状态更新是否发生在$CP$脉冲的上升沿（即由0→1），记录在表3-7-9中。

**表3-7-9　测试D触发器的逻辑功能**

| $D$ | $CP$ | $Q^{n+1}$ | |
|---|---|---|---|
| | | $Q^n=0$ | $Q^n=1$ |
| 0 | 0→1 | | |
| | 1→0 | | |
| 1 | 0→1 | | |
| | 1→0 | | |

(3) 将D触发器的$\overline{Q}$端与$D$端相连接，构成T′触发器。测试方法同实验内容（二）中3，记录测试结果。

5. 双相时钟脉冲电路

用JK触发器及与非门构成的双相时钟脉冲电路如图3-7-9所示，此电路是用来将时钟脉冲$CP$转换成两相时钟脉冲$CP_A$及$CP_B$，其频率相同、相位不同。

分析电路工作原理，并按图3-7-9接线，用双踪示波器同时观察$CP$、$CP_A$；$CP$、$CP_B$及$CP_A$、$CP_B$的波形，并描绘之。

6. 用JK触发器构成广告控制灯

用JK触发器构成的广告控制灯的实验电路，如图3-7-10所示，根据所给的电路检验其工作原理。

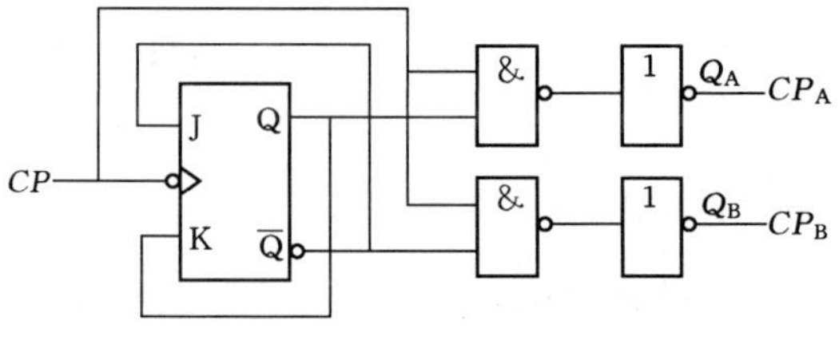


图3-7-9　双相时钟脉冲电路

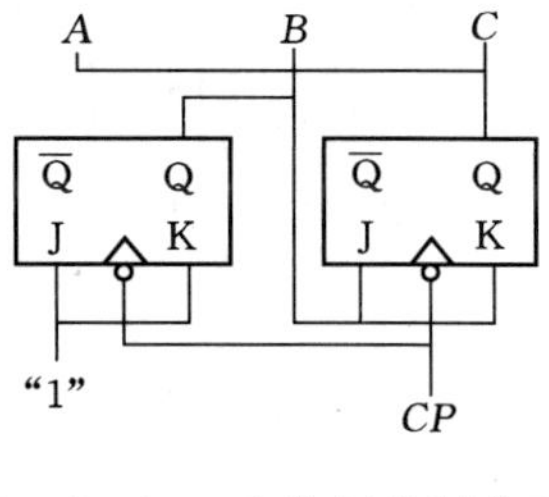


图3-7-10　广告灯控制实验图

## 五、实验报告

(1) 列表整理各类触发器的逻辑功能。

(2) 总结观察到的波形，说明触发器的触发方式。

（3）体会触发器的应用。

（4）利用普通机械开关组成的数据开关所产生信号是否可作为触发器的时钟脉冲信号？为什么？是否可以用作触发器其他输入端的信号？为什么？

## 第八节 实验 计数器及其应用

### 一、实验目的

（1）学习用集成触发器构成计数器的方法。

（2）掌握中规模集成计数器的使用及功能测试方法。

（3）运用集成计数计构成 $1/N$ 分频器。

### 二、实验原理

计数器是一个用以实现计数功能的时序部件，它不仅可用来计脉冲数，还常用作数字系统的定时、分频和执行数字运算以及其他特定的逻辑功能。

计数器种类很多，按构成计数器中的各触发器是否使用一个时钟脉冲源来分，有同步计数器和异步计数器。根据计数制的不同，分为二进制计数器、十进制计数器和任意进制计数器。根据计数的增减趋势，又分为加法、减法和可逆计数器。还有可预置数和可编程序功能计数器等。目前，无论是 TTL 还是 CMOS 集成电路，都有品种较齐全的中规模集成计数器。使用者只要借助于器件手册提供的功能表和工作波形图以及引出端的排列，就能正确地运用这些器件。

**（一）用 D 触发器构成异步二进制加/减计数器**

图 3－8－1 所示为用 4 只 D 触发器构成的 4 位二进制异步加法计数器，它的连接特点是将每只 D 触发器接成 T′触发器，再由低位触发器的 $\overline{Q}$ 端和高一位的 $CP$ 端相连接。

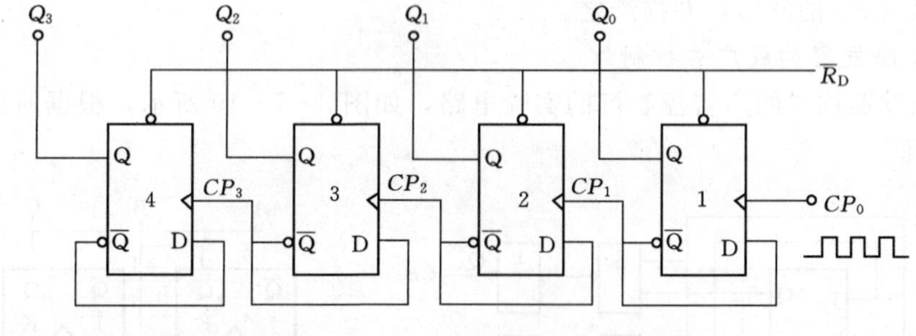


图 3－8－1 4 位二进制异步加法计数器

若将图 3－8－1 稍加改动，即将低位触发器的 $Q$ 端与高一位的 $CP$ 端相连接，即构成了一个 4 位二进制减法计数器。

**（二）中规模十进制计数器**

CC40192 为同步十进制可逆计数器，具有双时钟输入，并具有清除和置数等功能，其引脚排列及逻辑符号如图 3－8－2 所示。

CC40192（同 74LS192，二者可互换使用）的功能见表 3－8－1，说明如下：

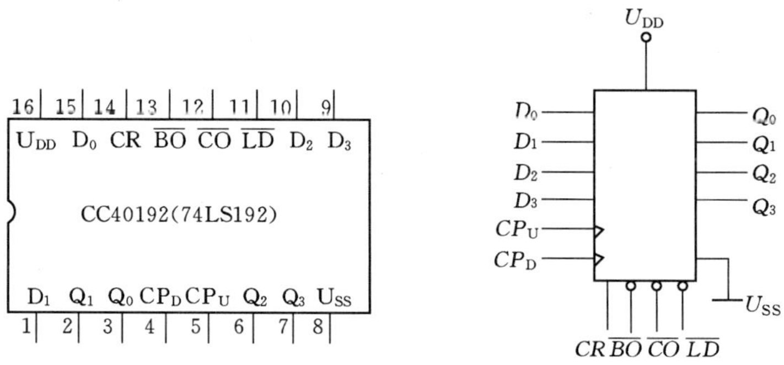


图 3-8-2　CC40192 引脚排列及逻辑符号

$\overline{LD}$—置数端；$CP_U$—加计数端；$CP_D$—减计数端；$\overline{CO}$—非同步进位输出端；
$\overline{BO}$—非同步借位输出端；$D_0$、$D_1$、$D_2$、$D_3$—计数器输入端；
$Q_0$、$Q_1$、$Q_2$、$Q_3$—数据输出端；$CR$—清除端

**表 3-8-1　　CC40192 的功能表**

| 输入 | | | | | | | | 输出 | | | |
|---|---|---|---|---|---|---|---|---|---|---|---|
| $CR$ | $\overline{LD}$ | $CP_U$ | $CP_D$ | $D_3$ | $D_2$ | $D_1$ | $D_0$ | $Q_3$ | $Q_2$ | $Q_1$ | $Q_0$ |
| 1 | × | × | × | × | × | × | × | 0 | 0 | 0 | 0 |
| 0 | 0 | × | × | $d$ | $c$ | $b$ | $a$ | $d$ | $c$ | $b$ | $a$ |
| 0 | 1 | ↑ | 1 | × | × | × | × | 加　计　数 | | | |
| 0 | 1 | 1 | ↑ | × | × | × | × | 减　计　数 | | | |

当清除端 $CR$ 为高电平“1”时，计数器直接清零；$CR$ 置低电平则执行其他功能。

当 $CR$ 为低电平，置数端$\overline{LD}$也为低电平时，数据直接从置数端 $D_0$、$D_1$、$D_2$、$D_3$ 置入计数器。

当 $CR$ 为低电平，$\overline{LD}$为高电平时，执行计数功能。执行加计数时，减计数端 $CP_D$ 接高电平，计数脉冲由 $CP_U$ 输入；在计数脉冲上升沿进行 8421 码十进制加法计数。执行减计数时，加计数端 $CP_U$ 接高电平，计数脉冲由减计数端 $CP_D$ 输入，表 3-8-2 为 8421 码十进制加、减计数器的状态转换表。

**表 3-8-2　　8421 码十进制加、减计数器的状态转换表**

加法计数 →

| 输入脉冲数 | | 0 | 1 | 2 | 3 | 4 | 5 | 6 | 7 | 8 | 9 |
|---|---|---|---|---|---|---|---|---|---|---|---|
| 输出 | $Q_3$ | 0 | 0 | 0 | 0 | 0 | 0 | 0 | 0 | 1 | 1 |
| | $Q_2$ | 0 | 0 | 0 | 0 | 1 | 1 | 1 | 1 | 0 | 0 |
| | $Q_1$ | 0 | 0 | 1 | 1 | 0 | 0 | 1 | 1 | 0 | 0 |
| | $Q_0$ | 0 | 1 | 0 | 1 | 0 | 1 | 0 | 1 | 0 | 1 |

← 减计数

## （三）计数器的级联使用

一个十进制计数器只能表示 0～9 共 10 个数，为了扩大计数器范围，常用多个十进制

计数器级联使用。

同步计数器往往设有进位（或借位）输出端，故可选用其进位（或借位）输出信号驱动下一级计数器。

图 3-8-3 所示为由 CC40192 利用进位输出$\overline{CO}$控制高一位的 $CP_U$ 端构成的加数级联图。

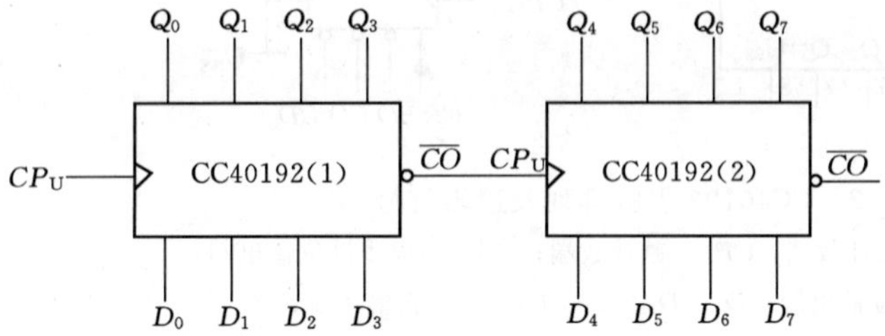


图 3-8-3　CC40192 级联电路

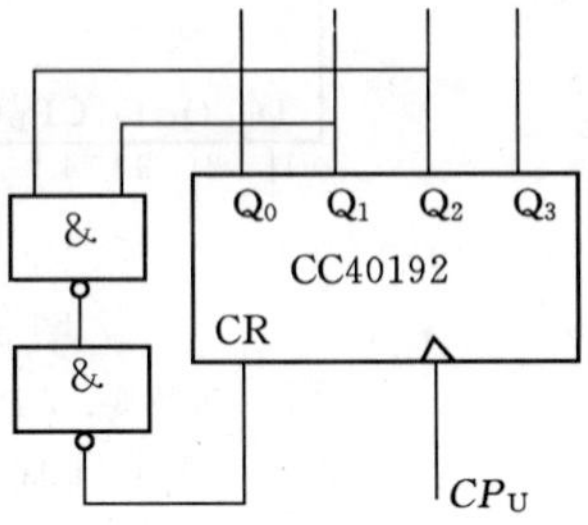


图 3-8-4　六进制计数器

**（四）实现任意进制计数**

（1）用复位法获得任意进制计数器。假定已有 $N$ 进制计数器，而需要得到一个 $M$ 进制计数器时，只要 $M<N$，用复位法使计数器计数到 $M$ 时置“0”，即获得 $M$ 进制计数器。如图 3-8-4 所示为一个由 CC40192 十进制计数器接成的六进制计数器。

（2）利用预置功能获 $M$ 进制计数器。

## 三、实验设备与器件

（1）+5V 直流电源。

（2）双踪示波器。

（3）连续脉冲源。

（4）单次脉冲源。

（5）逻辑电平开关。

（6）逻辑电平显示器。

（7）译码显示器。

（8）CC4013×2（74LS74）、CC40192×3（74LS192）、CC4011（74LS00）、CC4012（74LS20）、74LS160。

## 四、实验内容

**（一）测试 CC40192 或 74LS192 同步十进制可逆计数器的逻辑功能**

计数脉冲由单次脉冲源提供，清除端 $CR$、置数端$\overline{LD}$、数据输入端 $D_3$、$D_2$、$D_1$、$D_0$ 分别接逻辑开关，输出端 $Q_3$、$Q_2$、$Q_1$、$Q_0$ 接实验设备的一个译码显示输入相应插口 A、B、C、D；$\overline{CO}$和$\overline{BO}$接逻辑电平显示插口。按表 3-8-1 逐项测试并判断该集成块的功能是否正常。

1. 清除

令 $CR=1$，其他输入为任意态，这时 $Q_3Q_2Q_1Q_0=0000$，译码数字显示为 0。清除功

能完成后，置 $CR=0$

2. 置数

$CR=0$，$CP_U$，$CP_D$任意，数据输入端输入任意一组二进制数，令$\overline{LD}=0$，观察计数译码显示输出，预置功能是否完成，此后置$\overline{LD}=1$。

3. 加计数

$CR=0$，$\overline{LD}=CP_D=1$，$CP_U$接单次脉冲源。清零后送入 10 个单次脉冲，观察译码数字显示是否按 8421 码十进制状态转换表进行；输出状态变化是否发生在$CP_U$的上升沿。

4. 减计数

$CR=0$，$\overline{LD}=CP_U=1$，$CP_D$接单次脉冲源。参照 3 进行实验。

### （二）加法计数器

按图 3-8-3 所示，用两片 CC40192 组成两位十进制加法计数器，输入 1Hz 连续计数脉冲，进行由 00～99 累加计数，并记录。

### （三）减法计数器

将两位十进制加法计数器改为两位十进制减法计数器，实现由 99～00 递减计数，并记录。

### （四）实现任意进制计数器

1. 复位法获得任意进制计数器

假定已有 $N$ 进制计数器，而只需要得到一个 $M$ 进制计数器时，只要 $M<N$，当计数器计数到 $M$ 时，令其异步清零端为高电平，即计数器置“0”，从而获得 $M$ 进制计数器，例如，一个由 CC40192 接成的七进制计数器。

2. 用置位法获得 $M$ 进制计数器

已知 74LS160 为集成十进制同步计数器，且该计数器为异步清零，同步置数。

（1）请问图 3-8-5 所示为多少进制计数器？

（2）利用置数法将 74LS160 改接为一个七进制计数器，并设预置数 $D_3D_2D_1D_0=0001$。

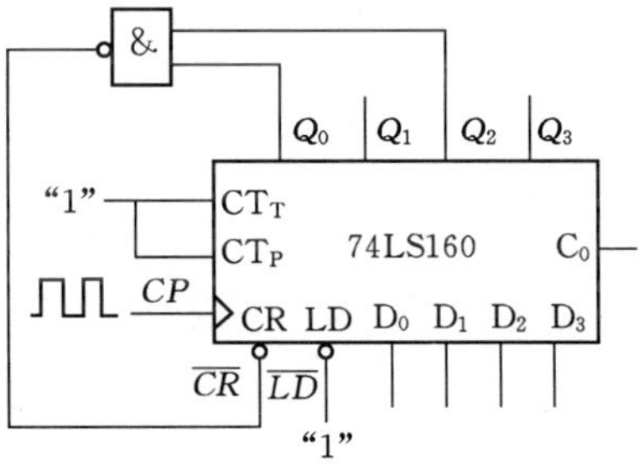

图 3-8-5 74LS160 路

## 五、实验预习要求

（1）复习有关计数器部分内容。

（2）绘出各实验内容的详细线路图。

（3）拟出各实验内容所需的测试记录表格。

（4）查手册，给出并熟悉实验所用各集成块的引脚排列图。

## 六、实验报告

（1）画出实验线路图，记录、整理实验现象及实验所得的有关波形，并对实验结果进行分析。

（2）总结使用集成计数器的体会。

# 第九节 实验 移位寄存器及其应用

## 一、实验目的

（1）掌握中规模 4 位双向移位寄存器逻辑功能及使用方法。

（2）熟悉移位寄存器的应用 — 实现数据的串行、并行转换和构成环形计数器。

## 二、实验原理

移位寄存器是一个具有移位功能的寄存器，是指寄存器中所存的代码能够在移位脉冲的作用下依次左移或右移。既能左移又能右移的称为双向移位寄存器，只需要改变左、右移的控制信号便可实现双向移位要求。根据移位寄存器存取信息的方式不同分为串入串出、串入并出、并入串出、并入并出 4 种形式。

本实验选用的 4 位双向通用移位寄存器，型号为 CC40194 或 74LS194，两者功能相同，可互换使用，其逻辑符号及引脚排列如图 3-9-1 所示。

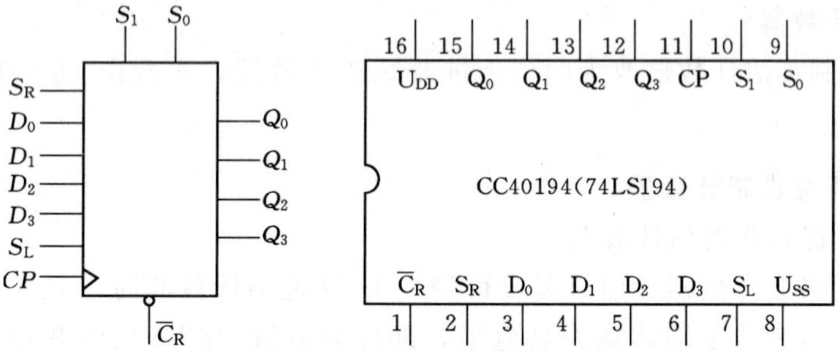


图 3-9-1 CC40194 的逻辑符号及引脚功能

$D_0$、$D_1$、$D_2$、$D_3$—并行输入端；$Q_0$、$Q_1$、$Q_2$、$Q_3$—并行输出端；$S_R$—右移串行输入端，$S_L$—左移串行输入端；$S_1$、$S_0$—操作模式控制端；$\overline{C}_R$—直接无条件清零端；$CP$—时钟脉冲输入端

CC40194 有 5 种不同操作模式，即并行送数寄存、右移（方向由 $Q_0 \to Q_3$）、左移（方向由 $Q_3 \to Q_0$）、保持及清零。

$S_1$、$S_0$ 和 $\overline{C}_R$ 端的控制作用如表 3-9-1。

表 3-9-1 $S_1$、$S_0$ 和 $\overline{C}_R$ 端的控制作用表

| 功能 | 输入 | | | | | | | | | | 输出 | | | |
|---|---|---|---|---|---|---|---|---|---|---|---|---|---|---|
| | $CP$ | $C_R$ | $S_1$ | $S_0$ | $S_R$ | $S_L$ | $D_0$ | $D_1$ | $D_2$ | $D_3$ | $Q_0$ | $Q_1$ | $Q_2$ | $Q_3$ |
| 清除 | × | 0 | × | × | × | × | × | × | × | × | 0 | 0 | 0 | 0 |
| 送数 | ↑ | 1 | 1 | 1 | × | × | $a$ | $b$ | $c$ | $d$ | $a$ | $b$ | $c$ | $d$ |
| 右移 | ↑ | 1 | 0 | 1 | $D_{SR}$ | × | × | × | × | × | $D_{SR}$ | $Q_0$ | $Q_1$ | $Q_2$ |
| 左移 | ↑ | 1 | 1 | 0 | × | $D_{SL}$ | × | × | × | × | $Q_1$ | $Q_2$ | $Q_3$ | $D_{SL}$ |
| 保持 | ↑ | 1 | 0 | 0 | × | × | × | × | × | × | $Q_0^n$ | $Q_1^n$ | $Q_2^n$ | $Q_3^n$ |
| 保持 | ↓ | 1 | × | × | × | × | × | × | × | × | $Q_0^n$ | $Q_1^n$ | $Q_2^n$ | $Q_3^n$ |

移位寄存器应用很广，可构成移位寄存器型计数器、顺序脉冲发生器、串行累加器；可用作数据转换，即把串行数据转换为并行数据，或把并行数据转换为串行数据等。本实验研究移位寄存器用作环形计数器和数据的串行、并行转换。

1. 环形计数器

把移位寄存器的输出反馈到它的串行输入端，就可以进行循环移位，如图 3-9-2 所示，把输出端 $Q_3$ 和右移串行输入端 $S_R$ 相连接，设初始状态 $Q_0Q_1Q_2Q_3=1000$，则在时钟脉冲作用下 $Q_0Q_1Q_2Q_3$ 将依次变为 0100→0010→0001→1000→…，见表 3-9-2，可见它是一个具有 4 个有效状态的计数器，这种类型的计数器通常称为环形计数器。电路可以由各个输出端输出在时间上有先后顺序的脉冲，因此也可作为顺序脉冲发生器。

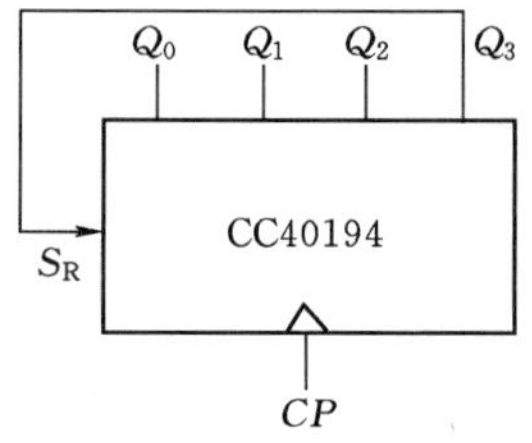


图 3-9-2　环形计数器

**表 3-9-2　$Q_0Q_1Q_2Q_3$ 状态表**

| $CP$ | $Q_0$ | $Q_1$ | $Q_2$ | $Q_3$ |
|---|---|---|---|---|
| 0 | 1 | 0 | 0 | 0 |
| 1 | 0 | 1 | 0 | 0 |
| 2 | 0 | 0 | 1 | 0 |
| 3 | 0 | 0 | 0 | 1 |

如果将输出 $Q_0$ 与左移串行输入端 $S_L$ 相连接，即可达左移循环移位。

2. 实现数据串、并行转换

（1）串行/并行转换器。串行/并行转换是指串行输入的数码经转换电路之后变换成并行输出。图 3-9-3 所示为用两片 CC40194（74LS194）4 位双向移位寄存器组成的 7 位串/并行数据转换电路。

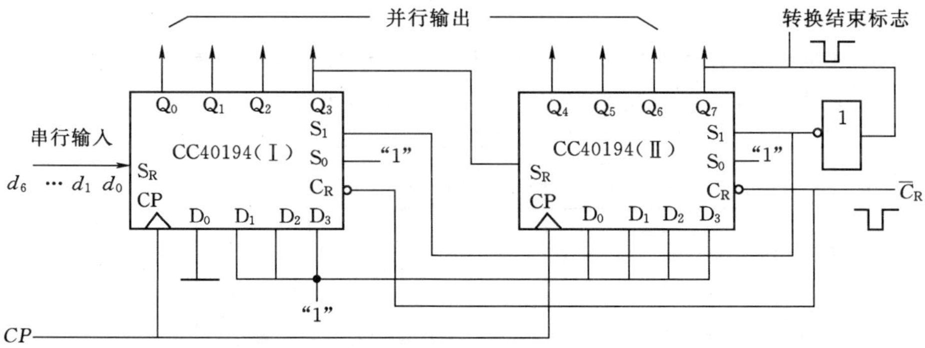


图 3-9-3　7 位串行 / 并行转换器

电路中 $S_0$ 端接高电平 1，$S_1$ 受 $Q_7$ 控制，两片寄存器连接成串行输入右移工作模式。$Q_7$ 是转换结束标志。当 $Q_7=1$ 时，$S_1$ 为 0，使之成为 $S_1S_0=01$ 的串入右移工作方式，当 $Q_7=0$ 时，$S_1=1$，有 $S_1S_0=10$，则串行送数结束，标志着串行输入的数据已转换成并行输出。

串行/并行转换的具体过程为：转换前，$\overline{C}_R$ 端加低电平，使两片寄存器的内容清 0，

此时 $S_1S_0=11$，寄存器执行并行输入工作方式。当第一个 $CP$ 脉冲到来后，寄存器的输出状态 $Q_0\sim Q_7$ 为 01111111，与此同时，$S_1S_0$ 变为 01，转换电路变为执行串入右移工作方式，串行输入数据由第 1 片的 $S_R$ 端加入。随着 $CP$ 脉冲的依次加入，输出状态的变化见表 3-9-3。

**表 3-9-3　串行/并行转换过程**

| $CP$ | $Q_0$ | $Q_1$ | $Q_2$ | $Q_3$ | $Q_4$ | $Q_5$ | $Q_6$ | $Q_7$ | 说明 |
|---|---|---|---|---|---|---|---|---|---|
| 0 | 0 | 0 | 0 | 0 | 0 | 0 | 0 | 0 | 清零 |
| 1 | 0 | 1 | 1 | 1 | 1 | 1 | 1 | 1 | 送数 |
| 2 | $d_0$ | 0 | 1 | 1 | 1 | 1 | 1 | 1 | 右移操作七次 |
| 3 | $d_1$ | $d_0$ | 0 | 1 | 1 | 1 | 1 | 1 | |
| 4 | $d_2$ | $d_1$ | $d_0$ | 0 | 1 | 1 | 1 | 1 | |
| 5 | $d_3$ | $d_2$ | $d_1$ | $d_0$ | 0 | 1 | 1 | 1 | |
| 6 | $d_4$ | $d_3$ | $d_2$ | $d_1$ | $d_0$ | 0 | 1 | 1 | |
| 7 | $d_5$ | $d_4$ | $d_3$ | $d_2$ | $d_1$ | $d_0$ | 0 | 1 | |
| 8 | $d_6$ | $d_5$ | $d_4$ | $d_3$ | $d_2$ | $d_1$ | $d_0$ | 0 | |
| 9 | 0 | 1 | 1 | 1 | 1 | 1 | 1 | 1 | 送数 |

由表 3-9-3 可见，右移操作 7 次之后，$Q_7$ 变为 0，$S_1S_0$ 又变为 11，说明串行输入结束。这时，串行输入的数码已经转换成了并行输出。

当再来一个 $CP$ 脉冲时，电路又重新执行一次并行输入，为第二组串行数码转换做好了准备。

(2) 并行/串行转换器。并行/串行转换器是指并行输入的数码经转换电路之后，换成串行输出。

图 3-9-4 所示为用两片 CC40194（74LS194）组成的 7 位并行/串行转换电路，它比图 3-9-3 所示电路多了两只与非门 $G_1$ 和 $G_2$，电路工作方式同样为右移。

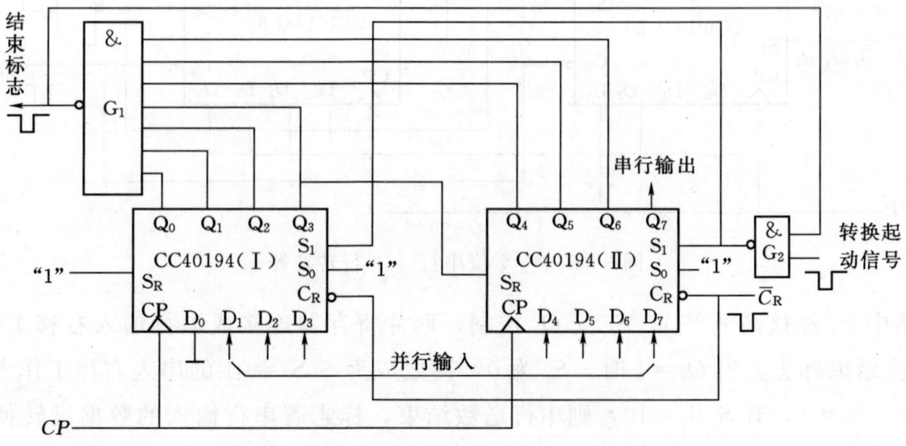


图 3-9-4　7 位并行 / 串行转换器

寄存器清“0”后，加一个转换启动信号（负脉冲或低电平）。此时，由于方式控制 $S_1S_0$ 为 11，转换电路执行并行输入操作。当第一个 $CP$ 脉冲到来后，$Q_0Q_1Q_2Q_3Q_4Q_5Q_6Q_7$ 的状态为 $0D_1D_2D_3D_4D_5D_6D_7$，并行输入数码存入寄存器。从而使得 $G_1$ 输出为 1，$G_2$ 输出为 0，结果，$S_1S_2$ 变为 01，转换电路随着 $CP$ 脉冲的加入，开始执行右移串行输出，随着 $CP$ 脉冲的依次加入，输出状态依次右移，待右移操作 7 次后，$Q_0$～$Q_6$ 的状态都为高电平 1，与非门 $G_1$ 输出为低电平，$G_2$ 门输出为高电平，$S_1S_2$ 又变为 11，表示并/串行转换结束，且为第二次并行输入创造了条件。转换过程见表 3-9-4。

**表 3-9-4　　并行/串行转换过程**

| $CP$ | $Q_0$ | $Q_1$ | $Q_2$ | $Q_3$ | $Q_4$ | $Q_5$ | $Q_6$ | $Q_7$ | 串行输出 | | | | | | |
|---|---|---|---|---|---|---|---|---|---|---|---|---|---|---|---|
| 0 | 0 | 0 | 0 | 0 | 0 | 0 | 0 | 0 | | | | | | | |
| 1 | 0 | $D_1$ | $D_2$ | $D_3$ | $D_4$ | $D_5$ | $D_6$ | $D_7$ | | | | | | | |
| 2 | 1 | 0 | $D_1$ | $D_2$ | $D_3$ | $D_4$ | $D_5$ | $D_6$ | $D_7$ | | | | | | |
| 3 | 1 | 1 | 0 | $D_1$ | $D_2$ | $D_3$ | $D_4$ | $D_5$ | $D_6$ | $D_7$ | | | | | |
| 4 | 1 | 1 | 1 | 0 | $D_1$ | $D_2$ | $D_3$ | $D_4$ | $D_5$ | $D_6$ | $D_7$ | | | | |
| 5 | 1 | 1 | 1 | 1 | 0 | $D_1$ | $D_2$ | $D_3$ | $D_4$ | $D_5$ | $D_6$ | $D_7$ | | | |
| 6 | 1 | 1 | 1 | 1 | 1 | 0 | $D_1$ | $D_2$ | $D_3$ | $D_4$ | $D_5$ | $D_6$ | $D_7$ | | |
| 7 | 1 | 1 | 1 | 1 | 1 | 1 | 0 | $D_1$ | $D_2$ | $D_3$ | $D_4$ | $D_5$ | $D_6$ | $D_7$ | |
| 8 | 1 | 1 | 1 | 1 | 1 | 1 | 1 | 0 | $D_1$ | $D_2$ | $D_3$ | $D_4$ | $D_5$ | $D_6$ | $D_7$ |
| 9 | 0 | $D_1$ | $D_2$ | $D_3$ | $D_4$ | $D_5$ | $D_6$ | $D_7$ | | | | | | | |

中规模集成移位寄存器的位数往往以 4 位居多，当需要的位数多于 4 位时，可把几片移位寄存器用级连的方法来扩展位数。

## 三、实验设备及器件

（1）+5V 直流电源。

（2）单次脉冲源。

（3）逻辑电平开关。

（4）逻辑电平显示器。

（5）CC40194×2（74LS194）、CC4011（74LS00）、CC4068（74LS30）。

## 四、实验内容

### （一）测试 CC40194（或 74LS194）的逻辑功能

按图 3-9-5 接线，$\overline{C}_R$、$S_1$、$S_0$、$S_L$、$S_R$、$D_0$、$D_1$、$D_2$、$D_3$ 分别接至逻辑开关的输出插口；$Q_0$、$Q_1$、$Q_2$、$Q_3$ 接至逻辑电平显示输入插口，$CP$ 端接单次脉冲源。按表 3-9-5 所规定的输入状态，逐项进行测试。

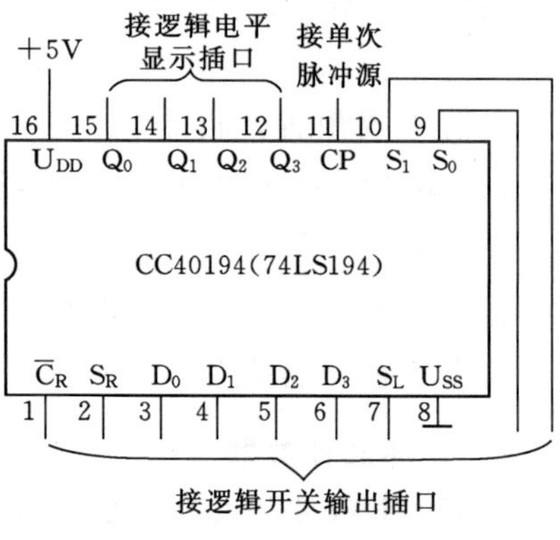

图 3-9-5　CC40194 逻辑功能测试

表 3-9-5 CC40194（或 74LS194）逻辑功能测试表

| 清除 | 模式 | | 时钟 | 串行 | | 输入 | 输出 | 功能总结 |
|---|---|---|---|---|---|---|---|---|
| $\overline{C}_R$ | $S_1$ | $S_0$ | $CP$ | $S_L$ | $S_R$ | $D_0\ D_1\ D_2\ D_3$ | $Q_0\ Q_1\ Q_2\ Q_3$ | |
| 0 | × | × | × | × | × | ×××× | | |
| 1 | 1 | 1 | ↑ | × | × | a b c d | | |
| 1 | 0 | 1 | ↑ | × | 0 | ×××× | | |
| 1 | 0 | 1 | ↑ | × | 1 | ×××× | | |
| 1 | 0 | 1 | ↑ | × | 0 | ×××× | | |
| 1 | 0 | 1 | ↑ | × | 0 | ×××× | | |
| 1 | 1 | 0 | ↑ | 1 | × | ×××× | | |
| 1 | 1 | 0 | ↑ | 1 | × | ×××× | | |
| 1 | 1 | 0 | ↑ | 1 | × | ×××× | | |
| 1 | 1 | 0 | ↑ | 1 | × | ×××× | | |
| 1 | 0 | 0 | ↑ | × | × | ×××× | | |

1. 清除

令$\overline{C}_R=0$，其他输入均为任意态，这时寄存器输出 $Q_0$、$Q_1$、$Q_2$、$Q_3$ 应均为 0。清除后，置$\overline{C}_R=1$ 。

2. 送数

令$\overline{C}_R=S_1=S_0=1$ ，送入任意 4 位二进制数，如 $D_0D_1D_2D_3=abcd$，加 $CP$ 脉冲，观察 $CP=0$ 、$CP$ 由 0→1、$CP$ 由 1→0 三种情况下寄存器输出状态的变化，观察寄存器输出状态变化是否发生在 $CP$ 脉冲的上升沿。

3. 右移

清零后，令$\overline{C}_R=1$，$S_1=0$，$S_0=1$，由右移输入端 $S_R$ 送入二进制数码如 0100，由 $CP$ 端连续加 4 个脉冲，观察输出情况，记录之。

4. 左移

先清零或预置，再令$\overline{C}_R=1$，$S_1=1$，$S_0=0$，由左移输入端 $S_L$ 送入二进制数码如 1111，连续加 4 个 $CP$ 脉冲，观察输出端情况，记录之。

5. 保持

寄存器预置任意 4 位二进制数码 $abcd$，令$\overline{C}_R=1$，$S_1=S_0=0$，加 $CP$ 脉冲，观察寄存器输出状态，记录之。

**（二）环形计数器**

自拟实验线路用并行送数法预置寄存器为某二进制数码（如 0100），然后进行右移循环，观察寄存器输出端状态的变化，记入表 3-9-6 中。

**表 3-9-6 环形计数器输出状态表**

| $CP$ | $Q_0$ | $Q_1$ | $Q_2$ | $Q_3$ |
|---|---|---|---|---|
| 0 | 0 | 1 | 0 | 0 |
| 1 | | | | |
| 2 | | | | |
| 3 | | | | |
| 4 | | | | |

### （三）实现数据的串、并行转换

1. 串行输入、并行输出

按图 3-9-3 接线，进行右移串入、并出实验，串入数码自定；改接线路用左移方式实现并行输出。自拟表格，并记录。

2. 并行输入、串行输出

按图 3-9-4 接线，进行右移并入、串出实验，并入数码自定。再改接线路用左移方式实现串行输出。自拟表格，并记录。

## 五、实验预习要求

（1）复习有关寄存器及串行、并行转换器有关内容。

（2）查阅 CC40194、CC4011 及 CC4068 逻辑线路，熟悉其逻辑功能及引脚排列。

（3）在对 CC40194 进行送数后，若要使输出端改成另外的数码，是否一定要使寄存器清零？

（4）使寄存器清零，除采用$\overline{C}_R$ 输入低电平外，可否采用右移或左移的方法？可否使用并行送数法？若可行，如何进行操作？

（5）若进行循环左移，图 3-9-4 所示接线应如何改接？

（6）画出用两片 CC40194 构成的 7 位左移串 / 并行转换器线路。

（7）画出用两片 CC40194 构成的 7 位左移并 / 串行转换器线路。

## 六、实验报告

（1）分析表 3-9-4 的实验结果，总结移位寄存器 CC40194 的逻辑功能并写入表格功能总结一栏中。

（2）根据实验内容（二）的结果，画出 4 位环形计数器的状态转换图及波形图。

（3）分析串行/并行、并行/串行转换器所得结果的正确性。

# 第十节 实验 脉冲分配器及其应用

## 一、实验目的

（1）熟悉集成时序脉冲分配器的使用方法及其应用。

（2）学习步进电动机的环形脉冲分配器的组成方法。

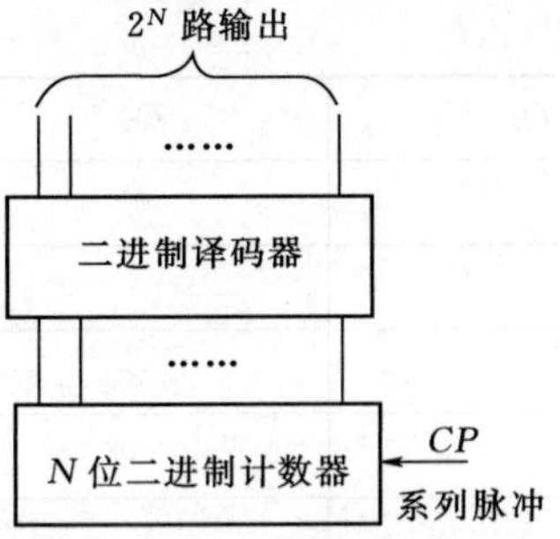


图 3-10-1 脉冲分配器的组成

## 二、实验原理

1. 脉冲分配器的作用

脉冲分配器的作用是产生多路顺序脉冲信号，它可以由计数器和译码器组成，也可以由环形计数器构成，图 3-10-1 所示接线中 $CP$ 端上的系列脉冲经 $N$ 位二进制计数器和相应的译码器，可以转变为 $2N$ 路顺序输出脉冲。

2. 集成时序脉冲分配器 CC4017

CC4017 是按 BCD 计数/时序译码器组成的分配器。其逻辑符号及引脚功能如图 3-10-2 所示，功能见表 3-10-1。

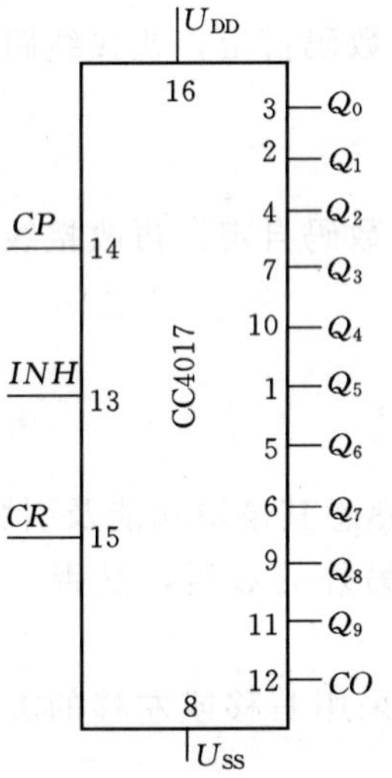


图 3-10-2 CC4017 的逻辑符号

$CO$—进位脉冲输出端；$CP$—时钟输入端；$CR$—清除端；$INH$—禁止端；$Q_0$～$Q_9$—计数脉冲输出端

**表 3-10-1 CC4017 功能**

| 输入 | | | 输出 | |
|---|---|---|---|---|
| $CP$ | $INH$ | $CR$ | $Q_0$～$Q_9$ | $CO$ |
| × | × | 1 | $Q_0$ | 计数脉冲为 $Q_0$ ～ $Q_4$ 时：$CO=1$；计数脉冲为 $Q_5$ ～ $Q_9$ 时，$CO=0$ |
| ↑ | 0 | 0 | 计数 | |
| 1 | ↓ | 0 | | |
| 0 | × | 0 | 保持 | |
| × | 1 | 0 | | |
| ↓ | × | 0 | | |
| × | ↑ | 0 | | |

CC4017 的输出波形如图 3-10-3 所示。

CC4017 应用十分广泛，可用于十进制计数，分频，$1/N$ 计数（$N=2$～10 只需用一块，$N>10$ 可用多块器件级连）。图 3-10-4 所示为由两片 CC4017 组成的 60 分频的电路。

3. 步进电动机的环形脉冲分配器

图 3-10-5 所示为某一三相步进电动机的驱动电路示意图。

A、B、C 分别表示步进电机的三相绕组。步进电机按三相六拍方式运行，即要求步进电机正转时，控制端 $X=1$，使电机三相绕组的通电顺序为 A→AB→B→BC→C→CA。

要求步进电机反转时，令控制端 $X=0$，三相绕组的通电顺序改为 A→AC→C→BC→

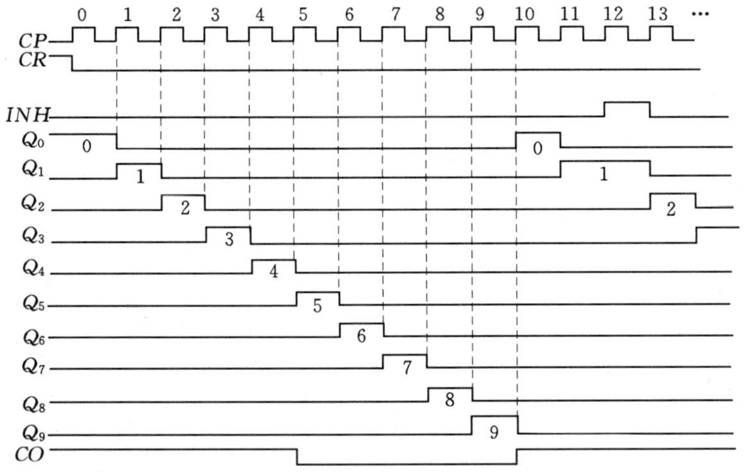


图 3-10-3　CC4017 的波形图

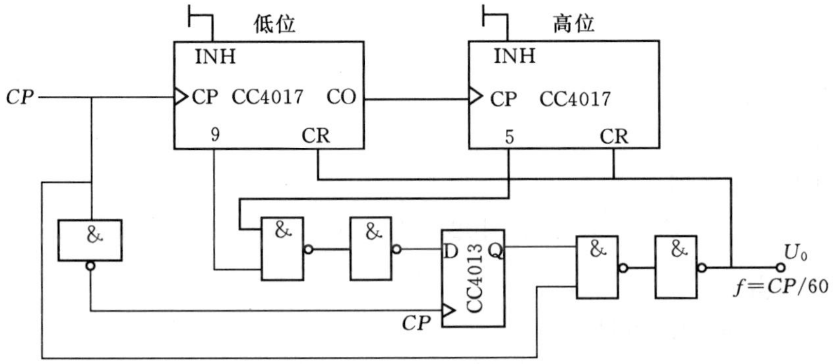


图 3-10-4　60 分频电路

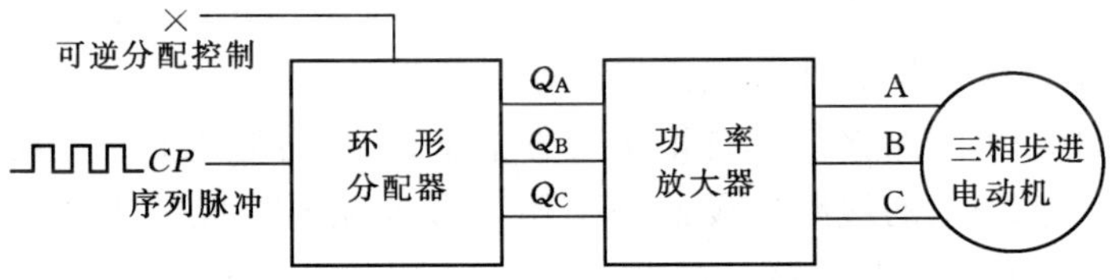


图 3-10-5　三相步进电动机的驱动电路示意图

B→AB。

图 3-10-6 所示为由三个 JK 触发器构成的按六拍通电方式的脉冲环形分配器，供参考。

要使步进电机反转，通常应加有正转脉冲输入控制和反转脉冲输入控制端。

此外，由于步进电机三相绕组任何时刻都不得出现 A、B、C 三相同时通电或同时断电的情况，所以，脉冲分配器的三路输出不允许出现 111 和 000 两种状态，为此，可以给电路加初态预置环节。

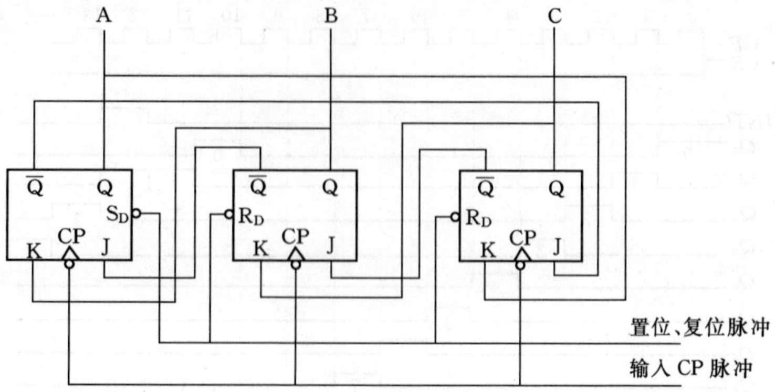


图 3-10-6 六拍通电方式的脉冲环行分配器逻辑图

## 三、实验设备与器件

（1）+5V 直流电源。

（2）双踪示波器。

（3）连续脉冲源。

（4）单次脉冲源。

（5）逻辑电平开关。

（6）逻辑电平显示器。

（7）CC4017×2、CC4013×2、CC4027×2、CC4011×2、CC4085×2。

## 四、实验内容

（1）CC4017 逻辑功能测试。

1）参照图 3-10-2，*INH*、*CR* 接逻辑开关的输出插口。*CP* 接单次脉冲源，0～9 共 10 个输出端接至逻辑电平显示输入插口，按功能表要求操作各逻辑开关。清零后，连续送出 10 个脉冲信号，观察 10 个发光二极管的显示状态，并列表记录。

2）*CP* 改接为 1Hz 连续脉冲，观察记录输出状态。

（2）按图 3-10-4 线路接线，自拟实验方案验证 60 分频电路的正确性。

（3）参照图 3-10-6 的线路，设计一个用环形分配器构成的驱动三相步进电动机可逆运行的三相六拍环形分配器线路。要求：

1）环形分配器用 CC4013 双 D 触发器，CC4085 与或非门组成。

2）由于电动机三相绕组在任何时刻都不应出现同时通电同时断电情况，在设计中要注意这一点。

3）电路安装好后，先用手控送入 *CP* 脉冲进行调试，然后加入系列脉冲进行动态实验。

4）整理数据、分析实验中出现的问题，作出实验报告。

## 五、实验预习要求

（1）复习有关脉冲分配器的原理。

（2）按实验任务要求，设计实验线路，并拟定实验方案及步骤。

## 六、实验报告

（1）画出完整的实验线路。

（2）总结分析实验结果。

# 第四章 电路基础实验

## 第一节 实验 电位、电压、功率的测量

### 一、实验目的

（1）掌握电位、电压、功率的概念。

（2）了解万用表工作原理，并会用其电压挡测电路各点电位、电压值，用其电阻挡测电阻值。

（3）掌握用功率表测负载功率的方法。

### 二、实验设备

实验台，1台；万用表，1台；D26型功率表，1台；10V直流稳压电源，1台；单相调压器0～250V，1台；电阻，300Ω1个，200Ω2个，100Ω2个，51Ω1个；白炽灯，60W1个。

### 三、实验内容与步骤

#### （一）电压、电位值的测量

1. 测量方法

（1）用万用表测某点电位值，首先选择任一结点为参考点，将万用表的黑表笔插入参考点，红表笔插入所测的点。此时若万用表指针正偏，表盘上的读数就为此点的电位值。若指针反偏，则对调两表笔，再测电位值，但此值为负值。

（2）用万用表测某两点间的电压值。将万用表的红、黑表笔分别插入待测的两点（红表笔插入电压脚标的第一个字母，黑表笔插入第二个字母）。此时若万用表指针正偏，表盘上的读数就为此两点间的电压值 。若指针反偏，则对调两表笔，再测电压值，但此值为负值。

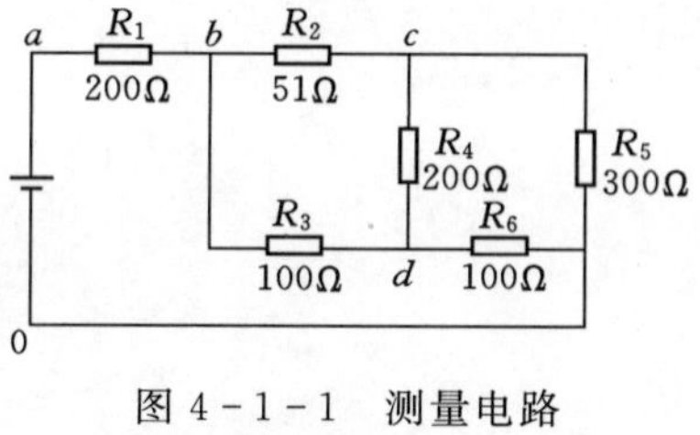


图 4-1-1 测量电路

2. 测量电路

测量电路如图 4-1-1 所示。

3. 测量结果

（1）以0为参考点测电位、电压值见表 4-1-1。

**表 4-1-1　以0为参考点测电位、电压值**

| | | | | |
|---|---|---|---|---|
| 电位（V） | $V_a$ | $V_b$ | $V_c$ | $V_d$ |
| | | | | |
| 电压（V） | $U_{ab}$ | $U_{ba}$ | $U_{ad}$ | $U_{da}$ |
| | | | | |

计算验证　　$U_{ab}=V_a-V_b=$________

$U_{ba}=V_b-V_a=$________

（2）以点 $c$ 为参考测电位、电压值见表 4-1-2。

**表 4-1-2　　以点 c 为参考点测电位、电压值**

| | | | | |
|---|---|---|---|---|
| 电位（V） | $V_a$ | $V_b$ | $V_d$ | $V_0$ |
| | | | | |
| 电压（V） | $U_{ab}$ | $U_{ba}$ | $U_{ad}$ | $U_{da}$ |
| | | | | |

计算验证　　$U_{ab}=V_a-V_b=$________

$U_{ba}=V_b-V_a=$________

**（二）测量负载的功率**

（1）用功率表测负载功率的方法

1）首先正确选择功率表的量限，即正确选择功率表的电压量限和电流量限。

2）功率表的正确接法必须遵守“发电机端”的接线规则，即：①功率表标有“*”的电流端即 $I^*$ 必接入电源的一端，而另一端接至负载端；②功率表标有“*”的电压端即 $U^*$ 接至电流端钮 $I^*$ 端，而另一电压端钮则跨接至负载的另一端。其接线图如图 4-1-2 所示。

（2）选择电压量限为 300V，电流量限为 0.5A，则分格常数 $C$ 为 1。

$a$ 为指针偏转格数，则功率为

$$P=Ca$$

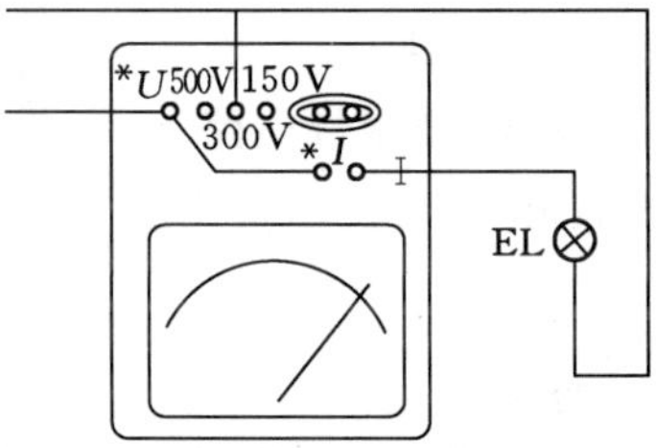


图 4-1-2　D26 型功率表接线图

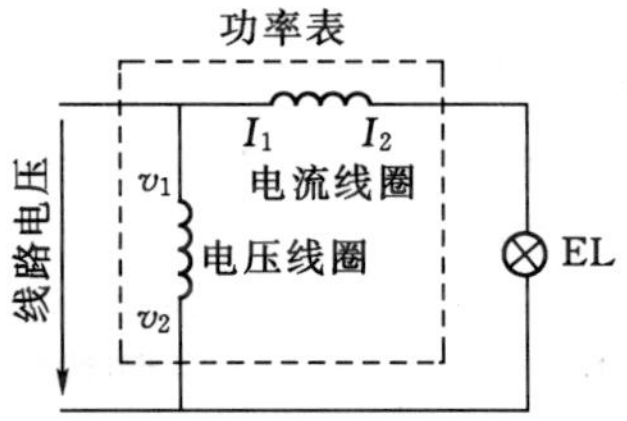


图 4-1-3　测量电路

（3）如图 4-1-3 所示连接测量电路。

（4）调节电源电压 $u$，测白炽灯的功率，将所得数据填入表 4-1-3。

**表 4-1-3　　白炽灯功率**

| $u$（V） | | 100 | 120 | 150 | 180 | 220 |
|---|---|---|---|---|---|---|
| $P$（W） | 偏转格数 | | | | | |
| | 数值 | | | | | |

**（三）测量白炽灯的电阻**

（1）用万用表直接测白炽灯的冷态电阻，$R_{冷}=$________。

（2）计算白炽灯的热态电阻，$R_{热}=u^2/P=$________。

## 四、实验报告要求

（1）填写附录二中表1～表3。

（2）电路中电位与电压这两个概念有何区别？

（3）将白炽灯冷态电阻与热态电阻进行比较，其数值是否相同？若不同，分析原因。

# 第二节 实验 电阻、电容、电感伏安特性的测试

## 一、实验目的

（1）学会用单电桥测电阻值。

（2）学会用电流表测电路的支路电流。

（3）掌握电阻、电容、电感的伏安特性。

（4）练习实验曲线的绘制。

## 二、实验设备

实验台，1台；万用表，1台；直流电流表50mA，1台；200mA，1台；交流电流表300mA，1台；电阻，1kΩ1个；电容，1μF1个；镇流器，1个；直流可调电压源，0～24V1个；单相调压器，0～250V。

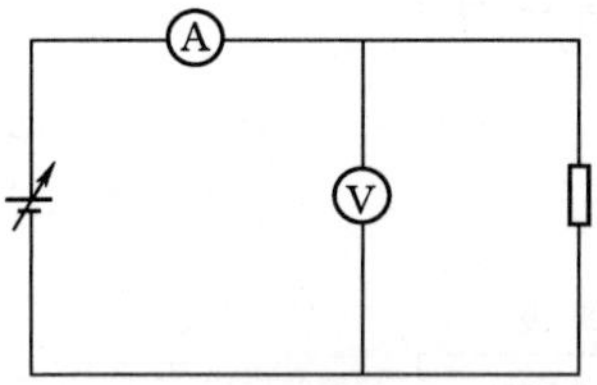


图4-2-1 测量线性电阻伏安特性电路

## 三、实验内容与步骤

1. 测量线性电阻的伏安特性

（1）如图4-2-1所示连接测量电路。

（2）仔细观察电压表和电流表，将实验所得数据填入表4-2-1。

**表4-2-1 测线性电阻的伏安特性实验数据**

| $U$（V） | 16 | 12 | 8 | 4 | 0 | −4 | −8 | −12 | −16 |
|---|---|---|---|---|---|---|---|---|---|
| $I$（mA） | | | | | | | | | |
| $R_x$计算值（$U_R/I$） | | | | | | | | | |

（3）将实验所得数据$U$、$I$画在直角坐标系$U-I$上，如图4-2-2所示。

（4）用万用表直接测电阻$R_x$的值并记录$R_x=$________。

2. 测电容的电压和电流的关系

（1）电路两端接直流电源时，按图4-2-3所示电路连线。

1）仔细观察电压表和电流表，将所得数据填入表4-2-2。

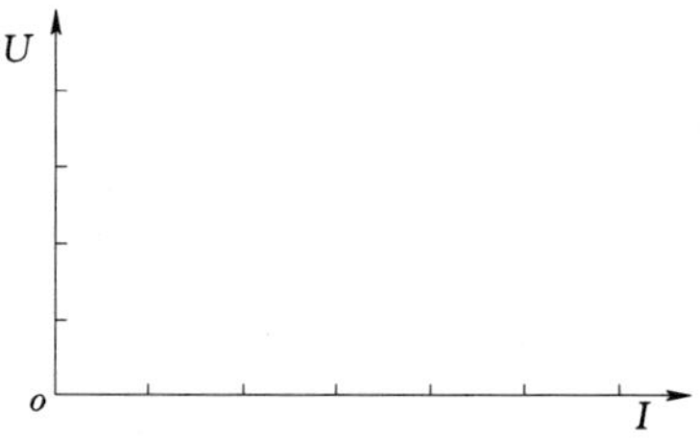


图 4-2-2　线性电阻的伏安特性坐标系

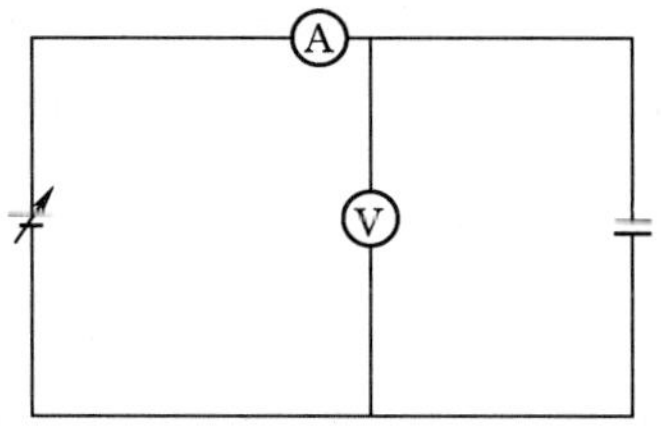


图 4-2-3　测电容的伏安特性电路（一）

表 4-2-2　　测电容的伏安特性实验数据（一）

| $U_C$（V） | 5 | 10 | 15 | 20 |
|---|---|---|---|---|
| $I$（mA） | | | | |

2）将实验所得 $U_C$、$I$ 画在直角坐标系 $U—I$ 上，如图 4-2-4 所示。

（2）电路两端接交流电源时，按图 4-2-5 所示电路连线。

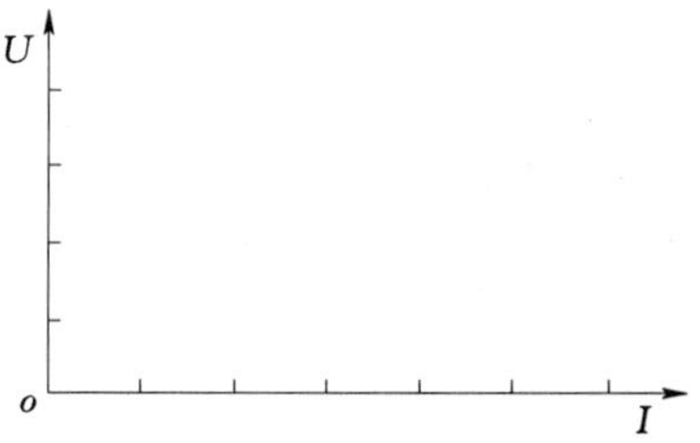


图 4-2-4　电容的伏安特性坐标系（一）

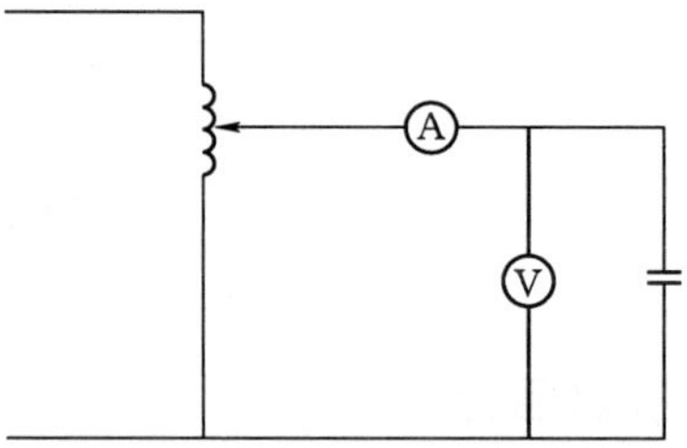


图 4-2-5　测电容的伏安特性电路（二）

1）仔细观察电压表和电流表，将所得数据填入表 4-2-3。

表 4-2-3　　测电容的伏安特性实验数据（二）

| $U_C$（V） | 50 | 100 | 130 | 150 |
|---|---|---|---|---|
| $i$（mA） | | | | |
| $X_C$ | | | | |

2）将实验所得 $u_C$、$i$ 画在直角坐标系 $u—i$ 上，如图 4-2-6 所示。

3. 测电感的伏安特性

（1）电路两端接直流电源时，按图 4-2-7 所示电路连线。

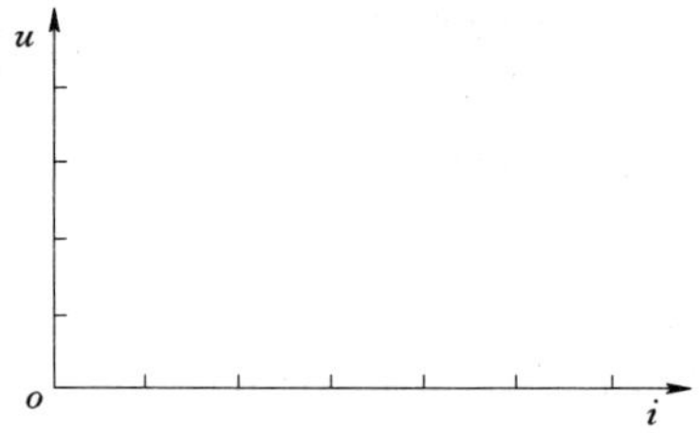


图 4-2-6　电容的伏安特性坐标系（二）

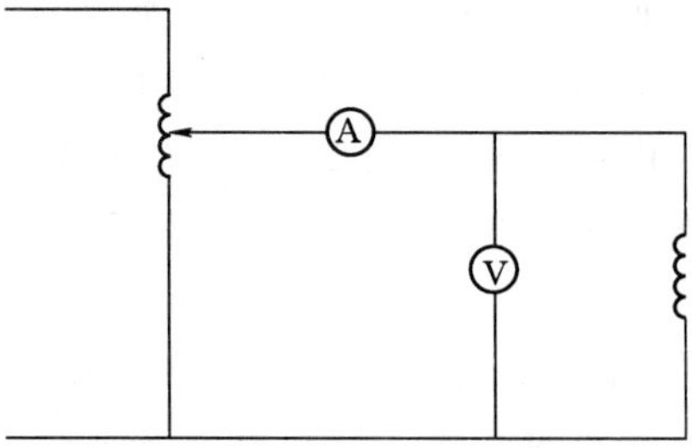


图 4-2-7　测电感的伏安特性电路

仔细观察电压表和电流表，将所得数据填入表 4-2-4。

**表 4-2-4　　测电感的伏安特性实验数据**

| $i$（mA） | 50 | 100 | 140 | 180 |
|---|---|---|---|---|
| $U_L$（V） | | | | |

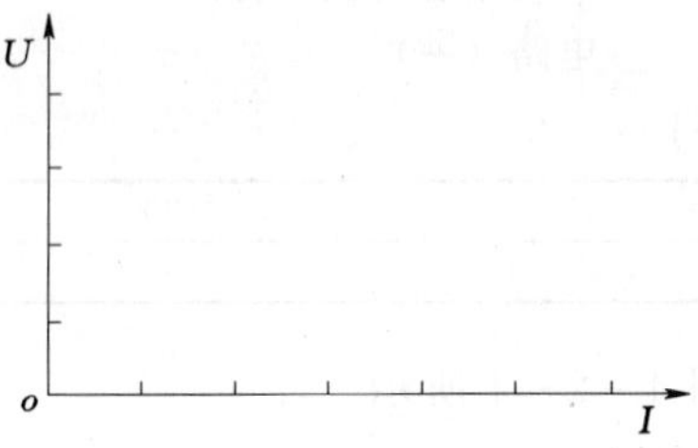


图 4-2-8　测电感的伏安特性坐标系

（2）将实验所得 $u_L$、$i$ 画在直角坐标系 $u-i$ 上，如图 4-2-8 所示。

## 四、实验报告要求

（1）填写附录三中表 1～表 5。

（2）根据实验所得数据，绘图 4-2-2、图 4-2-4、图 4-2-6 和图 4-2-8。

（3）针对所绘制的曲线，总结电阻、电容、电感的特性。

# 第三节　实验　基尔霍夫定律的验证

## 一、实验目的

（1）进一步学会测量电流和电压的方法。

（2）验证基尔霍夫定律的正确性。

## 二、实验设备

实验台，1 台；直流电流表，50mA，3 台；万用表，1 台；10V 直流稳压电源，1 台；电阻，100Ω1 个，200Ω1 个，300Ω1 个；8V 直流稳压电源，1 台。

## 三、实验内容与步骤

1. 测量电路节点电流

（1）按图 4-3-1 所示连接电路，且规定出如图所示的各支路电流的参考方向。

（2）测量结点 $A$ 的电流。

1）检查线路无误后，接通稳压电源，观察电流表有无异常现象。若发现电流表反转、过载现象应立即切断电源，调换电表极性或改换大量程的表后重新通电，但其读数为负值。

2）仔细观察电流表，分别读出三个电流表的读数，将其填入表 4-3-1。

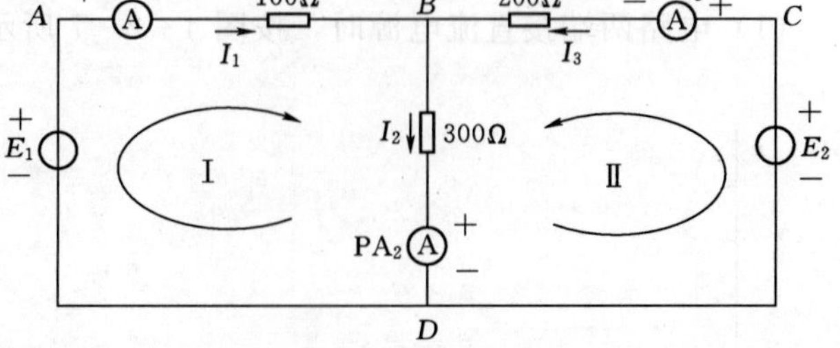


图 4-3-1　测量电路结点电流

表 4-3-1　　测量电路的电流表数据

| $E_1$（V） | $E_2$（V） | $I_1$（mA） | $I_2$（mA） | $I_3$（mA） | 计算$\sum IA$（mA） |
|---|---|---|---|---|---|
| 10 | 8 | | | | |
| 8 | 10 | | | | |

2. 测量回路的电压

（1）测量回路电压的电路如图 4-3-1 所示，规定出如图所示的回路电压降落方向（回路方向）。

（2）测量回路各元件的电压。

1）将万用表的红、黑表笔分别插在回路Ⅰ、Ⅱ各元件的两端。且满足万用表的极性与电流的参考方向相同。若指针正偏，则此元件电压值为正值；若指针反偏，则对调万用表的红黑表笔，但此元件电压值为负值。

2）记录实验数据回路Ⅰ、Ⅱ各元件的电压，记入表 4-3-2。

表 4-3-2　　测量回路电压数据

| $E_1$（V） | $E_2$（V） | $U_{AB}$（V） | $U_{BD}$（V） | $U_{CB}$（V） | 计算$\sum U_{Ⅰ}$（V） | 计算$\sum U_{Ⅱ}$（V） |
|---|---|---|---|---|---|---|
| 10 | 8 | | | | | |
| 8 | 10 | | | | | |

## 四、实验报告要求

（1）填写表 4-3-1 和表 4-3-2。

（2）计算值$\sum U_{Ⅰ}$、$\sum U_{Ⅱ}$是否为零？若不为零，分析原因。

# 第四节　实验　有源网络测试

## 一、实验目的

（1）熟练掌握用单电桥测电阻值和二端网络的输入电阻的方法。

（2）学会测有源二端网络的开路电压和短路电流的方法。

## 二、实验设备

实验台，1 台；QJ 23a 型单臂电桥，1 台；万用表，1 台；8V 直流稳压电源，1 台；直流电流表，50mA 1 台；电阻，510Ω 1 个，300Ω 1 个，200Ω 1 个，100Ω 1 个。

## 三、实验内容与步骤

### （一）单电桥测电阻值的方法

1. 了解电桥的各开关的名称和作用

如图 4-4-1 所示，电桥各端子的名称和作用如下：

（1）指零仪零位调整器，使用前先调零。

（2）检流计（指零仪）。

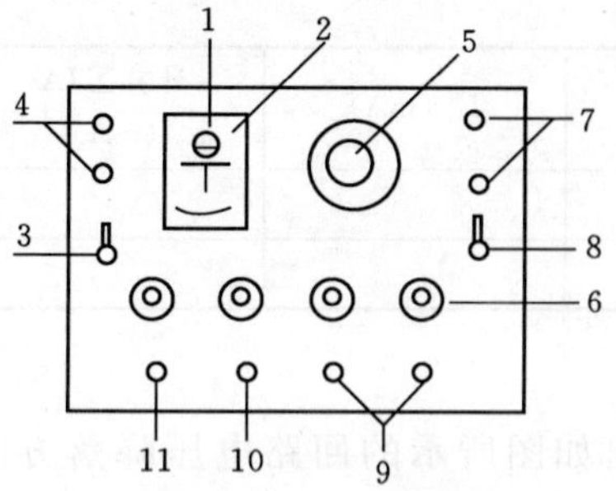


图 4-4-1 电桥

(3) 检流计内外开关。

(4) 端子外接时，外接指零仪的接线端子。

(5) 比率臂（量程倍率开关）。

(6) 比较臂（测量盘分 4 个）电桥平衡后的电阻值=倍率×比较臂。

(7) 外接电源接线端子。

(8) 电源内外接的开关。

(9) 接被测电阻端子。

(10) 指零仪按钮开关 $K_1$。

(11) 电源按钮开关 $K_2$。

2. 用单电桥具体测电阻 $R$ 的方法

(1) 将指零仪开关 3 扳向内接，调整指零仪 2 的零位调整器 1，使其指零位。

(2) 将电源开关 $K_1$ 扳向外接，把实验台 5V 电源按极性接在外接电源接线端子 7 上。

(3) 将被测电阻 $R$ 接在被测电阻端子 9 上。

(4) 选择合适的倍率开关 5。

(5) 先按 $K_2$，后按 $K_1$。若指零仪指针快速向一边偏转，则可能倍率选择不当，或者测量盘的示值误差太大。要重新选择和调节。如果指针慢慢偏转，则大致选取对了。

具体调节按照如下规则：指针偏向“+”则加，偏向“−”则减，直至指针指向零位为止。断开时先放 $K_1$，后放 $K_2$。则所测电阻 $R_x$=量程倍率读数×测量盘示值。

按图 4-4-2 连接线路，并用单电桥测其阻值并做好记录。

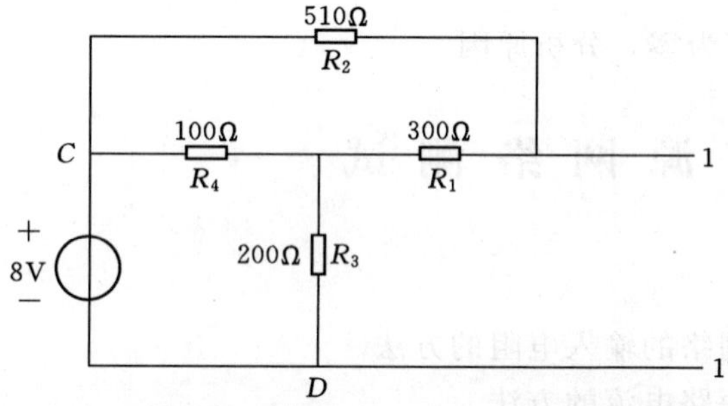


图 4-4-2 测有源网络的输入电阻电路

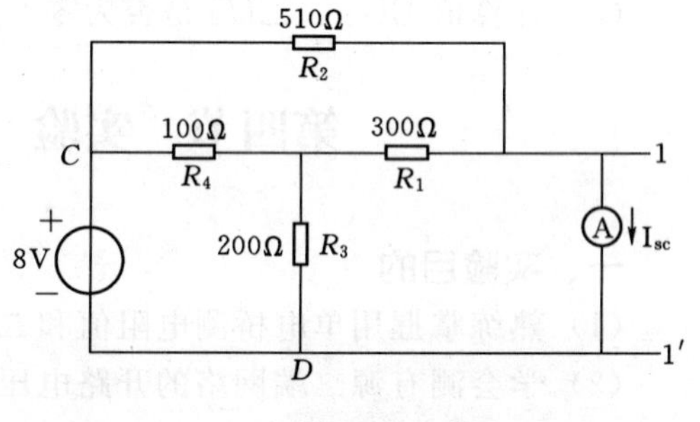


图 4-4-3 开路短路法测输入电阻

## （二）测量有源网络的输入电阻 $R_{eq}$

1. 连接电路

按图 4-4-2 所示连接线路。

2. 测量有源网络的输入电阻 $R_{eq}$ 的五种方法

(1) 方法一：开路短路法。

1) 测量有源二端网络的开路电压 $U_{oc}=U_{1-1'}$，将万用表的红、黑表笔直接插在 1、1′ 两端，选择直流 10V 挡进行测量，并记录 $U_{oc}$。

2) 测量有源二端网络的短路电流 $I_{sc}$，按图 4-4-3 所示连接电路。

记录 $I_{sc}$。

3）计算 $R_{eq}=U_{oc}/I_{sc}$。

（2）方法二：除源后，外加电压源法 ，按图 4－4－4 所示连接电路。

计算 $R_{eq}=U/I$。

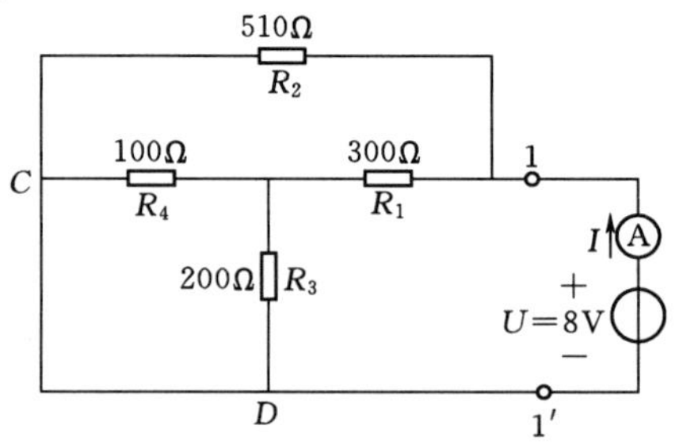


图 4－4－4　外加电源法测输入电阻

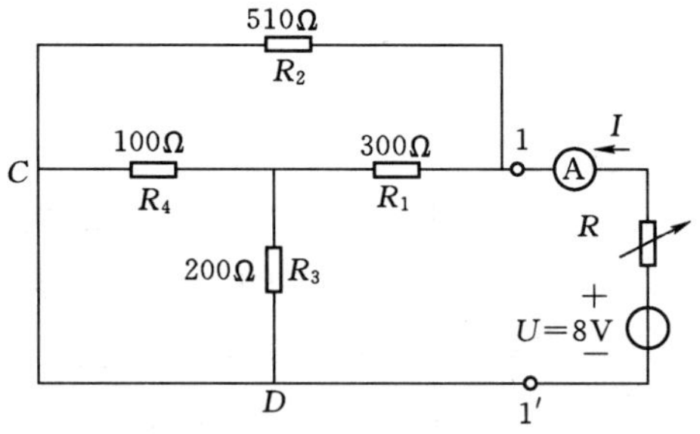


图 4－4－5　半偏法测输入电阻

（3）方法三：半偏法，按图 4－4－5 所示连接电路。先将电阻调到零，此时电流表读数为 $I$，然后调节电阻，使电流表读数为 $I/2$。则电阻 $R$ 的阻值即为所求的输入电阻 $R_{eq}$。

记录 $R_{eq}$。

（4）方法四：用单电桥测网络的输入电阻 $R_{eq}$。首先拆除 20V 直流电源，然后短接 $C$、$D$ 两点。将 1、1′两个端子接在单电桥的被测电阻端子 9 上。具体测量的方法同单电桥测电阻的方法。记录 $R_{eq}$。

（5）方法五：根据理论知识计算 $R_{eq}=[(R_3//R_4)+R_1]//R_2$。

### （三）测量网络和等效电路负载电流 $I_L$ 和 $I'_L$

（1）测量有源二端网络的负载电流 $I_L$。按图 4－4－6 所示连接电路，并记录 $I_L$。

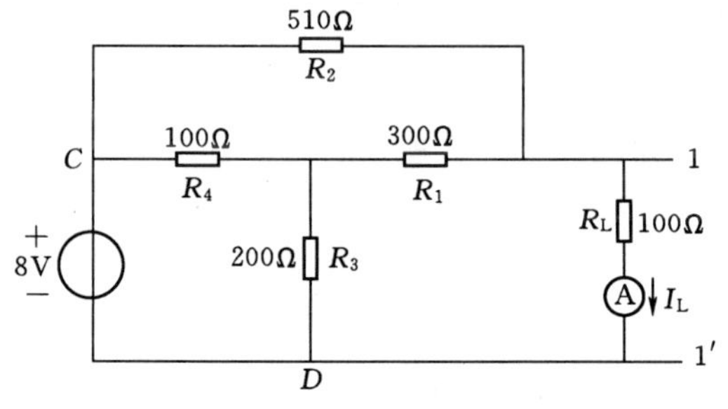


图 4－4－6　测有源二端网络的负载电流 $I_L$

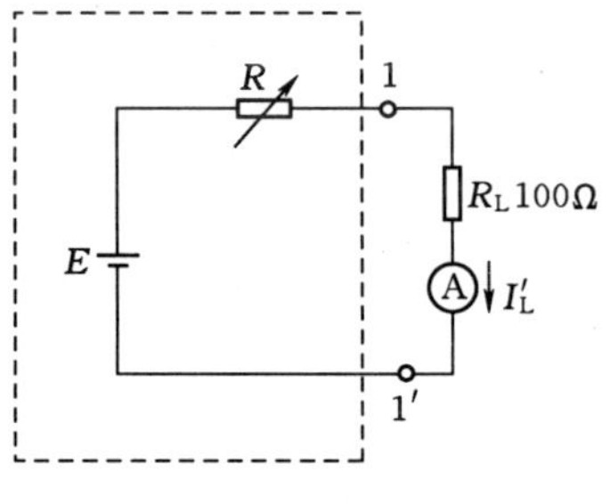


图 4－4－7　测有源二端网络的负载电流 $I'_L$

（2）测量等效电路的负载电流 $I'_L$。按图 4－4－7 所示连接电路，将电源电压 $E$ 调至 $U_{oc}$，电阻箱 $R$ 调至 $R_{eq}$ 作为有源二端网络的等效电路。

## 四、实验报告要求

（1）填写实验报告。

(2) 总结五种求输入电阻方法。比较这五种方法得出的输入电阻值是否相等？若不等，则分析原因。

(3) 比较 $I_L$ 和 $I'_L$ 是否相等。

# 第五节 实验 一阶电路的暂态特性

## 一、实验目的

(1) 研究 $RC$ 串联电路零状态响应的规律。

(2) 研究 $RC$ 串联电路零输入响应的规律。

(3) 了解参数 $R$ 对响应的影响。

(4) 熟悉测定时间常数 $\tau$ 的方法。

(5) 掌握用示波器观察 $RC$ 一阶电路的过渡过程的方法。

## 二、实验设备

实验台，1 台；万用表，1 台；直流稳压电源，1 台；XJ1630 型信号发生器，1 台；WC4260 型双踪示波器，1 台；秒表，1 个；电阻，30kΩ 1 个；电容，470uF 1 个，0.01uF 1 个。

## 三、实验原理和说明

1. 零状态响应

当一阶电路所有储能元件初始值为零，由外加激励引起的响应称零状态响应。按照图 4-5-1 所示的一阶电路，当开关 S 由 2 转到 1，电流经 $R$ 向 $C$ 充电。电容上的电压、电流随时间变化的规律为

$$u_C=U_S(1-e^{-t/\tau})$$

$$i_C=\frac{U_S}{R}(1-e^{-t/\tau})$$

式中 $\tau$——时间常数，s，$\tau=RC$。充电曲线如图 4-5-2 所示。

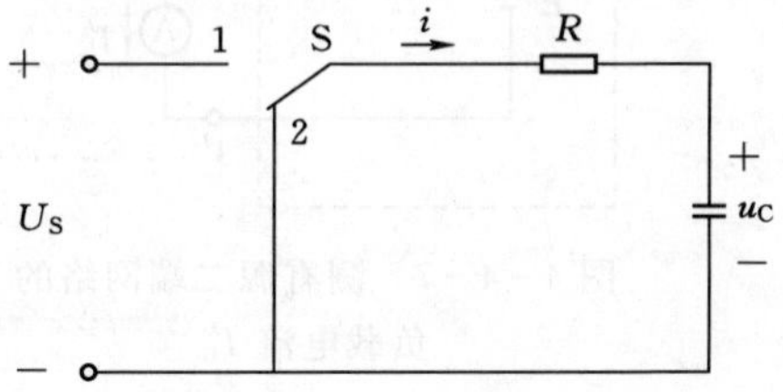


图 4-5-1 零状态响应电路

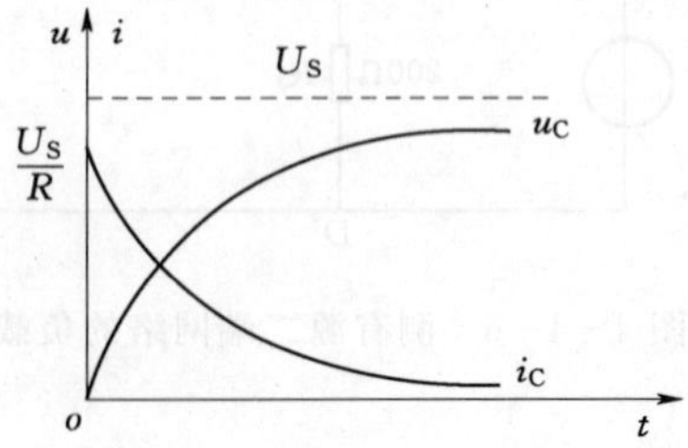


图 4-5-2 零状态响应充电曲线

2. 零输入响应

在图 4-5-1 中，当电容 $C$ 充电后，将 S 由 1 转到 2，则 $C$ 对 $R$ 放电。放电时有

$$u_C=U_Se^{-t/\tau}$$

$$i_C = -\frac{U_S}{R}e^{-t/\tau}$$

放电曲线如图 4-5-3 所示。

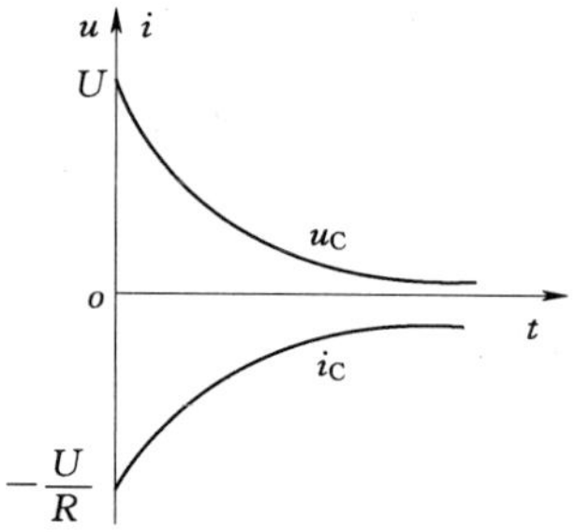

图 4-5-3　零输入响应放电曲线

3. 测定 $\tau$ 的方法

对于充电曲线来说，电压幅值上升到终值的 63.2%所对应的时间即为 $\tau$，如图 4-5-4 所示。

对于放电曲线来说，电压幅值下降到初值的 36.8%所对应的时间即为 $\tau$。

由这两个数值可估算出 $\tau$ 的大小，如图 4-5-5 所示。

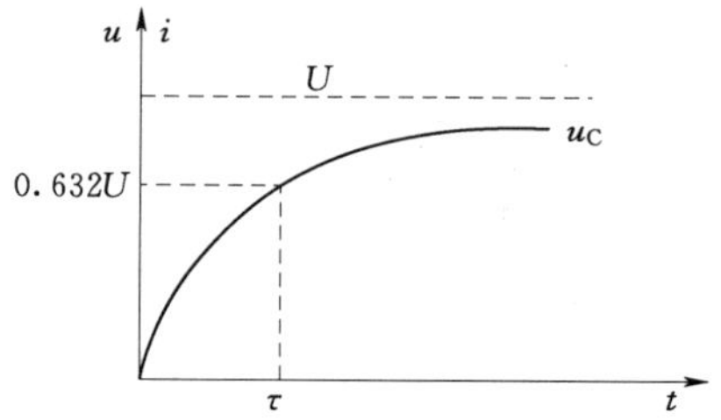

图 4-5-4　充电时电压上升规率

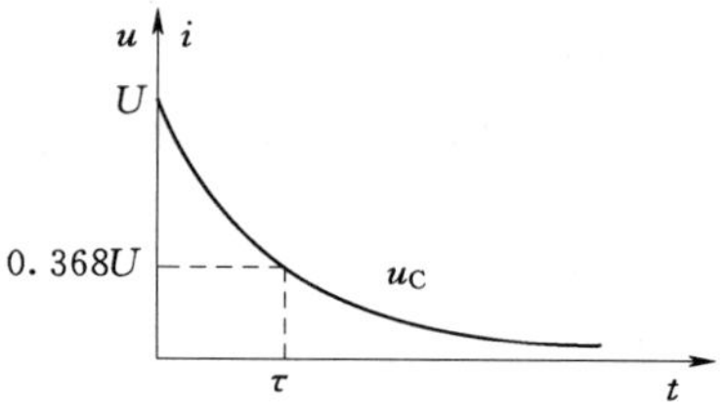

图 4-5-5　放电时电压下降规律

## 四、实验内容与步骤

1. 测量 $RC$ 串联电路的暂态特性

（1）按图 4-5-6 所示连接电路。

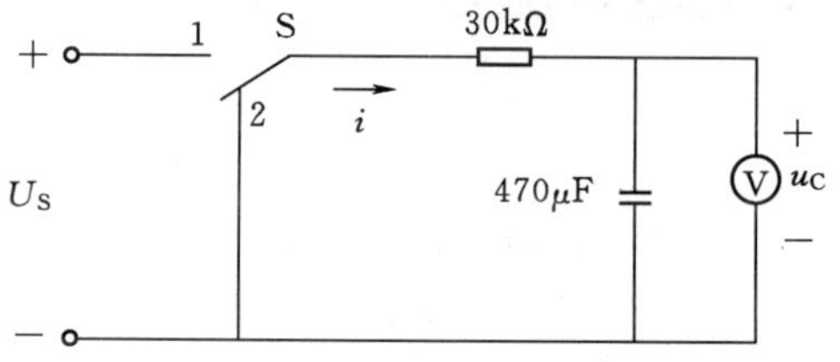

图 4-5-6　测 $RC$ 串联电路的暂态特性

（2）充电。将电容的电荷放干净，使得电容初始电压为零。调节直流稳压电源为 10V 万用表打到直流 10V 挡。将开关 S 由 2 转到 1，电容充电，在 K 接 1 的同时，开始计时，每隔 5s 钟，读取万用表的数值并且记入表 4-5-1 中。

（3）放电。当充电完毕后，将开关 S 由 1 转到 2，电容放电。在 K 接 2 的同时，开始计时，每隔 5s 钟，读取万用表的数值并且记入表 4-5-1 中。

**表 4-5-1　测量 $RC$ 串联电路的暂态特性数据**

| 项目 | | 测量 | | | | | | | | | | | |
|---|---|---|---|---|---|---|---|---|---|---|---|---|---|
| 充电 | $t$ (s) | 0 | 5 | 10 | 15 | 20 | 25 | 30 | 35 | 40 | 45 | 50 | 55 |
| | $u_{C_1}$ (V) | | | | | | | | | | | | |
| | $u_{C_2}$ (V) | | | | | | | | | | | | |
| | $\overline{u}_C$ (V) | | | | | | | | | | | | |
| 放电 | $t$ (s) | 0 | 5 | 10 | 15 | 20 | 25 | 30 | 35 | 40 | 45 | 50 | 55 |
| | $u_{C_1}$ (V) | | | | | | | | | | | | |
| | $u_{C_2}$ (V) | | | | | | | | | | | | |
| | $\overline{u}_C$ (V) | | | | | | | | | | | | |

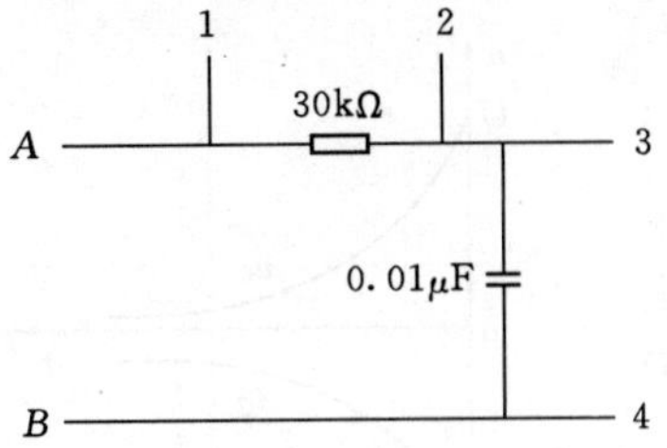


图 4-5-7 电路图

2. 用示波器观察 $RC$ 一阶电路的过渡过程

（1）按图 4-5-7 所示连接电路。

（2）调节信号发生器，使其输出为 5V，500Hz 的方波并接入 $A$、$B$ 端。

1）观测电流波形，示波器 Y1 端接 1、2 端。

2）观测电压波形，示波器 Y2 端接 3、4 端。

记录电流、电压波形。

## 五、实验报告要求

（1）填写表 4-5-1。

（2）根据表 4-5-1 的数据，绘出电容的充、放电曲线，并从曲线上求出 $\tau$ 值，将它与理论值相比较。

（3）观察示波器，绘制电容的电流、电压波形。

## 六、注意事项

（1）读数时要几个人配合，分别负责读取时间、电压值。

（2）接通电源前，一定要弄清开关 K 的位置。

（3）注意仪表的极性。

（4）电容用后，要用电阻放电。

（5）使用双踪示波器时，注意公共接地点。

# 第六节 实验 正弦交流电量测量

## 一、实验目的

（1）认识示波器各控件，并了解其作用；能初步掌握示波器的使用方法。

（2）认识信号发生器各控件，并了解其作用；学会从信号发生器取一定数值的正弦交流信号。

（3）会用示波器读取正弦交流信号的幅值和频率。

（4）认识电子毫伏表各控件，能熟练应用。

## 二、实验设备

实验台，1 台；XJ1630 型信号发生器，1 台；WC4260 型双踪示波器，1 台；WC2181 电子毫伏表，1 台。

## 三、实验内容与步骤

1. 认识示波器各控件及作用

示波器各控件如图 4-6-1 所示。

（1）电源开关：向外拉，接通电源，指示灯亮。

（2）聚焦：调节图像清度。

（3）$Y$ 轴显示法。

1）单踪：Y1、Y2 各单独工作。

2）双踪：①交替，Y1、Y2 呈交替工作状态，100Hz 以上用。②断续，Y1、Y2 呈断续工作状态，100Hz 以下用。

（4）AC—⊥—DC：交直流馈入方式。

1）AC：仅交流分量信号馈入。

2）DC：仅直流分量信号馈入。

3）⊥：仪器输入端接地。

（5）V/cm：灵敏度开关，选择 Y 轴灵敏度（俗称电压量程）的粗调装置，即设定 Y 轴每厘米长度对应的电压值。

（6）V/cm 微调：调节幅度大小，变化范围大于 2.5 倍，顺时针旋足为最大，即为校准位置。

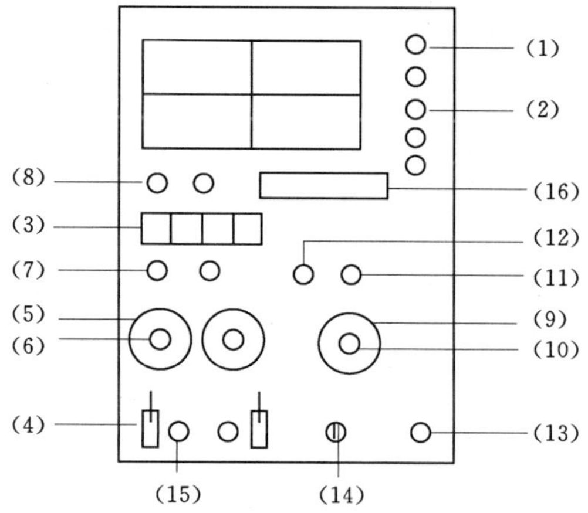

图 4-6-1　示波器

（7）平衡：调节波形的稳定度，即 Y 轴放大器输入电路出现不平衡时显示波形会随 V/cm 微调改变，出现 Y 轴方向的位移，该调节器能把这种变化调至最小。

（8）（Y 轴）移位：调节波形上下位置，顺时针向上，逆时针向下。

（9）t/cm 扫描速度开关：选择 X 轴扫描速度（俗称时间量程）的粗调装置，即设定 X 轴每厘米长度对应的时间值。

（10）t/cm 微调：调节扫描速度的微调装置，变化范围大于 2.5 倍，顺时针旋足为最大，即为校准位置。

（11）（X 轴）移位：调节波形的水平位置，顺时针向右，逆时针向左。

（12）电平：调节输入信号波形的触发点，使波形稳定。

（13）外触发/×外接插座：作 X 放大器外接时，或使用外触发时的信号输入插座。

（14）标准方波输出：输了幅值为 0.5V，频率为 1kHz 的矩形波作为标准探极。

（15）Y 轴输入插座：被测信号直接或经探极由此馈入。

（16）触发选择。

1）内：常态或接入均为内触发，信号取自 Y 轴通道被测信号。

2）外：按钮按入，触发信号取自外来信号，该信号由外触发/×外接端馈入。

3）±：触发极性开关，选择触发信号的上升或下降部分对扫描进行触发控制，常态为“+”，按入为“—”。

2. 用示波器的本身标准方波对示波器进行校正

将探极插入 Y2 输入端，另一端钩住标准方波输出端 14，各控制件位置见表 4-6-1。

**表 4-6-1　　校正示波器时各控制件位置**

| 面板控制件 | 作用位置 | 面板控制件 | 作用位置 |
|---|---|---|---|
| Y 轴输入插座 | Y1（Y2） | 触发选择 | +　内 |
| AC—⊥—DC | AC 或 DC | t/cm 微调于校准 | 2ms/cm |

续表

| 面板控制件 | 作用位置 | 面板控制件 | 作用位置 |
|---|---|---|---|
| V/cm | 0.1V/cm | X移位 | 居中 |
| Y2微调 | 校准位置 | Y1（Y2）移位 | 居中 |

接通电源，指示灯亮，预热15s后，调节电平使波形稳定，调节亮度聚焦，使波形清晰。此时波形显示两个周期、幅度5cm的方波，则示波器校准了。

3. 认识信号发生器各控件及作用

如图4-6-2所示为信号发生器。

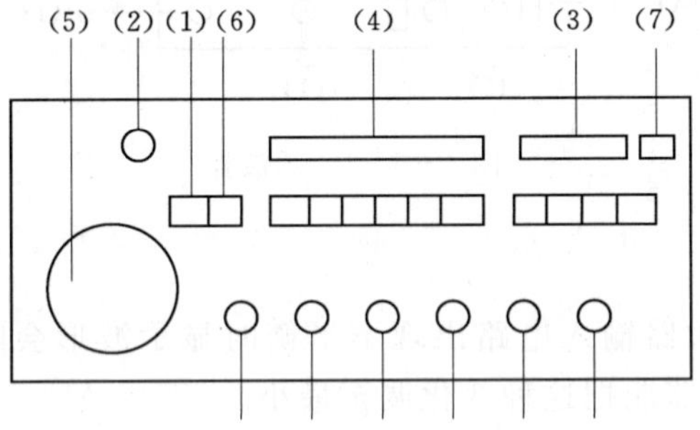

图4-6-2 信号发生器

（1）电源开关POWER：按入电源接通。

（2）指示灯：电源通指示灯亮。

（3）函数开关FUNCTION：由3个互锁开关组成，用来选择输出波形，有方波、三角波、正弦波，每按一次仅可对三种波形中的一种进行选择。

（4）频率挡级RANGE：由7个互锁开关组成，用来选择信号的频率挡级，每按一次仅可对7挡频率中的一挡进行选择。7挡频率挡级为：1、10、1k、10k、100k、1MHz

（5）度盘读数调节器：可以调节信号的输出频率，其最大读数为"2×"频率挡级，最小读数为"0.1×"频率挡级。

（6）反向控制器INVERT：当按键弹出时，输出脉冲信号不反向；按入时，输出脉冲信号反向。

（7）衰减器ATTENUATOR：当按键弹出时，输出脉冲信号不衰减；按入时，输出脉冲信号衰减30dB。

（8）直流偏置DC OFFSET：当按钮拉出时，输出信号上加直流偏置，该直流偏置电压可在－10～＋10V之间变化；当按钮按入时，输出信号上不加直流偏置电压。

（9）信号幅度：AMPLITUDE：可控制输出信号幅度的大小，顺时针方向旋转到底输出信号幅度为最大。

（10）占空系数锯齿波/脉冲DUTYRANMP/PULSE：当此控制器置于校准位置"CAL"（反时针转到底），输出的为方波、三角波、正弦波时，其度盘指示的频率才有效。

（11）信号输出OUT—PUT：该连接器对各种波形，方波、三角波、正弦波、脉冲、锯齿波可输出信号。

（12）同步输出信号SYNCOUT。

（13）压控振荡输入VCFIN。

4. 认识电子毫伏表各控件及作用

如图4-6-3所示为电子毫伏表。

（1）调零电位器：输入端短路调节零点。

(2) 输入插座：用以输入测量电压。

(3) 电源开关及指示灯：开启电源，指示电源接通。

(4) 量程转换开关：共 11 挡，分 1mV、3mV、10mV、30mV、100mV、300mV、1V、3V、10V、30V、300V。

(5) 放大器输出：可用于示波器监看放大后的测量电压波形。

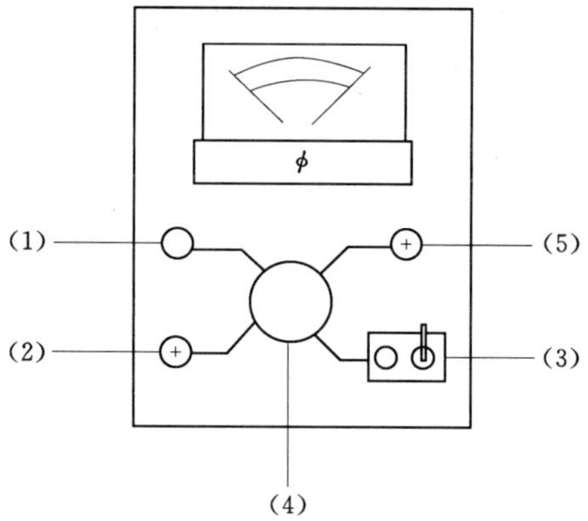

图 4-6-3　电子毫伏表

5. 从信号发生器读取 3V、500Hz 的正弦交流信号

(1) 首先将电子毫伏表调零，然后将信号发生器的输出端与电子毫伏表的输入插座相连，信号发生器的各控制件位置见表 4-6-2。

**表 4-6-2　电子毫伏表调零时各控制件位置**

| 面板控制件 | 作用位置 | 面板控制件 | 作用位置 |
|---|---|---|---|
| 函数开关 | 正弦波 | 直流偏置 | 按入 |
| 频率挡级 | 1kHz | 占空系数 | CAL（校准位置） |
| 度盘 | 0.5 | 衰减器 | 弹出 |

信号的频率＝度盘读数×频率挡级

(2) 将电子毫伏表的量程转换开关旋置 10V，调节信号发生器的幅度控制器，使电子毫伏表到 3V。

(3) 用校准后的示波器测量 3V、500Hz 正弦交流信号的幅值和频率，步骤如下：

1) 将信号发生的输出端与校准后的示波器的 Y1（Y2）端相连。调节示波器的 V/cm 和 $t$/cm 的量程，使示波器显示一个最大且最完整的正弦波形。

2) 读取 3V、500Hz 正弦交流信号的幅值和频率，并将记录填入表 4-6-3。

**表 4-6-3　测量信号发生器的信号数据**

| 正弦交流信号 | | 500Hz | 1kHz |
|---|---|---|---|
| | | 3V | 5V |
| 电压测量 | V/cm | | |
| | 格数 | | |
| | $U_{P-P}$ | | |
| | $U$（有效值） | | |
| 频率测量 | $t$/cm | | |
| | 格数 | | |
| | $T$ | | |
| | $f$ | | |

读取正弦交流信号的幅值和频率的方法如下

a. 读取 $U_{P-P}$（峰—峰值）。

$$U_{P-P}=\text{波峰与波谷之间的垂直格数}\times V/cm$$

b. 计算有效值 $U$。

$$U=\frac{U_{P-P}}{2\sqrt{2}}=\frac{U_{P-P}}{2}\times 0.707$$

c. 读取周期值。

$$T=\text{同一周期性内两波峰（谷）之间的格数}\times t/cm$$

d. 计算频率。

$$f=\frac{1}{T}$$

## 四、实验报告要求

（1）填写表 4-6-3，并将测量值与实际值相比较，分析误差。

（2）描绘出 3V、500Hz 正弦交流信号的波形。

# 第七节 实验 功率因数的提高

## 一、实验目的

（1）学习提高感性负载因数的方法。

（2）了解日光灯的工作原理。

（3）进一步掌握功率表的正确使用。

## 二、实验设备

实验台，1 台；交流电流表 300mA，3 台；D26 型功率表，1 台；万用表，1 台；日光灯具，1 套；开关，1 个。

## 三、实验原理和说明

在工业及日常生活用电中，大部分都是感性负载。例如，工业用的电动机、家庭用的日光灯、风扇、洗衣机等都属于感性负载。功率因数较低，从供电方面来看，在同一电压下，输送给负载有功功率时，所需的电流就得较大。反之，若线路的功率因数较高，所需的电流就可以小些。因此，线路的功率因数高，既可以提高电源设备的利用率，又减小了线路的能量损失。如何提高功率因数呢？可以用并联电容的方法，使流过电容器中的无功分量与感性负载中的无功分量相互补偿，以减小电压与电流之间的相位差，从而实现了功率因数的提高。当并联电容后，原电路的工作状况并未改变。但总电流却由于 $I_C$ 的出现而减小到 $I$，相位角由 $\phi_1$ 减小到 $\phi$，如图 4-7-1 所示。

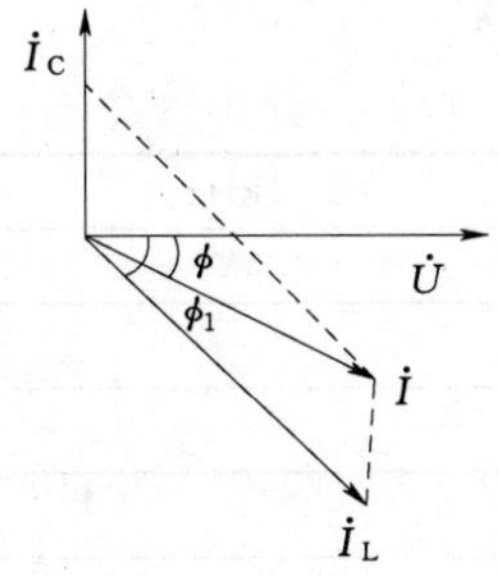


图 4-7-1 并联电容提高功率因数的原理

日光灯各元件的连接及其工作过程如下。

（1）日光灯的构造。日光灯由灯管、镇流器和启辉器三部分组成。

灯管用玻璃管制成，内壁有一层荧光粉，管内充有少量水银蒸气和惰性气体，两端装有由钨丝绕成的灯丝。

镇流器是一个铁芯线圈，其作用是在日光灯启辉时，由它产生很大的感应电动势使灯管点燃，在灯管正常工作时，限制电流。

启辉器起一个自动开关的作用，在玻璃泡内充有氖气，并装有两个电极，其中一个由双金属片制成，高温时两电极接通，低温时断开。

（2）日光灯的启辉过程。刚接通电源时，电压不足以使灯管放电，启辉器两极间承受着电源电压，由于两极相隔很近，而发生辉光放电，双金属片受热使两电极接触，电路被接通。电流流过镇流器、灯管两端的灯丝和启辉器，灯丝被加热而发射电子。启辉器的两个电极接触后，辉光放电消失，双金属片将变冷而恢复原状，使电路突然断开。在此瞬间，镇流器产生较高的感应电动势，它与电源电压一起加在灯管两极之间，在高电压作用下，迫使灯管放电而发光。灯管点燃后，灯管压降只有电源电压的一部分，由于启辉器是与灯管并联的，较低的电压不足以使启辉器再动作。灯管点燃后，灯管本身为电阻性负载，而灯管与镇流器串联，所以日光灯电路可以等效为电阻和电感串联的电路。

## 四、实验内容与步骤

（1）按图 4-7-2 所示连接电路（电容暂不接入）。

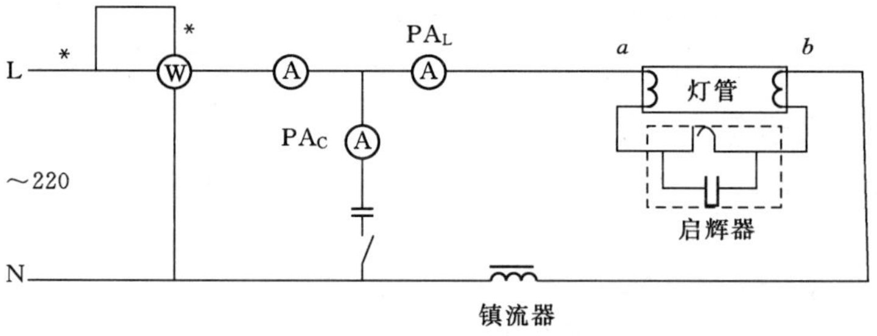


图 4-7-2 提高功率因数电路

（2）观察日光灯的启动点燃过程，测量各元件的电流、电压及功率等，记入下表 4-7-1 中。

（3）接通电容后，再重复测量各电量。

**表 4-7-1** **提高功率因数实验数据**

| 被测值 | 总电路 | | | | 灯管 | | | | 镇流器 | | | | 电容 | | 功率因数 |
|---|---|---|---|---|---|---|---|---|---|---|---|---|---|---|---|
| | $U$ | $I$ | $P$ | $Z$ | $U_R$ | $I_R$ | $P_R$ | $R_等$ | $U_L$ | $I_L$ | $X_L$ | $P_L$ | $I_C$ | $X_C$ | $\cos\phi$ |
| 未并电容 | | | | | | | | | | | | | | | |
| 并 2uF 电容 | | | | | | | | | | | | | | | |

补充公式：$|Z|=\frac{U}{I}$，$R=\frac{U_R}{I_R}$，$R_等=R+R_L(R_L=120\Omega)$，$X_L=\sqrt{|Z|-R_等}$，$L=\frac{X_L}{2\pi f}$，$X_C=\frac{U_C}{I_C}$，$C=\frac{1}{2\pi f X_C}$，$\cos\phi=\frac{P}{UI}$。

## 五、实验报告要求

（1）填写表 4-7-1。

（2）根据测量数据绘制电流矢量图。

（3）计算两种电路的功率因数。

## 六、注意事项

（1）功率表的电流线圈只能串联在电路中，不得并联使用。

（2）万用表拨至交流 250A 挡使用。

（3）接线后一定要经指导教师检查无误后方可通电，否则因此而损坏仪器仪表要学生自己负责。

# 第八节 实验 电流表、电压表内阻测量、量程扩展

## 一、实验目的

（1）掌握直流电流和电压测量的工作原理、特点和方法，

（2）学习和掌握电流表和电压表量程扩展的方法。

（3）学习和掌握校准电表满刻度相对误差计算方法。

（4）扩展到对万能表工作原理的理解；自学附录九指针式万用表的工作原理。

## 二、实验仪器及设备

（1）指针式万用表。

（2）直流稳压电源 0～30V。

（3）直流恒流源 0～500mA。

（4）电阻、电阻箱、可变电阻器若干。

## 三、实验内容

（1）学习电流表和电压表内阻的测量方法。

（2）学习和掌握电流表和电压表量程扩展的方法，求出给定电流表的内阻、并且进行量程扩展。

（3）对设计的电流表和电压表进行校准，计算满刻度相对误差。

## 四、原理说明

（1）一只毫安表允许通过的最大电流称为该表的量程，用 $I_g$ 表示，该表有一定的内阻，用 $R_g$ 表示。这就是一个“基本表”，其等效电路如图 4-8-1 所示。$I_g$ 和 $R_g$ 是毫安表的两个重要参数。

（2）满量程为 1mA 的毫安表，最大只允许通过 1mA 的电流，过大的电流会造成“打针”，甚至烧断电流线圈而损坏。要用它测量超过 1mA 的电流，亦即要扩大毫安表的测量范围，可选择一个合适的分流电阻 $R_A$ 与基本表并联，如图 4-8-2 所示。$R_A$ 的大小可以精确算出。

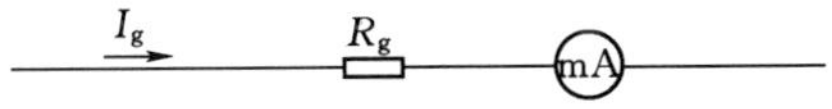


图 4-8-1　基本表

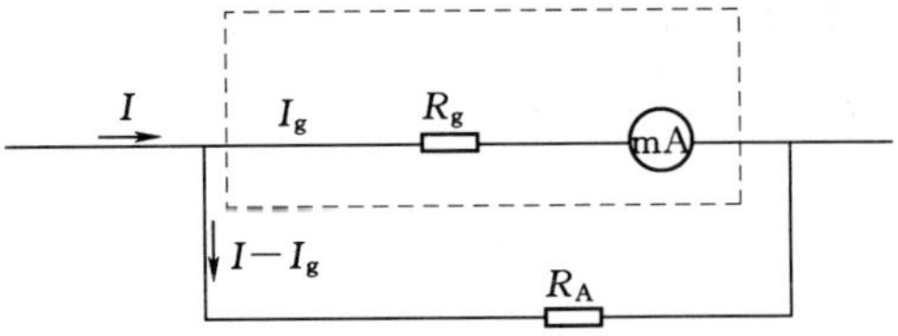


图 4-8-2　扩大电流量程

设基本表满量程为 $I_g=1mA$，基本表内阻 $R_g=100\Omega$。

现要将其量程扩大 10 倍（即可用来测量 10mA 电流），则应并联的分流电阻 $R_A$ 应满足下式

$$I_gR_g=(I-I_g)R_A$$

$$1mA\times100\Omega=(10-1)mA\times R_A$$

则

$$R_A=\frac{100}{9}=11.1(\Omega)$$

同理，要使其量程扩展为 100mA，则应并联 11.1Ω 的分流电阻。

当用改装后的电流表来测量 10mA 以下的电流时，只要将基本表的读数乘以 10（或 100）或者直接将电表面板的满刻度刻成 10mA 即可。

## 五、实验内容

1. 用给定的 10mA 电流表扩展为 0～30mA、0～50mA 的电流表

电流表满刻度电流的扩大可通过并联分流电阻来完成，分流电阻的阻值可通过首先求出“设计表”满刻度电流与“给定表”满刻度电流的比（$N_n$），分流电阻的阻值为 $R_A=R_g/(N_n'-1)$（$R_g$ 为“给定表”的内阻），如图 4-8-3 所示。

（1）求给定的 10mA 电流表的内阻 $R_g$。把可变电阻器 $R_1$（限流电阻）与电流表串联，调节可变电阻器 $R_1$ 使电流表为满刻度，然后接入电阻箱 $R_x$，通过调节电阻箱 $R_x$，使电流表为满刻度的 1/2（5mA），此时电阻箱 $R_x$ 的阻值即为电流表的内阻 $R_g$。如图 4-8-4 所示。

电流表内阻为 $R_g=R_x=$________Ω。

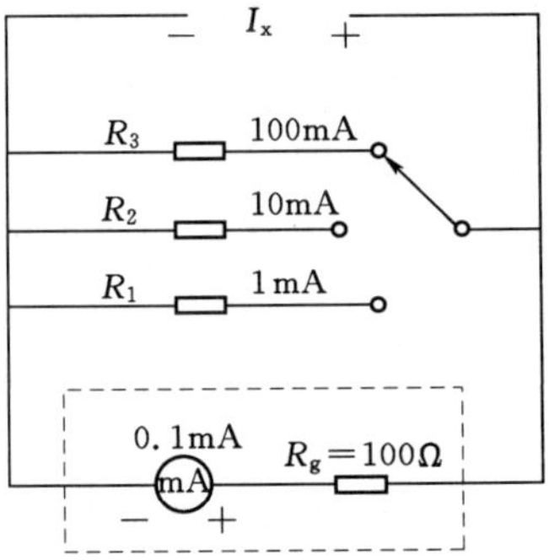


图 4-8-3　直流电流表构成框图

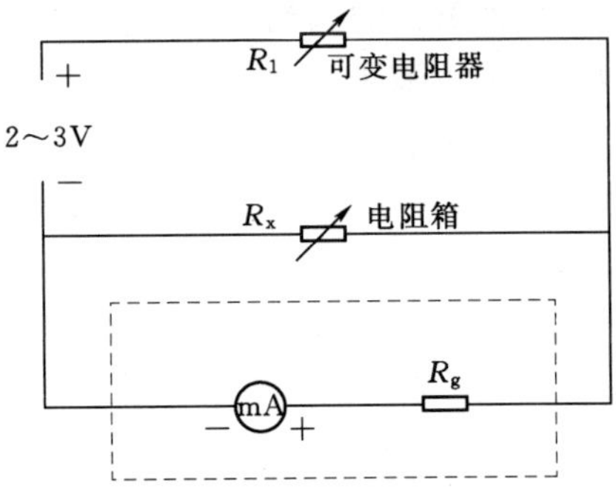


图 4-8-4　求电流表的内阻

（2）计算 0～30mA 、0～50mA 电流表的分流电阻 $R_n$。

1）求各量程满刻度电流与给定电流表电流的倍数。

$$N_n=\frac{\text{设计表的满刻度电流}}{\text{给定表的满刻度电流}}$$

2）求 0～20mA 挡并联的分流电阻 $R_1$。

$$N_1=\frac{30\text{mA}}{10\text{mA}}=3$$

$$R_1=\frac{R_g}{N_1-1}=\frac{R_g}{3-1}=\frac{R_g}{2}=\_\_\_\_\_\_$$

3）求 0～50 mA 挡并联的分流电阻 $R_2$。

$$N_2=\_\_\_\_\_\_=\_\_\_\_\_\_$$

$$R_2=\frac{R_g}{N_2-1}=\_\_\_\_\_\_$$

计算结果：用该 10mA 电流表扩展为 0～30mA 电流表，需并联________电阻；用该 10mA 电流表扩展为 0～50mA 电流表，需并联________电阻。

（3）校准 0～50mA 电流表，并计算绝对误差和满刻度相对误差。把以上设计的 0～50mA 电流表与标准电流表串联，调节可变电阻使标准电流表显示的电流分别为 5、10、20、40、50mA，并且分别记录标准电流表的电流值，把对应的两个结果相减得到绝对误差值，并记录在表 4-8-1 中。

**表 4-8-1　　计算绝对误差**

| 标准电流表（mA） | 5 | 10 | 20 | 40 | 50 |
|---|---|---|---|---|---|
| 被校电流表 | | | | | |
| 绝对误差值 | | | | | |

满刻度相对误差＝绝对误差/仪器的满刻度值×100％＝________。

最大绝对误差为±________mA；满刻度相对误差为________％。

2. 用 100μA 电流表设计 0～1V、0～5V、0～25V 的直流电压表

模拟式直流电压表是由高灵敏度电流表（微安表）串联分压电阻而构成，需要串联的分压电阻＝电压表的输入电阻－电流表的内阻。

多量程电压表各量程的满刻度电流 $I_0$ 是一定值（电流表的满刻度电流），通常电压表的灵敏度 $K_0$ 用 $I_0$ 的倒数来表示：$K_0=1/I_0$，如某电压表是由满刻度电流为 100μA 的电流表构成的，该电压表的灵敏度 $K_0=1/I_0=1/100\mu\text{A}=10\text{k}\Omega/\text{V}$。

电压表的输入电阻＝满刻度电压×电压表的灵敏度。如上述电压表的满刻度电压是 25V，此时的输入电阻＝25V×10kΩ/V ＝250kΩ。

（1）求 100μA 电流表构成 0～1V 电压表需串联的电阻 $R_1$。电阻箱 $R_x$ 为需要串联的分压电阻，接上 1V 电源，调节电阻箱 $R_x$（根据电流表估计阻值约为 10kΩ）使电流表为满刻度，并记录电阻箱此时的阻值 $R_1$。如图 4-8-5 所示，求 1V 挡的分压电阻。

该电压表原理图如图 4-8-6 所示，各量程的分压电阻串联，通过开关转换量程：0～1V 挡时表头与 $R_1$ 串联；0～5V 挡时表头与 $R_1$、$R_2$ 串联；0～25V 挡时表头与 $R_1$、$R_2$、$R_3$ 串联。

0～1V 挡串联的电阻为 $R_1=$________ kΩ，灵敏度 $K_0=1/100\mu A=10k\Omega/V$。

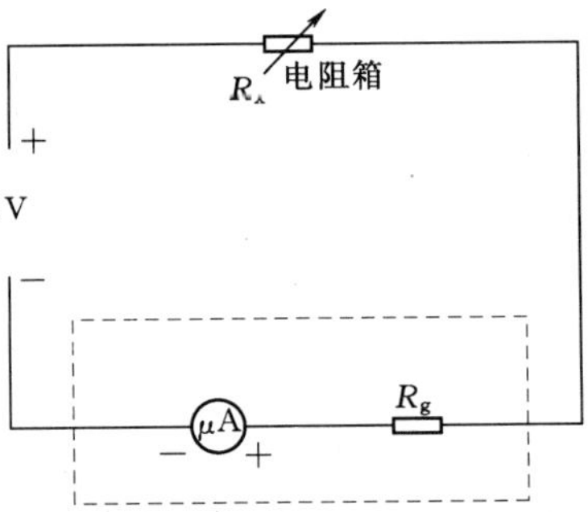


图 4-8-5　求 1V 挡的分压电阻

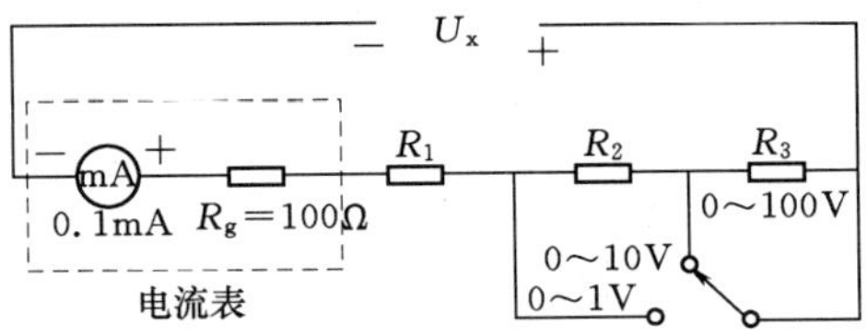


图 4-8-6　三量程直流电压表原理图

（2）求 0～5V、0～25V 电压表的串联电阻。因为 0～5V 挡串联电阻 $R_2+R_1$，所以

$$R_2=(5V-1V)K_0$$

因为 0～25V 挡串联电阻 $R_3+R_2+R_1$，所以

$$R_3=(25V-5V)K_0$$

计算结果为：$R_1=$________ kΩ，$R_2=$________ kΩ，$R_3=$________ kΩ。

（3）校准电压表的 0～25V 量程，并计算满刻度相对误差。把以上设计的电流表与标准电压表并联，调节可变电阻使设计电压表显示的电压分别为 5、10、20、25V，并且分别记录在表 4-8-2 中。

**表 4-8-2　　被校电压表误差计算**

| 被校电压表（V） | 2.5 | 5 | 10 | 20 | 25 |
|---|---|---|---|---|---|
| 标准电压表 | | | | | |
| 绝对误差值 | | | | | |

满刻度相对误差＝绝对误差/仪器的满刻度值×100%

最大绝对误差为±________ V，满刻度相对误差为________%。

3. 实验分析与讨论

电流表量程（满刻度电流扩大）可通过并联分流电阻的方法来达到，并联分流电阻的阻值越小，则满刻度电流会越大。

对电流表的满刻度相对误差的鉴定：把电流表与标准电流表串联，使标准电流表显示的电流为被校电流表的满刻度值，被校电流表的示值与标准电流表的示值（看成是真值）之差则为满刻度绝对误差，然后求出满刻度相对误（差引用误差）。

电压表可由高灵敏度电流表（微安表）串联分压电阻而构成，分压电阻的阻值越大，电压表的满刻度电压值也越大。

电压表的灵敏度 $K_0$ 用 $I_0$ 的倒数来表示，即 $K_0=1/I_0$，电压表的输入电阻＝满刻度电压×电压表的灵敏度。

电压表的灵敏度 $K_0$ 只有与电流表的满刻度电流 $I_0$ 有关，电压表的输入电阻＝需要串联电阻＋电流表的内阻。

各量程的满刻度电压 $U_n$ 由输入电阻所决定，$U_n=nK_0$。

## 六、思考

（1）现有 1V 直流电压表、电阻箱和可调直流电源，欲把该电压表扩展为 10V 的直流电压表，请叙述扩展方法。

（2）有把内阻为 100Ω 满刻度电流 1mA 和内阻 1kΩ 满刻度电流 50μA 电流表设计为电压表，它们的灵敏度分别为多少？

## 七、注意事项

（1）输入仪表的电压和电流要注意到仪表的量程，不可过大，以免损坏仪表。

（2）可外接标准表（如智能直流毫安表和直流电压表作为标准表）进行校验。

（3）注意接入仪表的信号极性，以免指针反偏而打坏指针。

（4）万用表处于电阻挡时不能测带电物体，否则烧表。

# 第五章　电 子 产 品 制 作

## 第一节　焊接方法与焊接要领

电子电路制作的主要内容是：根据电路原理图指示的电子元器件的连接关系，在电路板上合理布置、固定电子元件；把电子元件的引脚正确、可靠地连通，而要完成此任务需通过锡焊的方法来达到。电子元件正确、可靠的连接是电路正常工作的保证。除电路正确无误的连接要依赖原理图的指引以外，还需要良好的焊接质量来保证。只有优质的焊接质量才能使电路能可靠、稳定地工作。毫无疑问，掌握好焊接技术是电路制作的基本要求。在这里需要提醒的是，想做好焊接工作，必须具备有质量良好的电烙铁。

1. 使用电烙铁焊接的方法

（1）首先对被焊接部位进行清洁处理，然后把被焊部位放在烙铁架的松香上（松香是助焊剂，可使被焊接体在加温时与空气隔离，防止其氧化并帮助焊锡流动），用加热后的电烙铁带上一些焊锡，在松香中对元件引脚加热并进行上锡处理（用烙铁头压住被焊位置，轻轻摩擦直到它的表面挂上一层均匀、薄薄的焊锡）。

（2）把元件在电路板上进行固定，再把把焊锡丝放在焊点上，用电烙铁加热之，使熔化的焊锡和松香（焊锡丝的中间含有松香）一起流到焊点上，并继续加热被焊物体上的焊锡（约 2～3s），使焊点上的焊锡充分熔化后（需在焊接过程中让电烙铁头在焊点上停留适当的时间，使焊锡达到需要的温度熔化成为流动状态），再移开电烙铁，并保持被焊物体固定不动，直至被焊物体冷却。

（3）检查焊点是否牢固。良好的焊点应该是光滑、没有毛刺的。

（4）在使用电烙铁之前，应检查电烙铁是否漏电。在焊接工作过程中，不准抛甩加热后的电烙铁，以防高温的焊锡飞溅伤及别人，电烙铁在不使用时，必需放置在烙铁架上。

（5）在焊接过程中烙铁头应能保持挂有均匀的一层焊锡。因为只有这样，烙铁头与焊锡才具有亲溶性，在焊接过程中当烙铁头接触焊锡丝时，便能很容易加热并且熔化焊锡，使焊接工作变得很容易。

（6）已经不能上锡的烙铁头（表层氧化、发黑）则无法再使用，此时必须对其进行重新上锡的处理：把烙铁断电 1min 左右让其稍降温，然后再通电后，把烙铁头放到烙铁架上，并且浸在松香里、加上一些焊锡，再用螺丝刀口或钢锯片轻轻刮动烙铁头，直至使之重新上锡为止。

（7）可先在旧的电路板上进行练习，掌握好方法以后，再进行新电路板的制作。

2. 电路板上安装元件的方法和要求

（1）先对元件的引脚进行清洁和上锡处理，如果需要，还应对电路板上的焊盘进行清洁。

（2）把元件的引脚穿过焊盘通孔，并注意使元件的底部到电路板的距离合适、固定好。

（3）如图 5-1-1 所示，把电路板焊接面朝上，用一只手拿住焊锡丝，把焊锡丝的端部放到焊盘与元件引脚之间，用电烙铁加热焊锡丝，使焊锡熔化后流到焊盘上形成大小合适的焊点。

（4）用同样的方法把其余的引脚焊好，在对齐焊点的位置上，用剪线钳把过长的引脚剪掉。

（5）如图 5-1-1 所示，电阻或二极管进行卧式安装时，应使元件的底部与电路板留有 5mm 左右的空隙。具体做法是：可把元件的引脚弯曲一个半圆后留 4mm 左右再进行安装、焊接。

（6）元件安装完后，把元件引脚过长的部位用剪线钳剪掉。

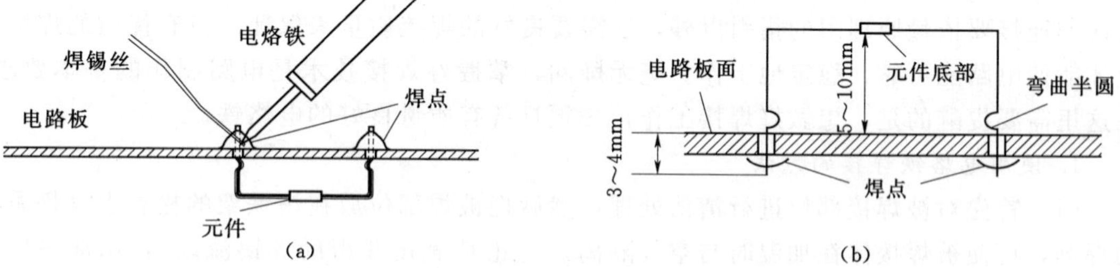


图 5-1-1 在电路板上进行元件焊接示意图

3. 焊点质量的检查

焊点的质量好坏可通过观察其表面的形貌判别，良好的焊点应该是表面光滑、没有毛刺、外观呈圆点形状，被焊物体上的焊锡成附着状态，只有良好的焊点才能保证电路工作可靠和稳定。质量不好的焊点主要有虚焊和假焊 2 种情况，它们都可能导致电路工作不可靠或不稳定，甚至不能正常工作。

（1）虚焊。虚焊的焊点外表毛糙、有毛刺、表面不光滑，容易引起电路工作不正常，表现为工作时断断续续，甚至不能正常工作。产生的原因是焊接时焊点加热的温度不够。

（2）假焊。假焊的焊点外观表现为被焊物体上的焊锡不成附着状态。产生的原因是被焊物体表面没有清洁干净，如元器件的引脚氧化物没有刮干净和没有进行上锡处理、电烙铁的温度过高、并且没有助焊剂（松香）助焊。

虚焊和假焊如图 5-1-2 所示。

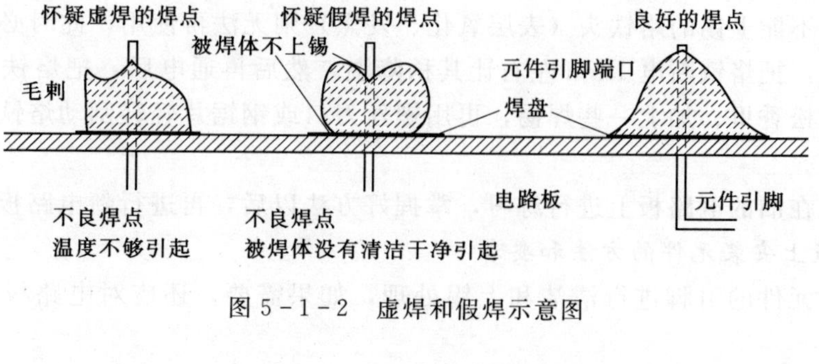


图 5-1-2 虚焊和假焊示意图

# 第二节　自制的实验平台

“模拟电子技术”是电气类各专业的一门技术基础课。它是研究常用半导体器件的性质、线性集成电路及其应用的一门学科。根据高职高专培养目标的要求以及现代科学技术发展的需要，实训的目的主要为：通过实训让学生能够更好地理解理论知识与实际现象的关系。应注意主辅结合，合理搭配，增强学生的动手能力和理论知识的应用能力，重点放在技术技能的培养教育，精选典型例证，深入剖析，既重视基本理论知识的建立，又要突出实际能力的培养教育。

1. 实验平台自制方案介绍

由 2 个数字显示的直流电压表、2 个数字显示的直流电流表、两组 5～12V 可调稳压直流电源、输出交流 9.5V、15V、17V、19V 的交流电源、8Ω/5W 扬声器、电源开关、电源指示灯等构成面板接口。内部主要包括 4 个电源变压器、稳压电源、可调稳压电源等电路。

（1）数显电压表分别为 20V 和 200V 的直流电压表。

（2）数显电流表分别为 200mA 和 2.0A 的直流电流表。

（3）电源变压器 1 输出 AC 7.5V 交流电压，经整流、滤波后向数字电表提供 DC 5V 的工作电源。

（4）电源变压器 2 输出两组 15V 的交流电压，经整流滤波后得到＋9V、＋12V 和－12V稳压直流电源，可叠加得到一组最大为 24V 的直流电源或构成±12V 电源，也可以单独使用，灵活地为共射极基本放大、差分放大、振荡电路及运算放大电路等实验使用。

（5）电源变压器 3 负责提供多种交流电压作为整流、滤波电路实验、串联稳压电源实验和音频功率放大器等实验电源。可输出 AC 5.5V、7.5V 供整流、滤波电路实验，AC 15V、17V 或 19V 供串联稳压电源实验，9.5V、0～9.5V 供音频功率放大器实验使用。

（6）8Ω/5W 扬声器可用于整流、滤波电路纹波系数试验、RC 振荡电路和 OTL 功率放大电路等音频试验。

变压器的 AC 220V 输入由一只按钮开关控制，电源指示灯（发光二极管）作为工作指示灯，交流熔断器要求为密封式，直流熔断器为敞开式。

2. 实验平台材料清单

实验平台材料清单见表 5－2－1。

**表 5－2－1　　实验平台材料清单**

| 序号 | 材料名称 | 规格型号 | 数量 | 备注 |
|---|---|---|---|---|
| 1 | 数字电压表 | 20V，CY5135，DC5V | 1 只 | 安装孔 72mm×40mm |
| 2 | 数字电压表 | 200V，CY5135，DC5V | 1 只 | 安装孔 72mm×40mm |
| 3 | 数字电流表 | 200mA，CY5135，DC5V | 1 只 | 安装孔 72mm×40mm |
| 4 | 数字电流表 | 2A，CY5135，DC5V | 1 只 | 安装孔 72mm×40mm |
| 5 | 钮子开关 | 小型 | 5 只 | 电源开关 |

续表

| 序号 | 材料名称 | 规 格 型 号 | 数量 | 备 注 |
|---|---|---|---|---|
| 6 | 电源变压器 | 7W，输出 7.5V×4 组（独立） | 1 只 | 各绕组之间相互绝缘 |
| 7 | 电源变压器 | 10W，9.5V+5.5V+2V+2V | 1 只 | 0—9.5—15—17—19 |
| 8 | 电源变压器 | 10W，15V+15V | 1 只 | 0—15—30 |
| 9 | 三端稳压 IC | 7805 | 4 只 | 数字电表供电 |
| 10 | 三端稳压 IC | 7809 | 1 只 | 直流稳压电源用 |
| 11 | 三端稳压 IC | 7812 | 1 只 | 直流稳压电源用 |
| 12 | 三端稳压 IC | 7912 | 1 只 | 直流稳压电源用 |
| 13 | 铝散热器 | 15mm×10mm×20mm（宽×厚×高） | 4 只 | 配套稳压 IC 用 |
| 14 | 铝散热器 | 25mm×15mm×40mm（宽×厚×高） | 3 只 | 配套稳压 IC 用 |
| 15 | 整流桥 | 1A | 4 只 | 圆形 |
| 16 | 整流桥 | 3A | 1 只 | 单列 |
| 17 | 发光二极管 | $\phi$5 发光二极管（绿） | 1 只 | |
| 18 | 电解电容 | 1000u/25V | 3 只 | |
| 19 | 电解电容 | 470u/25V | 4 只 | |
| 20 | 电解电容 | 100u/25V | 7 只 | |
| 21 | 扬声器 | 100mm（8Ω/5W 方形） | 1 只 | 安装孔距（对角 115mm） |
| 22 | 保险管座 | 1A | 2 只 | PCB 板安装 |
| 23 | 电源插线 | 2 线插头（220V） | 1 条 | 含 8 字插座 |
| 24 | 天线插座 | 10×6×4mm | 20 只 | 安装孔径 4mm |
| 25 | 边框 | 铝合金槽 10mm×100mm×720mm | 1 条 | 做机箱侧面 |
| 26 | 后面板 | 玻纤板 300mm×160mm×1.2mm | 1 块 | 做机箱背面 |
| 27 | 前面板 | PCB 板 300mm×160mm×1.5mm | 1 块 | 按软件加工定做 |
| 28 | 底板 | PCB 板 300mm×100mm×1.5mm | 1 块 | 按软件加工定做 |

插座

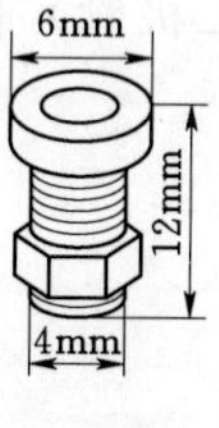


电源变压器

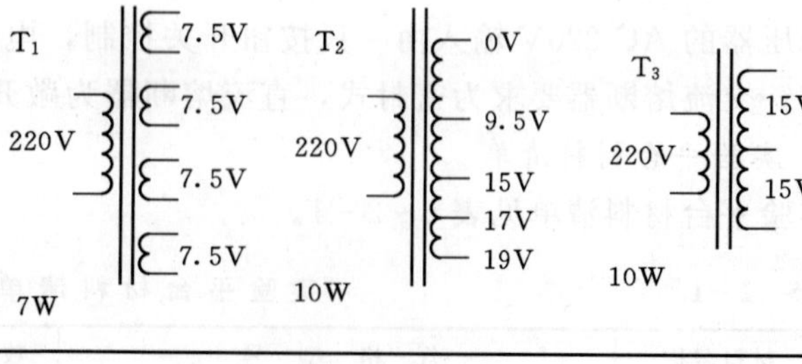


3. 实验平台 PCB 图

电源变压器如果不能定制，可以用原边为 220V、副边为 24V 或 36V 的变压器改造。将变压器副边拆开数出副边的匝数，从而折算出第一匝代表的电压值，根据实际副边的电压折算出值匝数用漆包线重新绕制。实验平台 PCB 底板和面板分别如图 5-2-1 和图 5-2-2 所示。

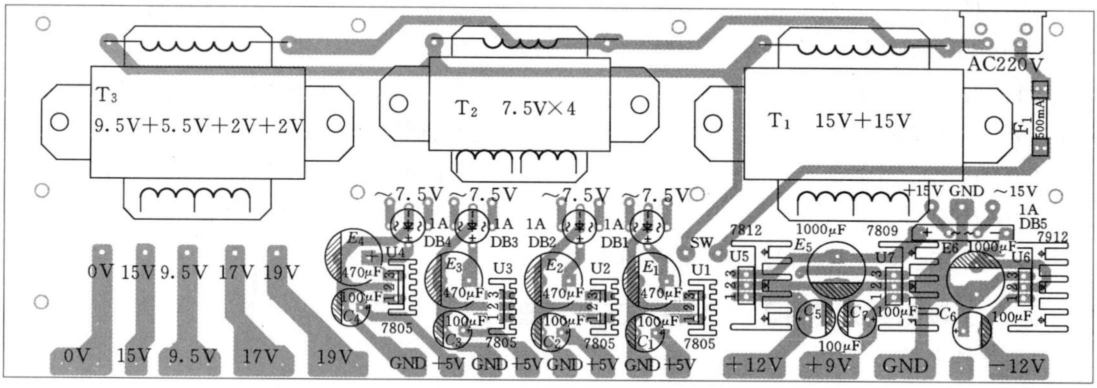


图 5-2-1　实验平台 PCB 底板

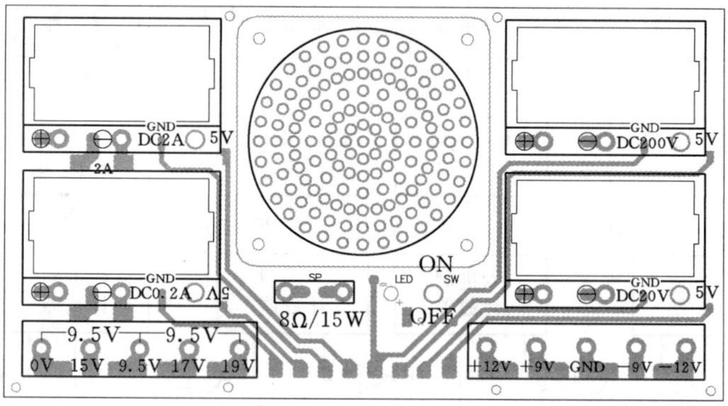


图 5-2-2　实验平台 PCB 面板

# 第三节　数字钟实训

## 一、课程目的

提出一个数字式显示计时器的设计任务，要求学生能够合理选用数字集成电路器件设计出单元电路和整机电路原理图，掌握一定的电路板布局、布线方法，掌握一定的数字电路故障原因分析和排除的能力。

## 二、任务要求

根据设计任务要求，首先选用合适的元件对单元电路进行设计，画出整机电路原理图；完成电路板布局、布线设计；然后进行安装调试和故障排除，直至实现任务的全部功能，要求做到电路板设计的布局、布线合理，走线简短清晰，工艺整齐美观，工作稳定可靠。具体任务要求如下：

（1）制作具有“时”（24 进制）、“分”和“秒”（60 进制）由发光数码管显示的计时器。

（2）具有校“时”、校“分”功能（把秒脉冲送到“时”或“分”计数器）。

（3）具有声响“整点报时”功能（59 分 51 秒、53 秒、55 秒、57 秒各响一声持续一秒的 1000Hz 的响声，59 秒响一声持续一秒的 500Hz 响声）。

（4）设计和完成几个“时钟”以外的功能，包括：①不同的报响方式；②“星期”显示；③6 位二进制状态的发光管显示；④74LS48 的 6 种错码显示。

（5）写出完整的综合实训报告，其中包括：实训目的和要求、整机电路方框图、主要元件清单及说明、单元电路基本工作原理、制作过程、故障现象的原因分析、判断和排除方法、心得体会，书面回答一些布置的思考问题。

## 三、了解相关元器件及电路基本工作原理

1. 整机电路方框图

数字钟整机电路方框图如图 5－3－1 所示。

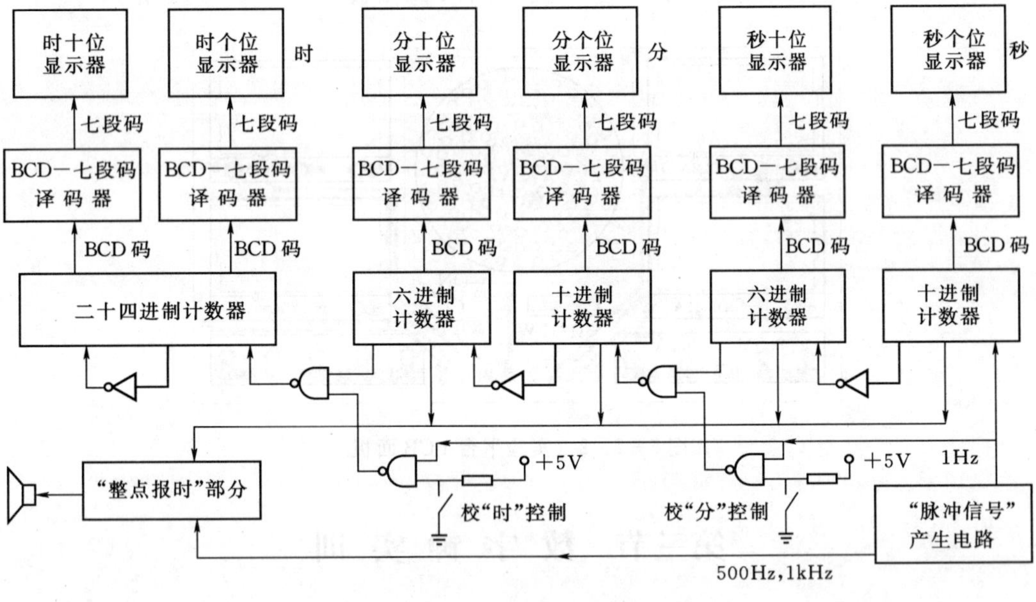


图 5－3－1 数字钟整机电路方框图

2. 了解相关元器件，收集资料

（1）共阴极七段发光数码管：了解内部结构示意图，封装引脚示意图。

（2）了解相关器件功能。

1）74LS160：十进制可预置加法计数器，引脚功能说明，功能表，时序图。

2）4060：二进制 14 级加法计数器/振荡器，引脚功能说明，振荡频率公式。

3）74LS00：四—二入与非门，逻辑功能电路。

4）74LS20：双—四入与非门，逻辑功能电路。

5）74LS04：六—反相器，逻辑功能电路。

（3）面包板：了解内部结构，并且进行必要的修整。

1. 共阴极七段发光数码管

共阴极七段发光数码管的内部由 7 只发光二极管构成“8”字的 7 个笔画，全部发光管的阴极接在一起构成公共阴极，每个发光管的阳极单独引出成为 $a$、$b$、$c$、$d$、$e$、$f$、$g$

7个引脚，一个发光二极管的正向压降为1.8～2.2V，流过发光管的电流在1～10mA发光管都能正常发光，因此使用内部电池为3V的万能表（也可以用两个一般的万能表串联起来代替），把挡位打到$R\times10$挡，红表笔接数码管的共阴极，黑表笔分别接$a$、$b$、$c$、$d$、$e$、$f$、$g$引脚，相应的笔画均能正常发光，则说明数码管是好的。

2. 二进制14级加法计数器/振荡器——4060

4060是一个内带振荡器电路的14位二进制加法计数器集成电路，在其内部集成了一个$RC$环形振荡器和14个级联的二进制加法计数器。并且振荡器的输出在内部已经连接到第一个计数器的输入端。只要在4060的9脚（OUT）接上一只反馈电容$C$，在10脚（OUT反相）接上一只反馈电阻$R$，在11脚（IN）接上一只限流电阻$R_S$，再把3只元件的剩余脚接在一起，便构成了$RC$环形振荡器的整个电路，再把计数器复位端RST置低电平，（正常计数）便可在计数器设置了输出端的$Q_n$得到振荡器振荡周期$N$次2倍或振荡频率的$N$次二分之一输出的脉冲信号。其内部振荡器电路如图5-3-2所示。

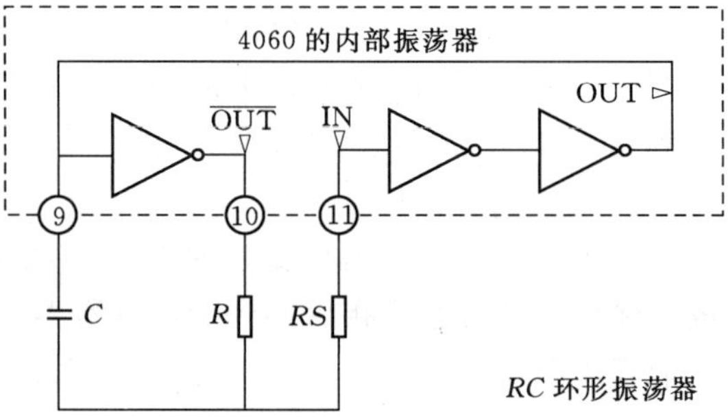

图5-3-2　4060内部振荡器电路

振荡周期　　$T=2.2RC$

振荡频率　　$F=\dfrac{1}{2.2RC}$

集成电路封装引脚号和引脚名的判别如下：

（1）把集成电路块有字符的一面面对自己并且字符正立，此时块子的左下角为第一脚，然后按逆时针方向数数，分别是2、3、4、5、6、…。

（2）在电路原理图上数字集成电路的$U_{CC}$和$U_{SS}$常常是隐藏的，$U_{CC}$是最大数字的引脚号，$U_{SS}$是$U_{CC}$引脚号的一半。如DIP—16的$U_{CC}$为16脚，$U_{SS}$则为8脚，DIP—14的$U_{CC}$为14脚，$U_{SS}$则为7脚。

## 四、如何实现任务提出的各项功能

1. 计时器主体电路

由脉冲产生电路，$N$进制计数器、译码器、显示器、相关的逻辑电路等构成。脉冲产生电路输出的“秒”脉冲送入计数器进行计数，计数结果（BCD码）经过译码器译成七段码，再送到显示器（七段发光数码管）以“时”、“分”、“秒”，其规定进制用阿拉伯数字形式进行显示。

2. 校“时”、校“分”功能的实现

把“时”（“分”）计数器的数据输入，从原来的由“分”（“秒”）计数器的进位脉冲提供改为由“秒”脉冲触发。此时，计数速度为正常计时的3600倍（60倍）。

3. “整点报时”功能的实现：

利用门电路的逻辑功能，把报响信号（由脉冲信号产生电路产生）按报响方式的要求

（4 声 1kHz＋1 声 500Hz 的响声）送入放大器放大后推动扬声器发出响声来实现。

4. 布置的思考问题

（1）计时器主电路由哪些部分组成？

（2）校“时”、校“分”的功能是怎么样实现的？

（3）“整点报时”的功能是怎么样实现的？

## 五、各单元电路的构成

1. 六十进制单元电路的构成

“分”和“秒”的显示分别需用到六十进制计数器，而通用的数字集成电路里面很难找到这样的计数器，但只要使用“反馈清零法”就可以很容易地达到任意进制的目的。

以六十进制为例，具体做法是：采用两个十进制计数器 U1、U2，把个位计数器 U2 的进位输出 $TC$ 经过反相后接到十位计数器 U1 的数据输入端 CLK，而十位计数器 U1 的输出端 $QB$ 和 $QC$ 经过一个二入与非门 UA 后，把 UA—$Y$ 同时接到两个计数器 U1、U2 的清零端 $MR$ 即可。

当个位计数器输入第十个脉冲时，它的进位输出端（$TC$），由高电平跳变低电平，是一个下降沿，经非门倒相后即为上升沿，用它触发十位计数器计一次数，U1—$QA$ 输出高电平。当第六个进位脉冲的上升沿输入时，U1—$QB$ 和 U1—$QC$ 同时为高电平，二入与非门 UA—$Y$ 输出低电平，致使两个计数器 U1、U2 同时清零，U1—$QB$ 和 U1—$QC$ 又同时为低电平，二入与非门 UA—$Y$ 输出高电平，U1、U2 又重新由 0 开始计数，实现了六十进制。六十进制单元电路如图 5－3－3 所示。

该清零过程还可作为向高位计数器（分计数器）进位的计数脉冲（CLK）使用：清零过程是一个高电平跳变低电平的过程（下降沿），经 UB 倒相后即为上升沿，可作为进位脉冲。

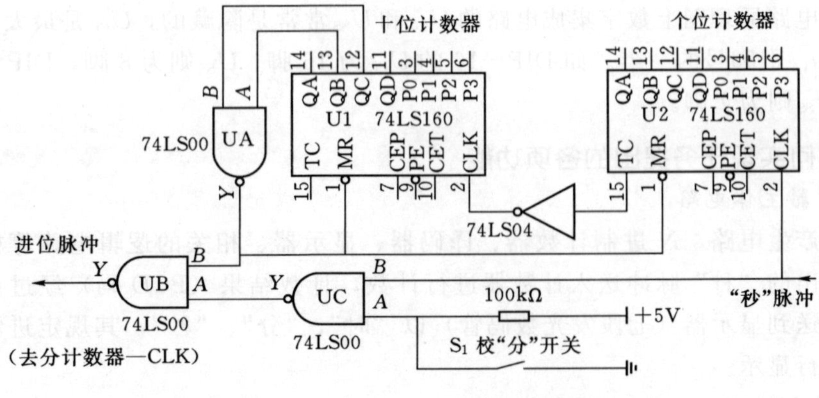


图 5－3－3 六十进制单元电路

2. 二十四进制单元电路的构成

“时”计数器的二十四进制，则只需把原来接十位计数器 $QC$ 的一端改为接个位计数器的 $QC$ 即可。

3. 布置的思考问题

（1）了解 74LS160 的各引脚功能，功能真值表和时序图并如图 5－3－12 所示。

（2）二十四进制计数器，与个位 $QC$ 连接的二入与非门输入端断开，会变成几进制？

（3）六十进制计数器，与十位 $QC$ 连接的二入与非门输入端断开，会变成几进制？

（4）试画出一个四十八进制计数器的方框示意图。

（5）UA—$Y$ 的清零过程是否可直接（不倒相）作为向高位计数器进位的计数脉冲使用？

4. 译码、显示单元电路的构成

一般的二进制计数器输出的是 BCD 码，需要使用 BCD—七段码译码器把其变成七段码来驱动七段发光数码管，显示出对应的阿拉伯数字 0～9 的显示方式，才能够让一般人都能够看懂。

具体的设计是：根据译码器的输出形式，选用共阳或共阴数码管。这里选用的译码器是 74LS48，输出形式为高电平有效，所以使用共阴极七段发光数码管作为显示器。

74LS48 的 $a$、$b$、$c$、$d$、$e$、$f$、$g$ 对应接到数码管的 $a$、$b$、$c$、$d$、$e$、$f$、$g$ 数码管，公共阴极经一个限流电阻接地，在 74LS48 的输入端 $A$、$B$、$C$、$D$ 输入 BCD 码，这样便完成了译码、显示单元电路。

5. 布置的思考问题

（1）了解 74LS48 的功能、作用如图 5－3－12 所示。

（2）了解 74LS48 的 6 种错码的显示方式，参考《数字电子技术基础》（华成英主编，高等教育出版社，2001 年）175 页。

（3）怎样用万能表检查发光数码管的好坏？

（4）了解发光数码管 $a$、$b$、$c$、$d$、$e$、$f$、$g$ 笔画和公共阴极的封装、引脚的排列位置顺序。

6. 脉冲信号产生电路

“秒”脉冲和“整点报时”分别需要用到 1Hz，500Hz，1000Hz 的脉冲信号，如果使用 COMS 数字集成电路 4060（14 级二进制加法计数器/振荡器）来完成，则只需要在 4060 的 9、10、11 脚分别接上相应的外围元件，使其内部振荡器的振荡频率为 16.384kHz，使 12 脚 $RST$ 置低电平（正常计数），此时便可同时在 $Q_4$ 输出端得到 1024Hz（经过 4 次两分频），$Q_5$ 输出端得到 512Hz（经过 5 次两分频），$Q_{14}$ 输出端得到 1Hz（经过 14 次两分频）各种频率的脉冲信号。（作为实验，则只要使振荡频率接近即可。）

只要使用万能表的直流 10V 电压挡，就可以方便地检查 $Q_{14}$ 输出端的 1Hz 左右脉冲信号是否有输出，可以看出万能表的表针按脉冲的周期性地摆动。

7. 布置的思考问题

（1）画出 4060（14 级二进制加法计数器/振荡器）的内部方框示意图，参考《数字电子技术基础》（华成英主编，高等教育出版社，2001 年）283、416 页，如图 5－3－12 所示。

（2）如果 4060 的 $Q_{14}$ 输出信号的频率为 5Hz，那么它的 $Q_4$，$Q_5$ 输出信号的频率应为多少？

（3）4060的复位端（$RST$）为高电平时，其内部计数器是否能正常计数？

（4）怎么样用万能表判断4060的$Q_{14}$输出端是否有脉冲（频率1Hz左右）输出？

8. 计时器主体电路（$N$进制计数器）的工作原理

（1）以秒计数器为例说明，参考图5-3-4。脉冲信号产生电路输出的“秒”脉冲（4060的$Q_{14}$输出）送到“秒”个位计数器（U12—CLK）进行计数，计数结果是BCD码，由译码器（U6）译成七段码，驱动七段数码管（DS6）显示“秒”个位的计数结果。当第9个脉冲信号输入时，“秒”个位计数器（U12）的进位输出端（$U_{12}$—$TC$）由低电平跳变为高电平（上升沿）；（参见图5-3-12中74LS160的时序图）第10个脉冲输入时，它由高电平转为低电平（下降沿）；因计数器74LS160的数据输入端$CLK$需由上升沿触发，所以该进位脉冲如果直接触发“秒”十位计数器，计数到第9个脉冲时，显示器的显示是19，计数到第10个脉冲时，显示的是10，显然进位被提前了一个脉冲周期。如果该进位脉冲经过一个非门U13A倒相后（上升沿变成了下降沿，下降沿变成了上升沿），再送到“秒”的十位计数器U11—$CLK$，才可以达到正确进位的要求。

“秒”十位计数器U11按个位计数器U12的进位脉冲进行计数，并输出计数结果BCD码，经译码器U5译码，由数码管DS5显示“秒”十位的计数结果；当第6个进位脉冲输入时，U11—$QB$，—$QC$同时为高电平，使所接的二入与非门（U14A）输出低电平，致使U11和U12同时清零，从而实现六十清零的目的，“秒”计数器重新开始计数。

同时该低电平跳变（下降沿）经反相后又可作为“分”计数器的计数脉冲。

“分”和“时”计数器的工作原理与“秒”计数器的工作原理相同。

（2）校“时”校“分”电路的工作原理。以校“分”电路为例进行说明（见“秒”60进制及校“分”功能示意图，即图5-3-3：

当正常计时的时候，校“分”开关$S_1$接通，给二入与非门UC—$A$脚置低电平，该门关闭，秒脉冲不能经过UC，并且该门输出UC—$Y$为高电平（有0出1），致使UB—$A$为高电平，UB—$B$与UB—$Y$相当于是一个非门，此时“秒”计数器的进位脉冲（实际上是清零过程，周期为60s）可经过UB向“分”计数器—$CLK$提供触发脉冲。

“秒”计数器的进位脉冲实际上只是一个瞬间的低电平跳变，每60s周期内几乎都是高电平。因此，这将近60s的期间内，UB—$A$与UB—$Y$相当于一个非门。

当校“分”开关断开时，+5V经100kΩ电阻给UC—$A$置高电平，（UC—$B$与UC—$Y$相当于一个非门），“秒”脉冲此时便可经两个“非门”（UC—$B$、—$Y$和UB—$A$、—$Y$）进入“分”计数器，使“分”计数器以“秒”脉冲周期进行计数，计数速度为原来的60倍，实现了校“分”功能的目的。

校“时”电路的工作原理与校“分”电路相同。

（3）布置的思考问题

1）校“分”电路不能工作时，应如何进行检修？

2）进行校“分”功能时，“分”计数器的计数脉冲由什么提供？

3）进行校“时”功能时，“时”计数器的计数速度是正常计时的多少倍？

9. “整点报时”电路的工作原理

（1）“整点报时”的方式。当每到 59 分 51 秒开始，扬声器发出持续 1s 的 1000Hz 的响声，间隔 1 秒、…、58 秒之前共响四响声，59 秒开始再发出持续 1s 的 500Hz 的响声。结束的时候为 00 分 00 秒，共 4 声加 1 声。实现该功能的方法为：利用门电路的逻辑功能把脉冲信号产生电路输出的 1000Hz 和 500Hz 脉冲按要求送到 $Q_1$ 放大后推动扬声器发出报时响声。

（2）“整点报时”电路的工作原理（见图 5-3-4）。

1）当时钟走到 59 分 50 秒的时候 U9—$QA$，U9—$QC$，U10—$QA$，U10—$QD$，U11—$QA$ 和 U11—$QC$ 同时为高电平，至使 $VD_1$—$VD_6$ 全都截止，+5V 经过 $R_5$ 给 U16A—2 置高电平，U16B—12 置高电平（持续 10s）。

2）50～58 秒时，U12—$QD$ 为低电平，至使 U16A—1 为低电平，U16A 的输出为高电平，至使 U15C—9 置高电平（此时，U15C 的 10 脚与 8 脚可认为相当于一个非门），同时该低电平经 U13F 倒相后给 U16B—13 置高电平（持续 8s）。

3）51～52 秒，53～54 秒，55～56 秒，57～58 秒 U12—$QA$ 为高电平，至使 U16B—10 脚置高电平，1000Hz 脉冲信号按此规律经过 U16B、U15C、$R_3$ 进入三极管 $Q_1$ 的基极，扬声器从第 51 秒开始，发出四声持续 1s，间隔 1s，频率为 1000Hz 的响声。

4）58～00 秒时，U12—$QD$ 为高电平，经 U13F 倒相后给 U16B—13 脚置低电平，U16B—1 输出高电平，至使 U15C—10 置高电平（此时 U15C 的 9 脚与 8 脚可认为相当于一个非门）同时该高电平给 U16A—1 脚置高电平（持续 2s）。

5）59～00 秒时，U12—$QA$ 为高电平，至使 U16A—4 脚为高电平（此时 U16A 的 5 脚与 6 脚可认为相当于一个非门）。

6）此时，U16A—2 仍然是高电平，（59 分 50 秒～00 分 00 秒持续 10s）所以 500Hz 的脉冲信号经过 U16A、U15C、$R_3$ 进入三极管 $Q_1$ 的基极，扬声器从 59 秒开始，发出一声持续 1s，频率为 500Hz 的响声，结束的时候为 00 分 00 秒。

（3）布置的思考问题。

1）把 $VD_1$、$VD_2$ 拆除，会变成几分钟报响一次？再把 $VD_3$、$VD_4$ 拆除又会怎么样？

2）想让时钟每 20s 报响一次，怎么实现？为什么？

3）把原来接 U12—$QA$ 的一端改为接 U12—$CLK$ 报响效果会发生什么变化？原因是什么？

4）三极管 $Q_1$ 工作在什么工作状态？效率是高还是低？为什么？

5）要求最后一响结束的时候为 40 分 20 秒，要怎么样做？

6）多输入端与非门的任意两个输入端可否调换使用？

## 六、制作步骤

### （一）应该具备的工具

（1）万能表，最好有内置电池为 3V，以方便发光数码管的检测。

（2）剥线钳、剪线钳、尖嘴钳（剪口要求要锋利）。

（3）各式螺丝刀等。

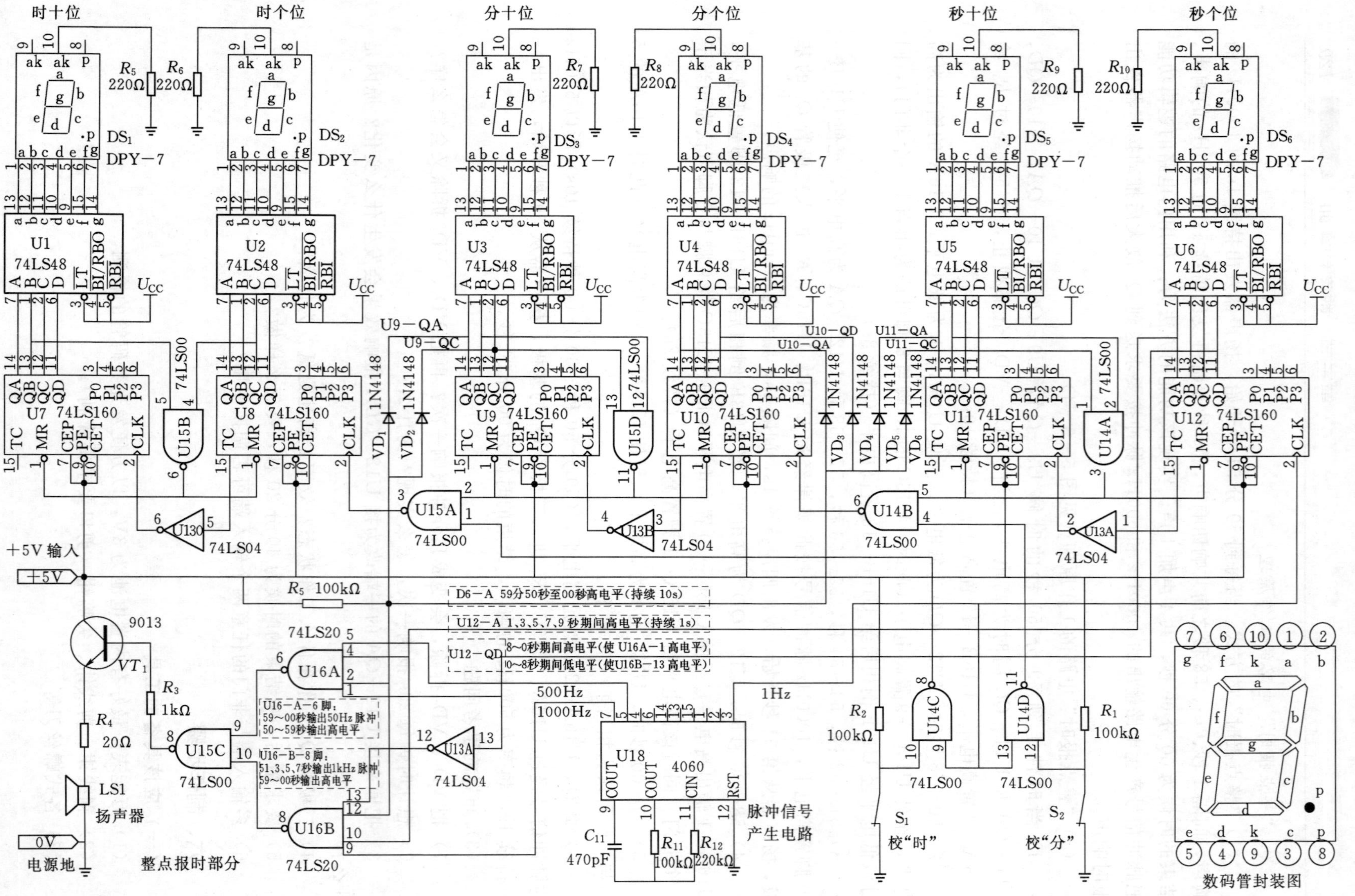


图 5－3－4　数字时钟整机电路原理图

### （二）制作前的工作

（1）把面包板原有的插线和元件全部拆除，把紧固螺丝卸下观察和了解面包板的结构，对下陷的弹片用工具顶回原来的位置。（该工作很重要，应充分重视，否则做到后面才发现，则会很麻烦!!）。

（2）用万能表检查元件质量，发现损坏的应及时提出要求更换。

（3）首先需要考虑好布局，尽可能做到使连线最短，元件摆布均匀整齐，走线成直线或直角转弯，并避免交叉和重叠，以方便以后调试时检查电路。

（4）布局可参考给出的元件布局图，根据布线要求和制作步骤，用铅笔在布局图上画出走线图，该工作要有耐心，可能要经多次修改才能做出满意的结果。最好每完成一步走线设计，分别用不同的颜色进行区分，（以方便最后面检修）然后开始制作。

（5）进行接线时，塑料导线用剥线钳剥去约 7～8mm，（不应过长或过短）然后用尖嘴钳弯曲 90°，再用尖嘴钳钳住转弯处把线头插到面包板的孔里，但不能用钳子等工具强行地打进去（野蛮操作），然后整理导线成型到需要的位置，预留长度约 10mm 然后剪断，剥去 7～8mm 的塑料皮，弯曲 90°，再用尖嘴钳把线头钳住插进面包板的孔里。

### （三）制作步骤

可考虑按四个步骤进行制作。

（1）完成 6 个单独的一位十进制计数器、译码驱动、数码管显示电路和脉冲信号产生电路。并通电进行检验，发现故障应分析原因，判断故障位置和及时进行排除。

（2）要求电路做到接线牢固，工作可靠，工艺美观。

（3）将 6 个计数器每两个级联，构成两个六十进制（分和秒）和一个二十四进制（时）的计数、译码、显示电路。要求做到通电试验能完成相应的进制及工作正常、可靠。

（4）进行校“时”和校“分”功能的制作，并通电试验能正常工作。

（5）“整点报时”电路的制作，可先模拟到了 59 分 50 秒进行通电试验（结果是，能够一直都按 4+1 的规律报响），然后再改为“整点报时”（每到 59 分 51 秒开始报响）。

1. 第一步：制作 6 个单独的“一位十进制，数码管显示的计数器”和脉冲产生电路

（1）把每个集成电路的 $U_{CC}$ 和 $U_{SS}$ 分别连接到电源+5V 和电源地，原理图上数字集成电路的 $U_{CC}$ 和 $U_{SS}$ 常常是隐藏的，它们分别是封装的最大数字引脚号（左上角最边一个）和与之对角的引脚号（右下角最边一个）如 DIP—16 是 16 和 8 脚，DIP—14 是 14 和 7 脚。

（2）把每个 74LS48 的 $a$、$b$、$c$、$d$、$e$、$f$、$g$ 分别连接到数码管的 $a$、$b$、$c$、$d$、$e$、$f$、$g$。

（3）把每个数码管的公共阴极经一个 200Ω 的电阻接地。

（4）分别把 74LS160 的 $QA$、$QB$、$QC$、$QD$ 分别连接到 74LS48 的 $A$、$B$、$C$、$D$。

（5）可先让 74LS48 的 3、4、5 脚和 74LS160 的 7、9、10 脚悬空。

（6）把 4060 的 $COUT$、$\overline{COUT}$、$CIN$（9、10、11 脚）分别接上相应的外围元件，把 $RST$（12 脚）接地。

（7）通电调试。

1）确认电源输入端没有短路的故障，用万能表 $R\times1$ 挡测量电源与地两端的电阻应远大于0。如果有短路故障（电阻接近为0），则不允许通电，应先进行故障排除。

2）先检查稳压电源输出电压应为5V，误差小于±0.2V。然后把稳压电源的输出电压接通到电路，电源的正/负极不能接错，注意电源引线不要被形成短路（注意操作规范）。

3）用万能表10V挡检查4060的 $Q_{12}$，$Q_{13}$，$Q_{14}$ 输出端脉冲是否正常，然后选择频率合适的输出端（$Q_{12}$、$Q_{13}$、$Q_{14}$）。

4）把频率合适的脉冲信号分别输入到各个计数器的 $CLK$，若电路工作正常，该计数器对应的数码管应能按顺序显示0～9。（注意不能使两个不同单元的输出端直接连接，如无意地把 $Q_{13}$ 与 $Q_{14}$ 直接连接在一起，后果是4060没有脉冲输出，甚至因此引起集成电路的损坏。）

5）把74LS48的"试灯"或"灭灯"分别置低电平，应能显示"8"和"全灭"。

6）如果需要，则暂时给74LS160的 $MR$ 置高电平，再给74LS160的 $CLK$ 端输入秒脉冲，看是否能按顺序正常显示0～9，如果能，则拆除连线，结束第一步试验。

7）发现有不正常的情况，应当要先排除故障，直至正常后，才进入下一步的制作。

（8）主要故障现象分析和排除。

1）数码管能有显示，但不正常。

a. 计数不正常。先检查74LS48和74LS160集成电路块的16与8引脚间是否等于电源电压，表笔要接到它们的引脚上，测量结果5V，误差小于±0.1V，否则应查找原因。

b. 错笔画，检查数码管的 $a$、$b$、$c$、$d$、$e$、$f$、$g$ 连接是否有错。

c. 缺笔画，检查数码管的 $a$、$b$、$c$、$d$、$e$、$f$、$g$ 连接有没有连通，数码管是否完好。

2）数码管表现"全灭"。

a. 先把74LS160的 $MR$ 置低电平，若能正常显示"0"，则按数码管显示"0"继续调试检查74LS160和74LS48集成电路块的16与8引脚之间是否等于电源电压，表笔接到它们的引脚上，测量结果+5V，误差范围为±0.1V。

b. 数码管公共阴极与电源地的回路是否开路或所接的电阻阻值过大，数码管是否良好。

c. 74LS48的 $A$、$B$、$C$、$D$ 输入端同时悬空。

3）输入脉冲时，数码管不是按0～9顺序显示，应用74LS48R的错码判断 $A$～$D$ 是否悬空。

a. 先把74LS160的16脚（$U_{CC}$）悬空，再把74LS160的 $QA$、$QB$、$QC$、$QD$ 引脚分别置低电平，数码管应分别显示三个相应的错码和"7"，参考《数字电子技术基础》（华成英主编，高等教育出版社，2001）175页。

b. 如果某个引脚没有反应（不能显示相应错码），则是该引脚与74LS48的相应的引脚连接开路。该故障比较普遍，应该思考和理解其原因。

4）数码管按0～1显示。

把74LS160的清零端临时接高电平（完成后拆除），如能正常按0～9顺序显示即可。

5）4060没有脉冲输出。用万能表CD10V挡进行检查，复位端（$RST$）没有置低电平，外围元件（$C_{11}$、$R_{11}$、$R_{12}$）接触不良。

6）确认外围电路没有问题后，还需考虑对应的74LS160、74LS48是否损坏，解决的方法是：把怀疑损坏的集成电路与其他能正常工作的同型号集成电路调换，作出判断，然后要求更换。

7）布置的思考问题。

a. 先把74LS160的16脚（$U_{CC}$）悬空（相当于74LS48的$A$、$B$、$C$、$D$被全部置为了高电平），再把74LS160的$QB$置低电平，等于给74LS48置什么数据？数码管应该显示什么？为什么？

b. 74LS48的输入端$A$悬空，输入脉冲时数码管按顺序显示什么？为什么？

c. 74LS48的输入端$B$悬空，输入脉冲时数码管按顺序显示什么？为什么？

d. 74LS48的输入端$C$悬空，输入脉冲时数码管按顺序显示什么？为什么？

e. 74LS48的输入端$D$悬空，输入脉冲时数码管按顺序显示什么？为什么？

f. 74LS48的$A$、$B$、$C$、$D$同时悬空数码管显示什么？为什么？

g. 74LS48的输入端$A$和$B$同时悬空，输入脉冲时数码管按顺序显示什么？

h. 发光数码管的阴极为什么要接一个200Ω电阻，如何求算它的阻值？

2. 第二步：每两个一位计数器联级，构成两个六十进制和一个二十四进制计数器

下面以秒计数器（60进制）为例说明。

（1）把U12的进位输出（$TC$）经一个非门U15A连接到U11的数据脉冲输入（$CLK$）完成个位向十位进位。

（2）把U11的$QB$和$QC$分别接到一个二入与非门的两个输入端，（U14A—1和U14A—2）该门的输出端（U14A—3）同时接到U11和U12的清零端（$MR$）。

（3）把上述清零端一起连接到一个二入与非门的其中一个输入端（U14B—5），其剩下的一个输入端（U14B—4）可暂且悬空，该门的输出端（U14B—6）则接到“分”计数器的脉冲数据输入（U10—2脚）。

（4）“分”（60进制）和“时”（24进制）计数器，只需参照“秒”计数器进行即可。

（5）几点说明。

1）每个74LS00的内部包含四个独立的并且相同的二入与非门，因此可根据布线的需要灵活使用。并且每个二入与非门的输入端也是可以相互调换使用的。

2）个位计数器的进位输出需要经一个反相器接到十位的脉冲输入端的原因是，74LS160的$LCK$是由上升沿触发的。如果不经倒相，进位被提前了一个“秒”脉冲周期。

3）与门及与非门的输入端悬空，可默认为是等于被置了高电平。

（6）通电调试。

1）通电后，在“秒”计数器输入脉冲，应能正常计数，当计数到“59”后，再输入一个脉冲，则显示“00”。并向“分”计数器进一个计数脉冲，完成了六十秒进一分。

2）把数据脉冲改接到4060的$Q_{10}$或$Q_7$以提高脉冲信号的频率，可使计数速度快些，并观察“分”和“时”计数器的工作是否正常。但要注意不能使两个不同单元的输出端直接连接，这样做的结果很容易损坏集成电路，如$Q_{14}$与$Q_{10}$被直接连接。

（7）主要故障现象分析。

1）该步骤的故障原因多是因为连线错误、连接点假接，可用万能表进行判断。

2）不能计数或不能实现所需进制的原因：相应的二入与非门输入端全部悬空或某一个悬空。

3）4060的两个输出端被连在一起了，后果是没有脉冲输出，甚至引起集成电路损坏。

4）集成电路供电不正常，有可能是本身损坏（外围电路确认无误后，用调换法判断）。

（8）布置的思考问题。

1）个位计数器的进位输出端，直接连接到十位计数器的脉冲数据输入端，能否正常工作，数码管的表现怎么样？（可模拟试试，注意不要直接短接该反相器的输入和输出端。）分析其原因。

2）74LS160的 $QD$ 对 $LCK$ 实现了几分频，可否用它作为高位计数器的进位脉冲？为什么？

3）4060的 $Q_{14}$ 输出信号的频率如果是1Hz那么它的 $Q_{10}$，$Q_8$，$Q_6$ 输出的频率应该是多少？

4）为什么任意单元电路的输出端不可以与“$U_{CC}$”、“地”或其他单元的输出端直接连接？

3. 第三步：校“时”校“分”电路的制作

下面以校“分”电路为例进行说明：

（1）选取一个二入与非门把它的输出端（U14D—11）接到上一步中悬空的引脚（U14B—4）。

（2）把该与非门的一个输入端（U14D—13）接到“秒”脉冲上（U12—2），而另一个输入端（U14D—12）则经一个100kΩ的电阻接到＋5V上，同时还把该输入端经一个开关接地，便完成了校“分”电路的制作。

（3）校“时”电路的制作只需参照校“分”电路进行即可。

（4）通电调试。把校“分”开关断开为时钟正常走时，开关接通时为校“分”功能，此时可看到“分”计数器和“秒”计数器一起同时按“秒”脉冲周期进行计数。

（5）故障现象排除。

1）不能校“分”故障的检修：先确认“分”计数器能按“秒”的进位脉冲进行计数，确认校“分”开关断开，＋5V经100kΩ的电阻向U14D—12脚提供高电平。

2）用万用表10V挡检查“秒”脉冲（万能表的指针会按“秒”周期来回摆动）能否进入“分”计数器的 $LCK$ 数据输入端。

3）“秒”脉冲不能进入“分”计数器可能是因为集成电路的供电不正常、连接线存在开路或错误、集成电路块损坏。

（6）布置的思考问题。

1）进行校“时”功能的时候，“时”计数器的计数速度比正常计时的速度快多少？

2）什么原因会导致校“分”开关不能控制校“分”功能的停止（即正常计时）？

4. 第四步："整点报时"功能的制作

（1）把三极管 $Q_1$ 的集电极接到＋5V 上，发射极留空，到调试时接到扬声器。

（2）把三极管 $Q_1$ 的基极经 1kΩ 电阻接到一个二入与非门的输出端（U15C—8）该门的两个输入端分别接到两个四入与非门的输出端（U16A—6、U16B—8）。

（3）分别把两个四入与非门的各一个输入端（U16A—4、U16B—10）和 U12—$QA$ 连接在一起。

（4）把一个四入与非门输入端（U16A—1）接到 U12—$QD$，并且再经过一个非门（U13F）连接到 U16B—13。

（5）再把 U16A—5 接到 U18—$Q5$（500Hz 输出），U16B—9 接到 U18—$Q4$（1000Hz 输出）。

（6）把 U16A—2 脚、U16B—12 脚连接在一起经过一个 100kΩ 电阻接到＋5V，但 $VD_1$～$VD_6$ 先全部不接，模拟一直都是 59 分 50 秒～00 分 00 秒。

（7）接好扬声器然后通电试验，应该能按"4 ＋ 1"的方式一直报响，否则应先排除故障。

（8）把 $VD_5$、$VD_6$ 接好，通电试验应是每分钟报响一次；再把 $VD_4$、$VD_3$ 接好，通电试验是每十分钟报响一次；再把 $VD_2$、$VD_1$ 接好，通电试验是每六十分钟报响一次。

（9）故障现象排除（按电路原理图电路分析）。

1）先不接 $VD_1$～$VD_6$，对报响电路来说，等于模拟一直都是处于 59 分 50 秒～00 分 00 秒期间，若电路正常，通电后应该一直都在报响。

2）用万用表直流 10V 挡，检查 U15C—8 脚是否有报时信号输出，若电路正常，应是有持续 1s 间断 1s，约 2V 左右的电平。如果有，则可认为故障出在以后的电路，应检查 $R_3$ 以后的电路直至扬声器。如果没有，则按以下方法继续检查。

3）检查 U16A—6 脚是否 0～9 秒高电平，9～0 秒有 2V 左右的脉冲电平；U16B—8 脚 09～00 秒高电平，在 1、3、5、7 秒持续 1s 的，2V 左右的脉冲电平。如果有，则检查 U15C 相关的电路，如果没有，则按以下方法继续检查。

4）检查 U16A—5 脚和 U16B—9 脚是否有 2V 左右的脉冲电平。

a. 检查 U16A—1 脚 0～8 秒应是低电平，8～0 秒高电平；U16B—13 脚应是 0～8 秒高电平，8～0 秒低电平。

b. 检查 U16A—4 脚 U16B—10 脚是否持续 1s，间断 1s 地，出现有高电平。

c. 检查有关集成电路块的供电是否正常，是否已经损坏。

（10）布置的思考问题。

1）想让时钟每 20s 报响一次，要怎么实现？为什么？

2）把原来接 U12—$QA$ 的一端改为接 U12—$CLK$，报响效果会发生什么变化？为什么？

3）想要最后一响结束的时候为 30s 整，应该怎么样做？

4）为什么用万用表测量报响脉冲的电平是 2V 左右？

5）为什么说 U16A—6 脚在 0～9 秒期间都是高电平？

## 七、考核方式（供参考）

（1）电路制作：总分100分。

电路制作考核要求见表5－3－1。

表5－3－1 考核要求

| 序号 | 任务和要求 | 实训时间为两周 | 实训时间为三周 |
|---|---|---|---|
| 1 | 板面工艺（布局，布线要求，工作稳定） | 20分 | 15分 |
| 2 | 基本功能（能正常计时） | 50分 | 45分 |
| 3 | 校“时”校“分”电路 | 20分 | 15分 |
| 4 | “整点报时”电路 | 10分 | 15分 |
| 5 | “时钟”以外功能电路 | （不要求做） | 10分 |

（2）考试（闭卷，笔试）：总分100分。

（3）综合实训报告：总分100分。

（4）“总评”的计分方法：考试（闭卷，笔试），占总评50%；电路制作，占总评30%；综合实训报告，占总评20%。

实训过程中，组织学生讨论一些思考问题及选做部分的设计方法，回答正确的记录加分，回答错误的可以不扣分。

电路制作过程中考核学生的基本技能，有如下情况者每次扣2分：元件判别错误（元件质量不会检测，参数表述错误等）；元件描述不规范（不会表达元件参数，编号等）；操作不规范（不注意安全事项，野蛮操作等）。

## 八、综合实训报告内容与要求

（1）实训目的和任务要求：自己在这个课程中希望达到的目标，按要求要完成的工作任务。

（2）设计任务和基本工作原理：整机基本原理，方框图，单元电路详解。

（3）相关元器件描述及清单列表，完成集成电路功能说明（图5－3－12），并附在实训报告中。

（4）制作过程：面包板布局、布线图。在整制作过程中遇到什么困难，是如何解决的，获得什么经验和、提出自己的见解。

（5）所遇到故障现象的原因分析、判断过程、排除过程：凡是自己所遇到的，所看见的，或是模拟的故障现象都可以提出。但应该要有理论分析，判断过程和具体的排除方法描写。

（6）心得体会：学到了些什么；了解、理解到些什么；掌握了些什么，体会到什么等。

（7）把布置的平时作业做好，附在实训报告的最后面。

（8）全文要求书写工整，内容充实，页数为10页左右。

## 九、选做“数字时钟”以外的一些单元电路的设计与实验

中规模集成计数器电路，除具有计数的基本功能外，常增加有清零；预置数据输入，

控制；进位（借位）等功能的使能端子。因此，除了弄清其计数功能以外，还应弄清它们的各种附加功能的使用方法。可考虑采取以小组集体完成的方法进行，（完成设计和制作）

（1）六位二进制状态显示（用发光数码管的 $a$、$b$、$c$、$d$、$e$、$f$ 笔画代替），并且用两位十进制计数显示器进行同步对应显示。

要求：

| 六位二进制状态 | 数码管 $a$，$b$，$c$，$d$，$e$，$f$，显示 | 两位十进制计数器显示 |
|---|---|---|
| 第一轮显示 | 笔画“全灭” | 显示“ 00 ” |
| 第一轮显示 | 笔画“a”亮 | 显示“ 01 ” |
| 第一轮显示 | 笔画“b”亮 | 显示“ 02 ” |
| | …… | 显示　…… |
| 第一轮显示 | 笔画“$a$，$b$，$c$，$d$，$e$，$f$”亮 | 显示“ 63 ” |
| 第二轮显示 | 笔画“全灭” | 显示“ 64 ” |
| 第二轮显示 | 笔画“$a$”亮 | 显示“ 65 ” |
| 第二轮显示 | …… | 显示　…… |
| 第二轮显示 | 笔画“$a$，$b$，$c$，$d$，$e$，$f$”亮 | 显示“ 27 ” |

提示：

1）4060 的输出端只有 $Q_4 \sim Q_{10}$ 是连续的，并且必需全都要用到。整个电路还需要用到两个非门，需要增加两个 0.1～0.47μF 的电容。

2）4060 要设计开机清零电路，方法是：把 $RST$（清零）端经一个 100kΩ 电阻接地，同时还需要经一个 0.1～0.47μF 电容接到＋5V。使开机的瞬间 $RST$ 置高电平。（清零）

3）先设计电路原理图，然后根据原理图制作，发现不完善，思考原因，然后设法解决。

4）4060 的 $Q_4$ 输出脉冲信号的频率应在 0.5Hz 左右，较适合于观察结果，思考如何做到。

（2）显示出 74LS48 的六种错码。

要求：用一个数码管显示出 74LS48 的 16 种输出，对照《数字电子技术基础》（华成英主编，高等教育出版社，2001）175 页。

提示：

1）需要用到四位二进制计数器的 16 种输出状态（4060 是 14 位二进制计数器）。

2）用以上电路的二位十进制的计数器/显示器对应该数码管的显示。

3）当二位十进制计数器/显示器显示 10～15 时：数码管出现“错码”—“灭灯”。

（3）“星期”显示（七进制，显示 1～7）。

要求：

1）把“分”计数器改成二十四进制，那么它的进位输出是“天”脉冲。

2）把“时”计数器改成七进制变成“星期”计数器，把“天”脉冲送入“星期”计数器，要求显示方式为 1～7，即不出现 0（需要用到置数功能）。

提示：可参考《数字电子技术基础》（华成英主编，高等教育出版社，2001）320 页。

## 十、几个选做的参考电路原理图

几个选做的参考电路原理图如图 5－3－5～图 5－3－7 所示。

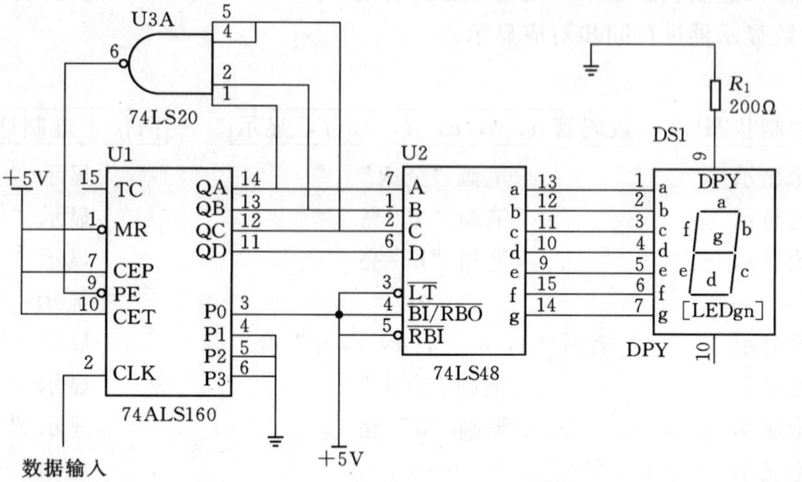


图 5－3－5　预置数为“1”的，七进制加法计数器原理图（显示结果为 1～7）

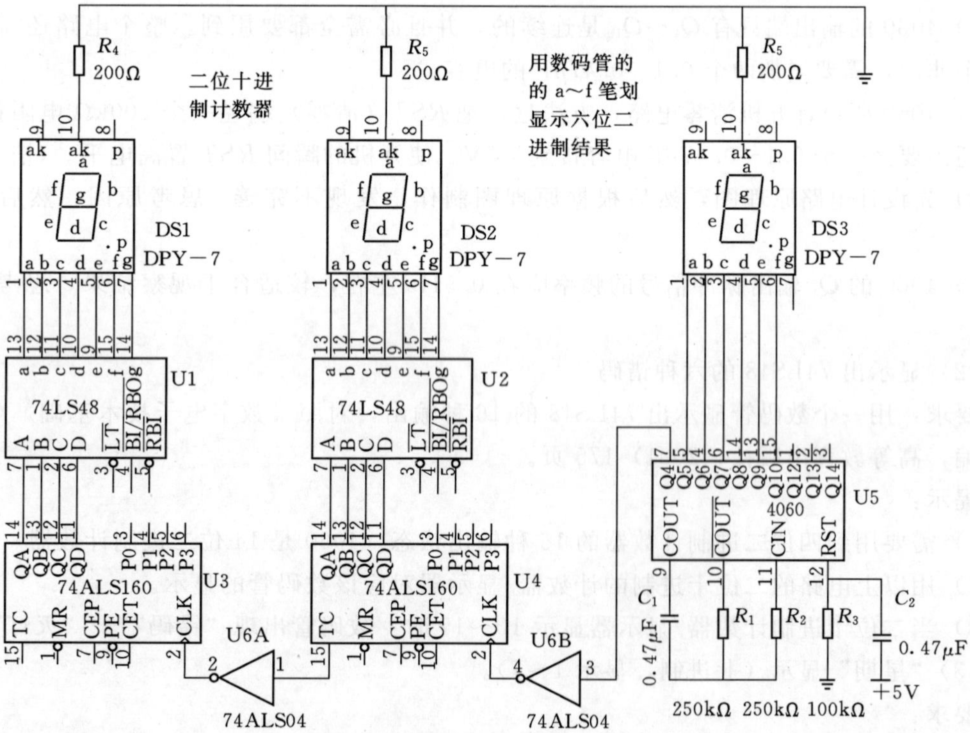


图 5－3－6　二位十进制加法计数器，六位二进制加法计数器的同步对应显示原理图

## 十一、布局、布线图（供参考）

布局、布线图如图 5－3－8～图 5－3－10 所示。

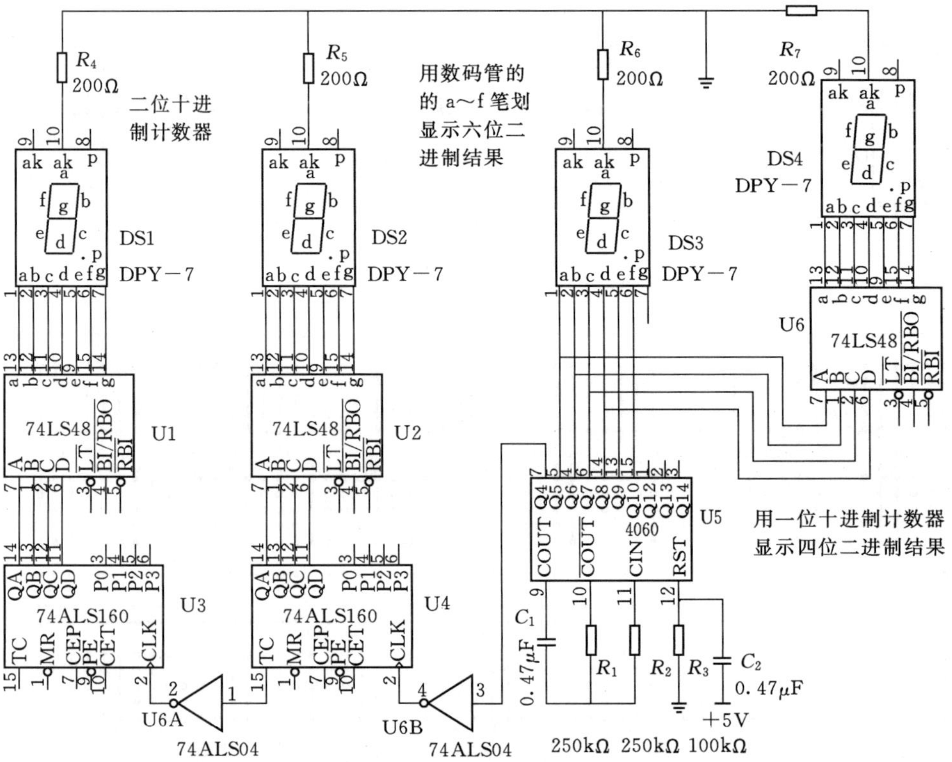


图 5-3-7　两位十进制计数器六位二进制状态同步对应显示

## 十二、有星期显示数字时钟整机电路工作原理图

有星期显示数字时钟整机电路原理图如图 5-3-11 所示。

## 十三、有星期显示数字时钟的说明

1. “星期” 显示

一个预置数为 1 的七进制计数器显示每星期的星期一至星期日，但不显示“0”（星期日用“7”来表示），需要用到 74LS160 的置数功能，参考《数字电子技术基础》（华成英主编，高等教育出版社，2001）175 页。

2. “秒” 显示

“时”和“分”的工作原理与原电路相同，而“秒”的显示改成用二进制状态显示，数码管的 $b$、$c$、$d$、$e$、$f$、$g$ 共 6 个笔画的发光管（不使用“$a$”笔画，原因是使 59 的显示是一个“H”）分别显示由低到高的六位二进制数字的状态。

当数码管“全灭”时，表示的计数结果为“0”；“$b$”单独点亮时表示“1”；“$c$”单独点亮时表示“2”；“$b$”“$c$”同时点亮时表示“3”，…。当“$b$”“$c$”“$e$”“$f$”“$g$”5 个笔画同时点亮时表示为“59”。（此时数码管显示的是一个“H”的字形，对应的是 $b+c+e+f+g$，即 $1+2+8+16+32=59$），继续再加“1”时，则为“60”，此时，应向分计数器进一，“秒”显示应为“0”（数码管状态显示为“全灭”）

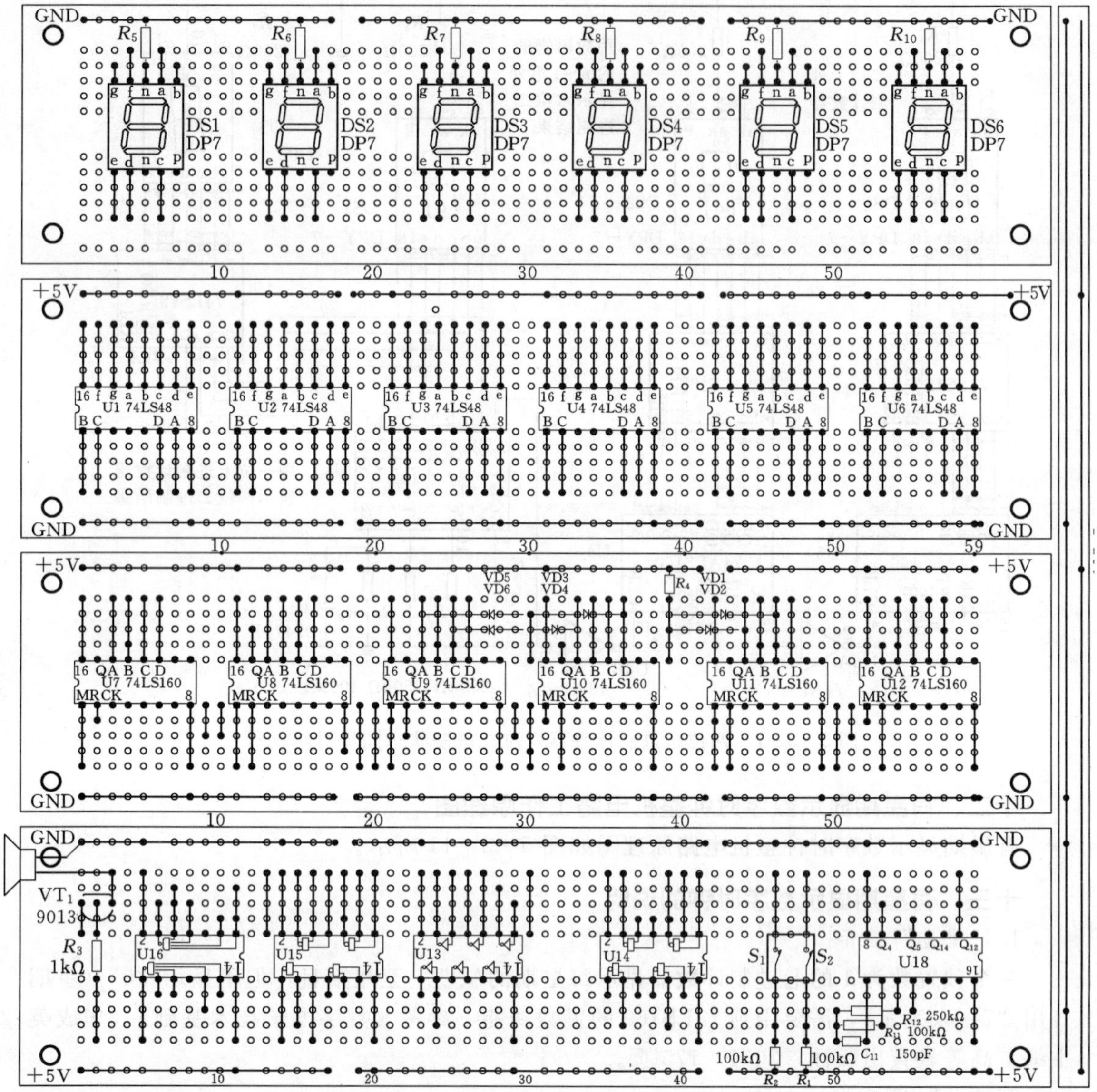


图 5-3-8 整机电路元件布局图

3. “秒”计数器

要改用二进制状态来显示“二位十进制的 60”，必需要用到六位的二进制计数器，并在计数到“十进制的 60”的时候应该“清零”，这里用了一个 4040 的数字集成电路来完成（12 级二进制加法计数器），工作原理可自行分析，注意的是它的清零端是高电平有效。

4. “整点报时”

因六位的二进制计数器与六十进制的结构不同，电路的报响方式有一些变更。具体报响方式是：59 分以后的 49、51、53、55 秒各响持续 1s 的 1kHz 的响声，56～58 秒停顿 2s，58～00 秒响持续 2s 的 500Hz 响声，该响声结束时则是 00 分 00 秒。

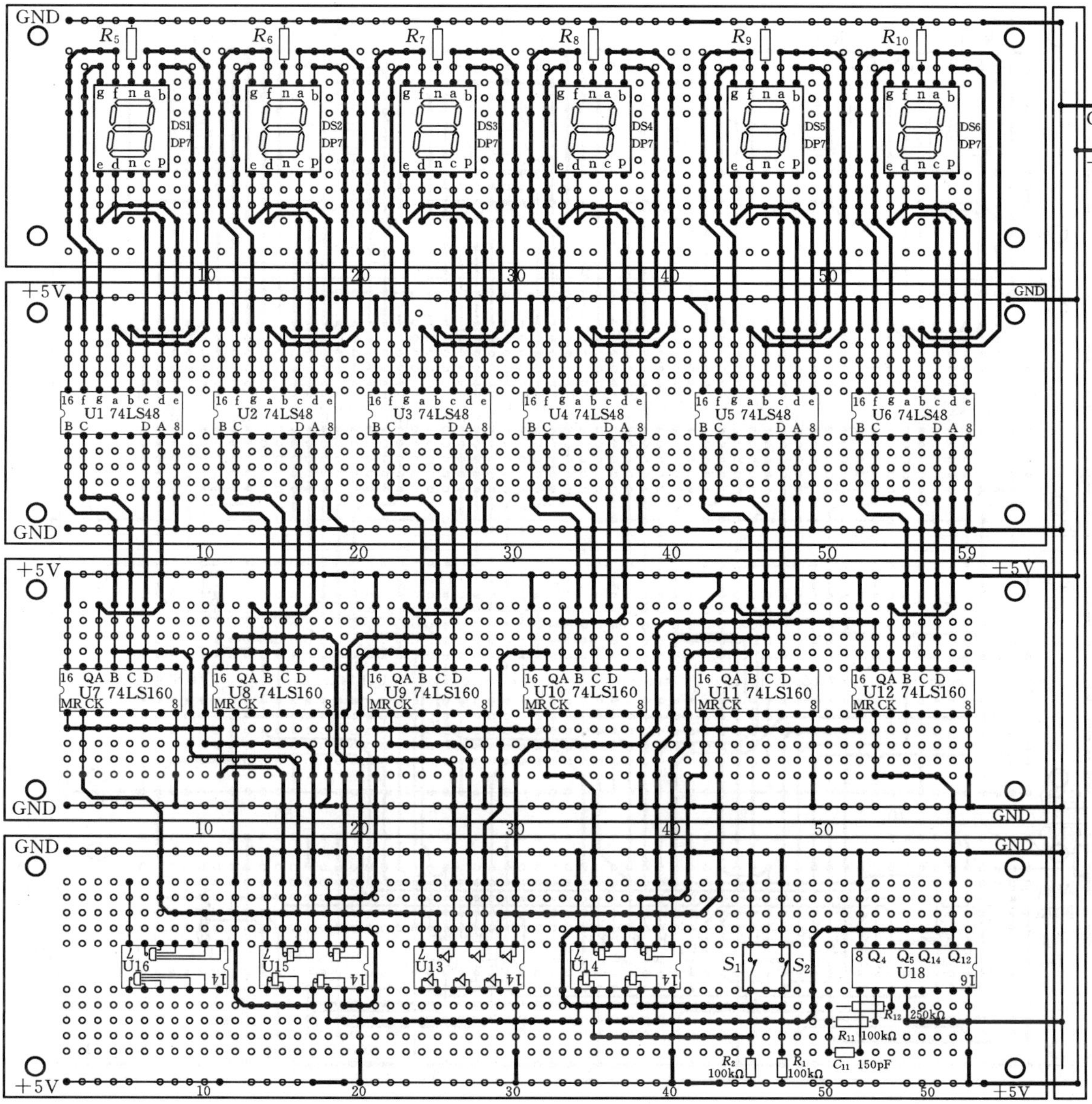


图 5-3-9　少整点报时功能的布局布线图

5. 工作原理

(1) 当 59 分 48 秒（U9—$QA$、—$QC$，U10—$QA$、—$QD$ 和 U11—$Q5$、—$Q6$ 同时为高电平）开始至 00 秒，U16A—5 脚为高电平，U16B—9 脚也为高电平。(持续 12s)

(2) 48～56 秒期间 U11—$Q_4$ 为低电平，经 U13D 反相后，至使 U16A—4 脚为高电平。(持续 8s)

(3) U11—$Q_1$ 在 49～50 秒，51～52 秒，53～54 秒，55～56 秒各持续 1s 为高电平，至使 U16A—2 脚按此规律为高电平。

(4) U16A—1 脚上的 1000Hz 脉冲信号，按 U16A—2 脚为高电平的规律，通过

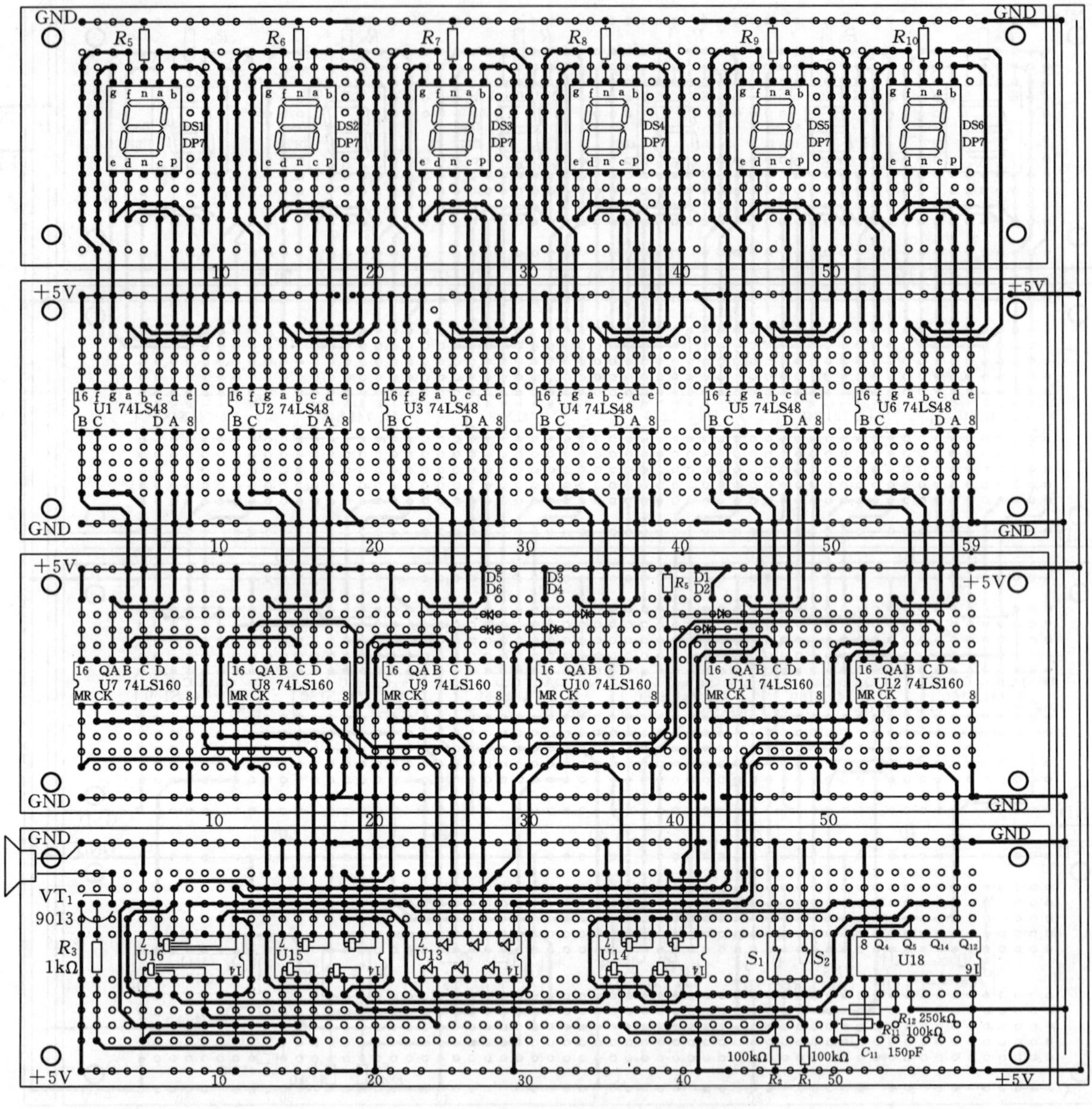

图 5-3-10 整机全部功能布局布线图

U16A 和 U15C（U15C—10 脚在此期间为高电平）进入 $Q_1$ 放大后，推动扬声器发出持续 1s，间断 1s 共四声 1000Hz 响声。

（5）56～00 秒期间 U11—$Q_4$ 为高电平，至使 U16B—10 脚为高电平，（持续 4s）U11—$Q_2$ 在 58～00 秒持续 2s 为高电平至使 U16B—12 脚在 58～00 秒，持续 2s 为高电平。

（6）U16B—13 脚上的 500Hz 脉冲信号按 U16B—12 脚为高电平的规律，通过 U16B 和 U15C（U15C—9 脚在此期间为高电平）进入 $Q_1$ 放大后，推动扬声器发出一声，持续 2s 的 500kHz 响声，该响结束的时候则为 00 分 00 秒。

各芯片管脚及功能如图 5-3-12 所示，数字钟实物如图 5-3-13 所示。

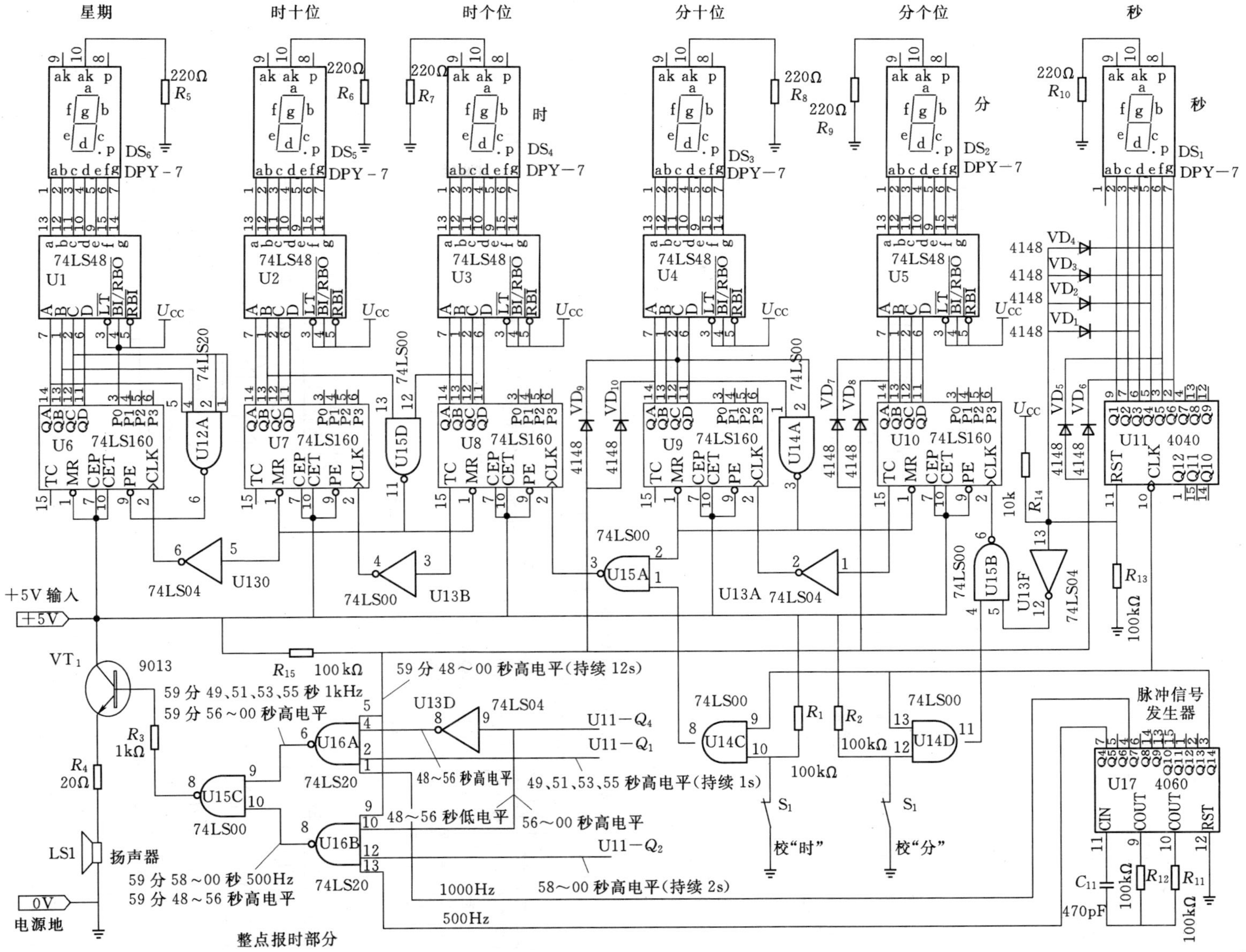


图 5－3－11　有星期显示数字时钟整机电路工作原理图

74LS160 可预置二进制加法计数器

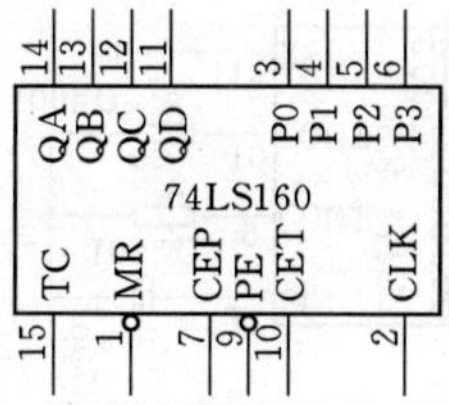


引脚功能说明：

$TC(CO)$：

$\overline{MR}(CR)$：

$\overline{PE}(LD)$：

$CLK(CP)$：

$QA—QD(Q_0—Q_3)$：

$P0—P3(D_0—D_3)$：

$CET(CTp)$：

$CEP(CTp)$：

74LS160 功能表

| 输入 | | | | | 输出 |
|---|---|---|---|---|---|
| *CLK* | $\overline{PE}$ | $\overline{MR}$ | *CEP* | *CET* | *QA—QD* |
| × | × | L | × | × | 全“L” |
| ↑ | L | H | × | × | 预置数据 |
| ↑ | H | H | H | H | 计数 |
| × | H | H | L | × | 保持 |
| × | H | H | × | L | 保持 |

注 H—高电平；L—低电平；×—任意状态；↑—脉冲上升沿。

参考《数字电子技术基础》290 页 301 页

74LS160 时序图

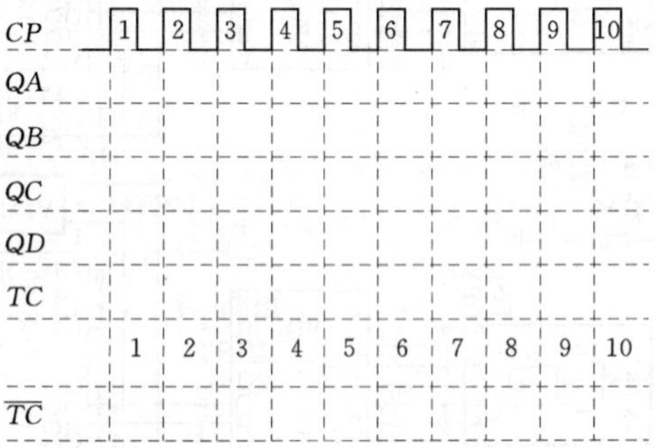


74LS48 BCD—七段码译码驱动器

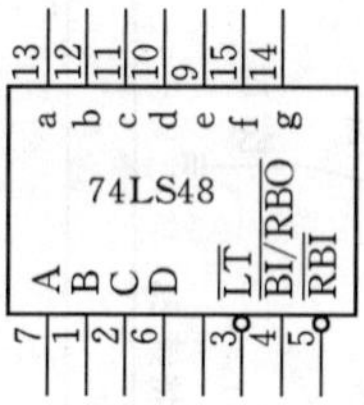


引脚功能说明：

$A\sim D$：

$a\sim g$：

$\overline{LT}$：

$\overline{RBI}$：

$\overline{BI/RBO}$：

参考《数字电子技术基础》174 页

4060 二进制 14 位加法计数器/振荡器

[参考《数字电子技术基础》(华成英主编，高等教育出版社，2001)417 页、287 页]

引脚功能说明：

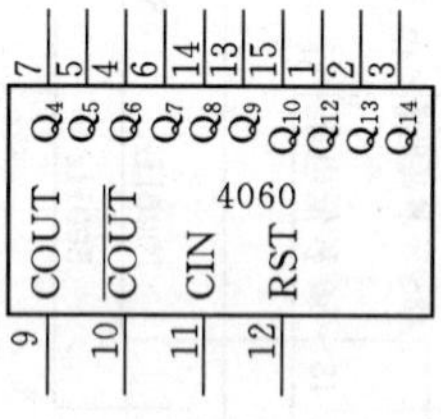


$Q_4\sim Q_{14}$：计数输出端：

*RST*：复位(清零)端。

*CIN*：振荡器输入端。

$\overline{COUT}$：振荡器反相输出端。

*COUT*：振荡器输出端。振荡频率公式，$T=$ $F=$

当 $f_{Q4}=1024$Hz 时：$f_{Q5}=$ Hz；$f_{Q6}=$ Hz；$f_{Q7}=$ Hz；

$f_{Q10}=$ Hz；$f_{Q12}=$ Hz；$f_{Q13}=$ Hz；$f_{Q14}=$ Hz。

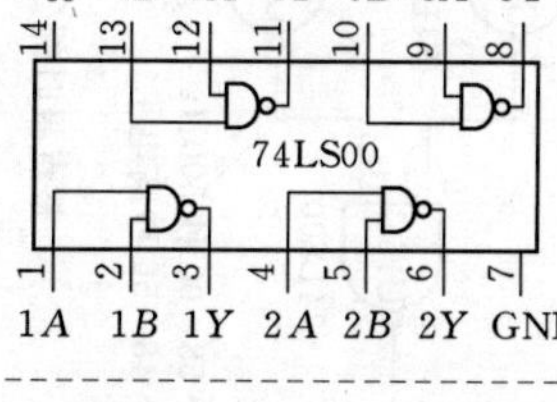


74LS00 四 2 入与非门

正逻辑：$Y=$

有 0 出 ，全 1 出 。

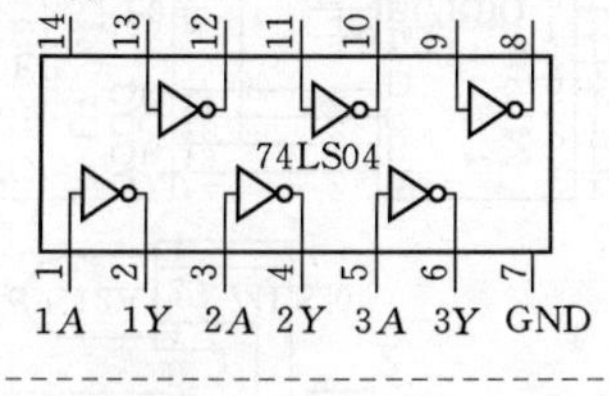


74LS04 六反相器

正逻辑：$Y=$

1 出 ，0 出 。

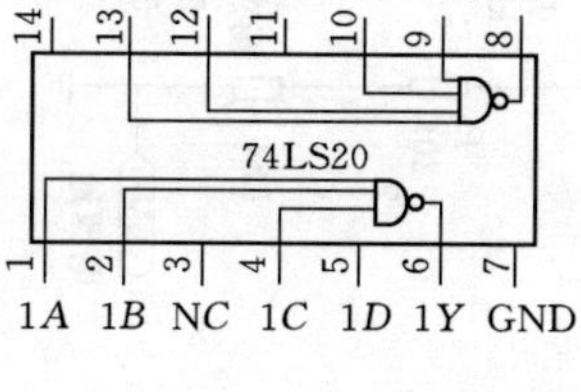


74LS20 双 4 入与非门

正逻辑：$Y=$

有 0 出 ，全 1 出 。

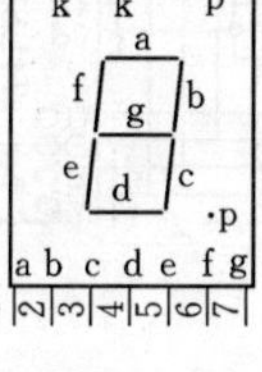


共阴七段发光数码管

[内部示意图参考《数字电子技术基础》(华成英主编，高等教育出版社，2001)]

图 5-3-12 芯片功能

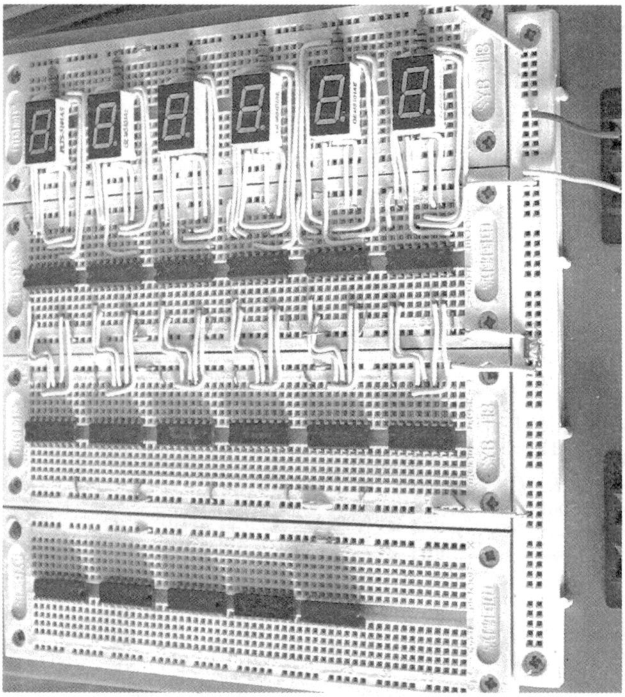

图 5-3-13　数字钟实物图

# 第四节　555 时基电路的三态实训

## 一、555 时基电路功能特点

（1）第 1 脚是接地端，第 8 脚是电源，第 4 脚复位控制端；第 5 脚是 CV 控制端：如果外接一个电压，则可以改变触发电压的阈值，不使用它的时候，可将其悬空或经一个 0.01μF 电容接地。

（2）555 时基电路的电源电压适应范围较宽，约为 3～18V。当工作电压为 15V 时，最大输出流可达 200mA，可以直接驱动继电器、晶闸管等常用的控制元件。

（3）常见的 555 时基集成电路有 NE555、LM555、5G1555 等。还有一种※556 的集成电路芯片，其内部是由 2 个 555 时基电路封装在一起，可作为两块 555 电路独立单独使用。

（4）555 时基电路引脚功能可参考表 5-4-1。

**表 5-4-1　功　能　表**

| 6 脚 $TH$ 阈值 | 2 脚 $\overline{TR}$ 触发 | 4 脚 $\overline{R}$ 复位 | 3 脚 $OUT$ 输出 | 7 脚 $DIS$ 放电 |
|---|---|---|---|---|
| $<\frac{2}{3}U_{DD}$ | $<\frac{1}{3}U_{DD}$ | 高电平 | 高电平 | 截止 |
| $>\frac{2}{3}U_{DD}$ | $>\frac{1}{3}U_{DD}$ | 高电平 | 低电平 | 导通 |
| $<\frac{2}{3}U_{DD}$ | $>\frac{1}{3}U_{DD}$ | 高电平 | 原状态 | 原状态 |
| 任意 | 任意 | 低电平 | 低电平 | 导通 |

(5) 555 时基集成电路一般应用可归纳为史密特电路、单稳态触发器和双稳态触发器（多谐振荡器）三种基本功能。

## 二、555 电路的实验方法

555 电路的史密特电路、单稳态触发器和双稳态触发器（多谐振荡器）三种基本功能实验都可在一块安装有铆钉的电路板上完成。

电路板的结构如图 5-4-1 所示，实验材料见表 5-4-2。

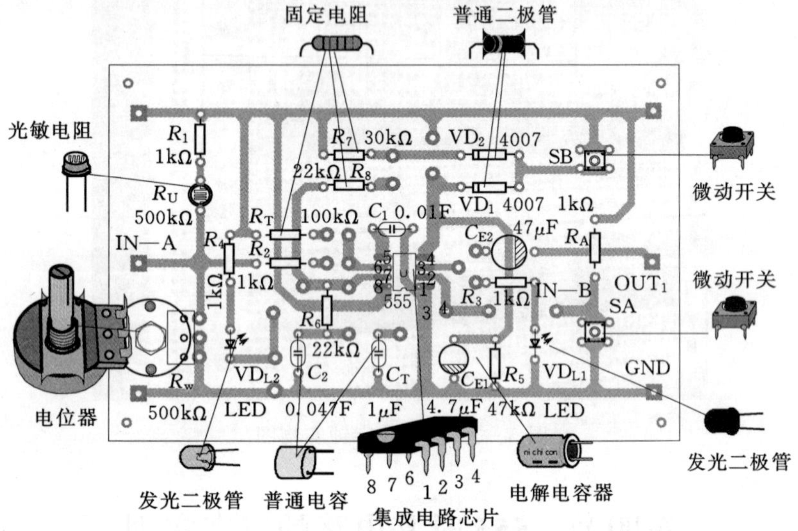


图 5-4-1 铆钉电路板

表 5-4-2 555 电路的三种基本功能电路实验材料清单

| 序号 | 材料名称 | 编号 | 规格型号 | 数量 | 备注 |
|---|---|---|---|---|---|
| 1 | 集成电路 | U | 555 | 1只 | |
| 2 | 二极管 | $VD_1$、$VD_2$ | IN4007 | 2只 | |
| 3 | 光敏电阻 | $R_U$ | 暗电阻 500kΩ | 1只 | |
| 4 | 发光二极管 | $VD_{L1}$，$VD_{L2}$ | ϕ5，红、绿 | 各1只 | |
| 5 | 电位器 | $R_w$ | 500kΩ | 1只 | |
| 6 | 按钮开关 | SA，SB | 微动开关 | 2只 | |
| 7 | 电容器 | $C_T$ | 1μF | 1只 | |
| 8 | 电容器 | $C_1$、$C_2$ | 0.01F、0.047F | 各1只 | |
| 9 | 电解电容器 | $C_{E1}$、$C_{E2}$ | 47μF | 2只 | |
| 10 | 电阻 | $R_1$～$R_4$，$R_A$ | 1kΩ | 5只 | |
| 11 | 电阻 | $R_5$ | 47kΩ | 1只 | |
| 12 | 电阻 | $R_6$、$R_8$ | 22kΩ | 2只 | |
| 13 | 电阻 | $R_7$ | 30kΩ | 1只 | |
| 14 | 电阻 | $R_T$ | 100kΩ | 1只 | |
| 15 | PCB板 | | 100mm×150mm×2mm | 1块 | |
| 16 | 铜铆钉 | | 1.5mm×3.5mm | 50只 | |

## 三、构成史密特电路

史密特电路具有对输入信号进行整形的作用，把不规则的信号波形变成脉冲波形输出。优点是使得控制电路工作时动作可靠、稳定，避免错误动作。例如，街道上的路灯只有到了天黑后才会点亮，天亮后自己又自动熄灭，白天的时间光线也会有变化，但是却不会又亮又灭，这就是史密特电路的功劳。

由 555 电路构成史密特电路的基本原理图和输入、输出波形图如图 5－4－2 所示。

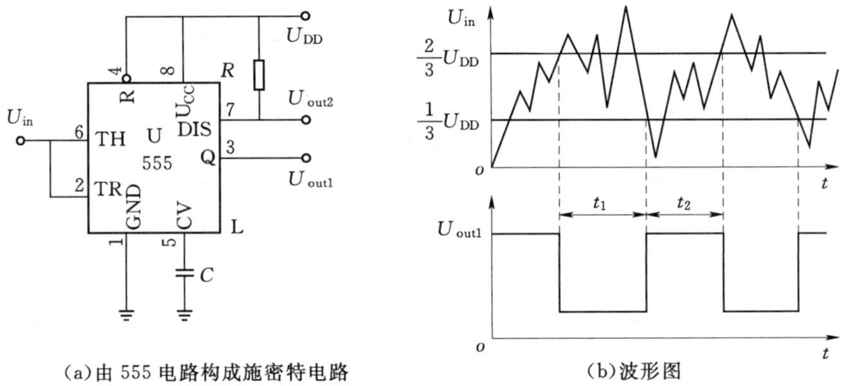


(a)由 555 电路构成施密特电路　　(b)波形图

图 5－4－2　史密特电路

把 6 脚 $TH$（阈值）与 2 脚（触发）接在一起构成信号输入端 $U_{in}$3 脚 Q（输出）为第 1 输出端，7 脚 DIS（放电）通过电阻 $R$ 接在到电源，7 脚为第 2 输出端，当输入信号 $U_{in} \geqslant U_{DD}/3$ 时，第 1 输出端输出为高电平、第 2 输出端则为低电平，只有当输入信号 $U_{in} \leqslant 2U_{DD}/3$ 时，输出端的状态同时发生翻转。而输入信号 $U_{in}$ 的变化在 $(1/3 \sim 2/3)U_{DD}$ 期间，输出端的状态维持原来状态不变。

## 四、史密特触发器光控电路实训

### （一）焊接相关电路

安装前应检查元器件的质量，光敏电阻的检查方法：用万能表 $R \times 1$k 挡接到光敏电阻的引脚上，有光线照到它的受光面上时，其阻值应能小于 50kΩ；遮蔽光线时，其阻值应能大于 300kΩ。

在元件层面上的相关铆钉 $J_1 \sim J_5$ 进行焊接，完成光控电路功能元件的连接。

### （二）电路调试与测量

电路安装完成后认真核对确认没有错误后，可把 12V 电源接入电路，先观察指示灯 $LD_2$ 是否能正常点亮。

用数字万用表的 DC 10V 挡测量 IN—$A$ 测试点上的电压：当光线照射到光敏电阻的受光面上时，其电阻变小，使 $U_{in} \geqslant 2U_{CC}/3$（即 8V 以上）此时 3 脚输出端 $Q$ 为低电平输出，发光二极管 $LD_1$ 不亮。7 脚放电端 $DIS$ 因内部放电管导通，发光二极管 $LD_2$ 点亮。当没有光线照射到光敏电阻时（可用厚纸片遮挡），IN—$A$ 测试点上的电压小于 $U_{CC}/3$（即 4V 以下），此时发光二极管 $LD_1$ 亮、$LD_2$ 熄灭。如果达不到此效果，应检查 IN—$A$

是否在 4～8V 之间。必要时可通过调整 $R_2$ 使之达到；否则应考虑光敏电阻是否质量达不到要求，最终使电路工作可靠、稳定。

**（三）了解史密特触发器信输入信号与输出信号的关系**

史密特触发器光控电路及其电路板如图 5-4-3 和图 5-4-4 所示。

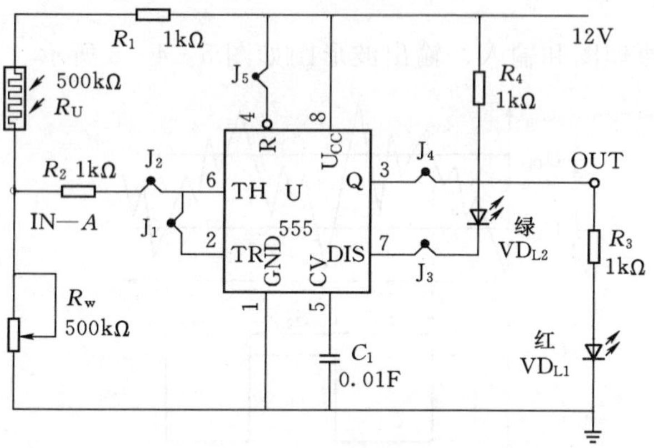


图 5-4-3 史密特触发器光控电路

## 五、构成单稳态触发器

单稳态触发器电路是一种只有一个稳定状态的电路，如果无外来信号触发，电路将保持某种状态不变，而且该状态是稳定的。只有在外来信号作用下，电路才会从当前状态翻转到另一个对立的状态，并且该状态是暂时的。经过一段时间后，电路又自动地返回到原来的稳定状态。在实际应用中，由 555 时基电路组成的单稳态触发器主要用于定时、延时和波形整形等用途。触发控制方式主要有两种，即脉冲信号触发和人工手动触发。

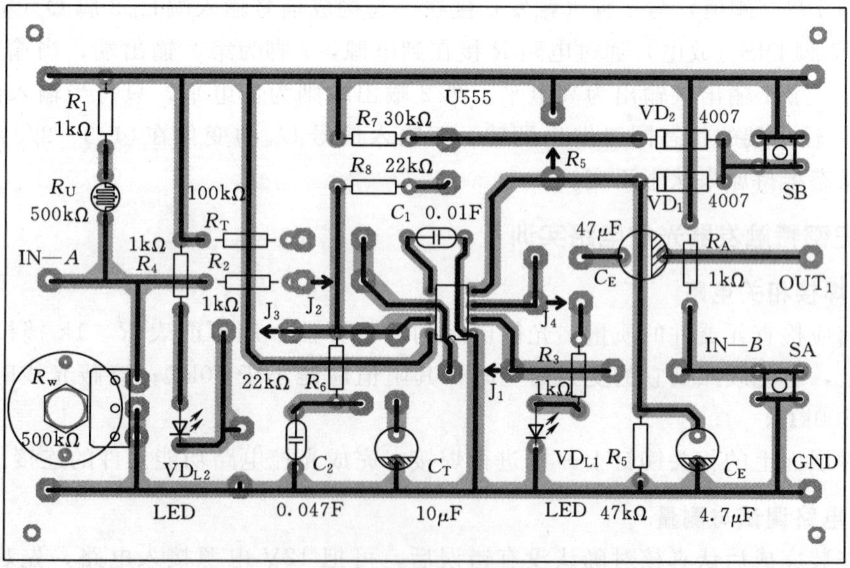


图 5-4-4 史密特触发器光控电路电路板

（1）脉冲触发控制的单稳态触发器电路。如图 5-4-5（a）所示：$R_T$（定时电阻）与 $C_T$（定时电容）构成定时电路，555 电路的 7 脚 *DIS*（放电）与 6 脚 *TH*（阈值）接在一起然后接定时电路，触发信号从 2 脚输入。

（2）典型人工手动触发的单稳态触发器电路。如图 5-4-5（b）所示，主要应用于

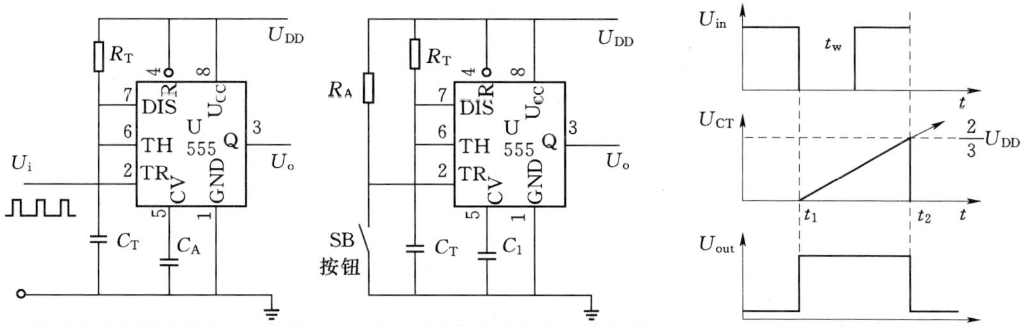

(a)脉冲触发控制的单稳态触发器　(b)人工手动解发的单稳态触发器　(c)波形图

图 5-4-5　单稳态触发器

定时器、延时器。电路特点：$R_T$（定时电阻）与 $C_T$（定时电容）构成定时电路，555 电路的 7 脚 $DIS$（放电）与 6 脚 $TH$（阈值）接在一起接定时电路，触发电路由电阻 $R_A$ 和按钮开关 SB 构成，触发信号从 2 脚输入。

（3）由图 5-4-5 可见，电路的阈值端 $TH$（6 脚）和放电端 $DIS$（7 脚）连接在一起，当触发端 $\overline{TR}$（2 脚）为高电平时，电源 $U_{DD}$ 通过电阻 $R_T$ 向电容 $C_T$ 充电，当电容 $C_T$ 的充电电压大于 $U_{DD}/3$ 时，输出端 OUT（3 脚）的电位为低电平，并且放电管导通，电容 $C_T$ 上的电压通过放电管放电，电路进入稳定状态。波形图的 $t_0 \sim t_1$ 期间。

在 $t_1$ 时刻，触发端 $\overline{TR}$（2 脚）输入 1 个负脉冲，使触发端 $\overline{TR}$（2 脚）电位小于 $2U_{DD}/3$，电路的输出端电位翻转为高电平，放电管也同时截止，电路进入暂时稳定状态。电源 $U_{DD}$ 又通过电阻 $R_T$ 向电容 $C_T$ 充电，当电容 $C_T$ 的充电电压大于 $2U_{DD}/3$ 时，此时，触发端 $\overline{TR}$（2 脚）的触发负脉冲已经结束，输出端 OUT（3 脚）的电位又翻转为低电平，放电管导通，电路恢复到稳定状态，等待下一个负脉冲的到来。

电路进入暂时稳定状态的暂稳态时间可按下式计算

$$T_b \approx 1.1 R_T C_T$$

（4）该电路有如下特点：

1）触发脉冲的宽度 $t_w$ 应小于暂稳态时间 $T_b$。

2）在暂稳态期间再输入的负脉冲无效。

3）电路特点，阈值端 $TH$（6 脚）和放电端 $DIS$（7 脚）连接在一起，接定时电路。

4）触发端 $\overline{TR}$（2 脚）输入触发脉冲，并且是由负脉冲的下降沿触发。

（5）单稳态触发器电路的具体应用。

1）人工手动触发。如人工启动的定时器电路。

2）声控触发（音频声波、超声波），如楼道延迟关灯电路。

3）光控制触发（红外线、可见光），如物体流动计数检测。

4）电磁波控制，如有遮挡的遥远控制。

5）温度控制，如自动加热控制。

6）感应触发（人体接近，磁场感应），如防盗报警器。

7）时序控制，如时间程序自动控制。

## 六、单稳态触发器定时电路实训

例如，楼梯间的路灯到了晚上，有人走过时的响声通过话筒变成电信号触发单稳态触发器，使灯泡亮，经过半分钟后单稳态触发器的状态翻转又控制灯泡熄灭。下面的定时电路是人工手动触发方式的单稳态触发器定时电路。

1. 焊接相关电路

根据电路原理图和布线图连接电路板，在上一个电路的布线中拆除 $J_1$、$J_2$、$J_3$ 上的连线，再根据单稳态触发器定时电路原理图把 $J_{1A}$、$J_{2A}$、$J_{3A}$ 连接好，构成单稳态定时电路。

电路工作原理：通电时电源通过电阻 $R_A$ 使 555 电路的 2 脚 $T_R$ 为高电平，此时输出端 $Q$ 为高电平，并且内部放电管导通，致使电容 $C_T$ 放电 6 脚电压为小于 $2U_{CC}/3$，输出维持原状态。当按钮 SB 被按下时，使 555 电路的 2 脚 $T_R$ 小于 $U_{CC}/3$，输出端 $Q$ 为低电平，此时内部放电管截止，电源通过电阻 $R_T$ 向电容 $C_T$ 充电，当充电到大于 $2U_{CC}/3$ 时输出端 $Q$ 的状态变为高电平。电容 $C_T$ 充电到大于 $2U_{CC}/3$ 的时间，即为 555 电路的暂稳态期间，电阻 $R_T$ 的阻值和电容 $C_T$ 的容量决定暂稳态期间的长短。

2. 电路调试与测量

电路安装完成后认真核对确认没有错误后，可把 12V 电源接入电路，观察指示灯 $VD_{L1}$ 和 $VD_{L2}$ 均点亮（$VD_{L2}$ 在这里只是充当电源指示灯）按下按钮 SB 后 $VD_{L1}$ 熄灭，经过一段时间后 $VD_{L1}$ 又重新点亮。

单稳态触发器定时电路及其电路板设计如图 5－4－6 和图 5－4－7 所示。

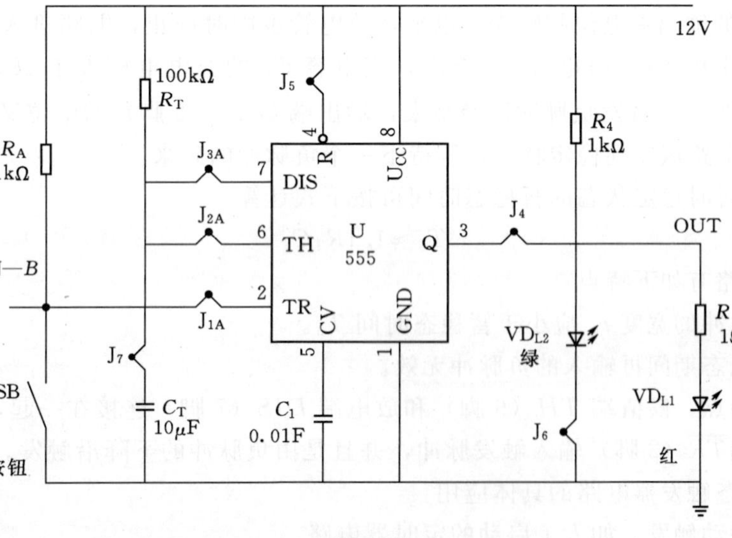


图 5－4－6 单稳态触发器定时电路

## 七、构成多谐振荡器（双稳态触发器）

双稳态触发器是在触发信号作用下，电路的状态会发生翻转。即使触发信号消失后，电路的状态仍然一直保持不变，只有在下一个触发信号到来时电路又再一次发生翻转。双稳态触发器具有记忆信息的功能，可作为二进制计数器的存储单元。555 时基集成电路构成双稳态触发器电路的形式有两种：一般双稳态触发电路，单端输入的多谐振荡器。

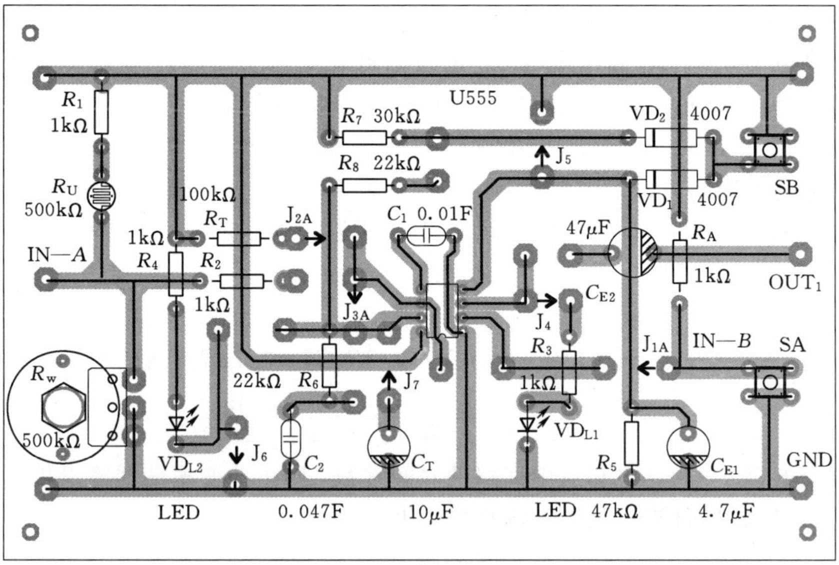


图 5-4-7　单稳态触发器定时电路板设计

图 5-4-8 所示为 555 电路构成双稳态（多谐振荡器）电路的原理图和波形图。与单稳态电路比较，555 电路构成多谐振荡器电路的形式是：电路的阈值端 $TH$（6 脚）和触发端$\overline{TR}$（2 脚）连接在一起构成触发信号输入端，电阻 $R_T$、$R_1$、二极管 VD 和电容 $C_T$ 构成充/放电回路。取电容 $C_T$ 上的电压作为触发信号，电阻 $R_T$、$R_1$、VD 使 $U_{DD}$向电容 $C_T$ 充电，$R_1$ 通过放电端 $DIS$ 由于芯片内部的放电管给电容 $C_T$ 放电。

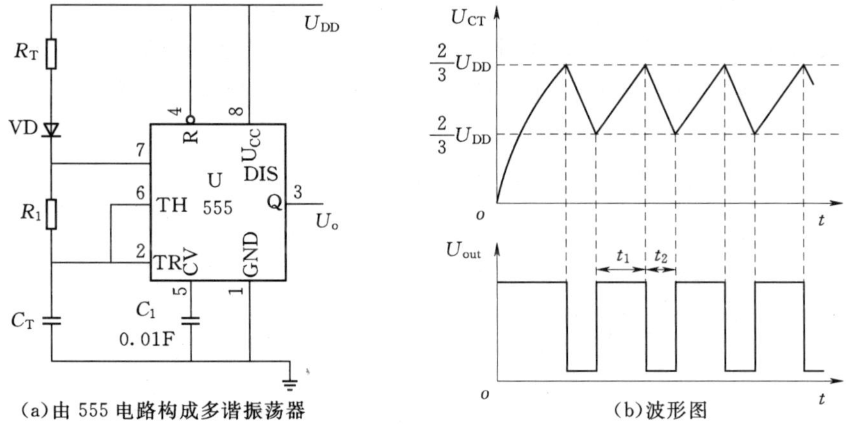


(a)由 555 电路构成多谐振荡器　(b)波形图

图 5-4-8　555 构成多谐振荡器

通电时，电容两端的电压不能突变，触发端 $TH$ 和$\overline{TR}$的电压小于 $U_{DD}/3$，电路的输出端为高电平，并且放电管截止，这样电源 $U_{DD}$就通过电阻 $R_T$、$R_1$ 和二极管 VD 向电容 $C_T$ 充电，其充电时间常数为$(R_T+R_1)C_T$。当充电电压上升到达 $2U_{DD}/3$ 时，电路的输出端的电位发生翻转，跳变为低电平，并且放电管导通，因此，电容上的电压通过 $R_1$ 和放电管放电，其放电时间常数为 $R_1C_T$。电容上的电压下降到小于 $U_{DD}/3$ 时，电路的输出端的电位发生翻转，跳变为高电平，放电管也同时截止，这样，电源 $U_{DD}$又通过电阻 $R_T$、

$R_1$ 和二极管 VD 向电容 $C_T$ 充电，重复上述过程，555 电路输出连续的矩形脉冲。

脉冲的高电平期间 $t_1$，是由电源 $U_{DD}$ 通过电阻 $R_T$、$R_1$ 二极管 VD 使 $U_{DD}$ 向电容 $C_T$ 充电，充电到达 $2U_{DD}/3$ 的时间所决定的，$t_1$ 可按下式进行计算

$$t_1=(R_T+R_1)C_T\ln2\approx0.7(R_T+R_1)C_T$$

脉冲的低电平期间 $t_2$，是由电源 $U_{DD}$ 通过电阻 $R_T$、$R_1$ 二极管 VD 使 $U_{DD}$ 向电容 $C_T$ 充电，充电到达 $2U_{DD}/3$ 的时间所决定的，$t_1$ 可按下式进行计算

$$t_2=R_1C_T\ln2\approx0.7R_1C_T$$

则振荡周期和频率分别为

$$T=t_1+t_2=0.7(R_T+R_1)C_T+0.7R_1C_T=0.7(R_T+2R_1)C_T$$

$$F=\frac{1}{T}=\frac{1}{0.7(R_T+2R_1)C_T}=\frac{1.43}{(R_T+2R_1)C_T}$$

通过改变电容 $C_T$ 的充电和放电回路的时间常数，则可改变振荡器输出信号的占空比，即高电平的时间/振荡周期。上述电路的占空比 $q$ 为

$$q=\frac{t_1}{T}=\frac{0.7(R_T+R_1)C_T}{0.7(R_T+2R_1)C_T}=\frac{(R_T+R_1)}{(R_T+2R_1)}$$

该电路的占空比，$q>50\%$，最小脉冲宽度为 $2.5\mu s$。

## 八、多谐振荡器门铃电路实训

由 555 电路构成多谐振荡器产生脉冲信号输出是 555 电路的常见应用形式，一般情况下是产生一个单一频率的信号输出，在这个实验电路中由于充电回路在按钮按下与松开时的充电电流不同，输出的是两个不同频率的信号。

1. 焊接相关电路

根据电路原理图和元件布局图（图 5－4－9），在元件层面的铆钉上进行焊接完成电路，可在上一个电路的布线中拆除 $J_2$ 的连线，再根据多谐振荡器门铃电路原理图把电路板上的 $J_1$、$J_6$、$J_8$、$J_9$、$J_{10}$ 正确地连接好。

多谐振荡器门铃电路图及电路板设计如图 5－4－9 和图 5－4－10 所示。

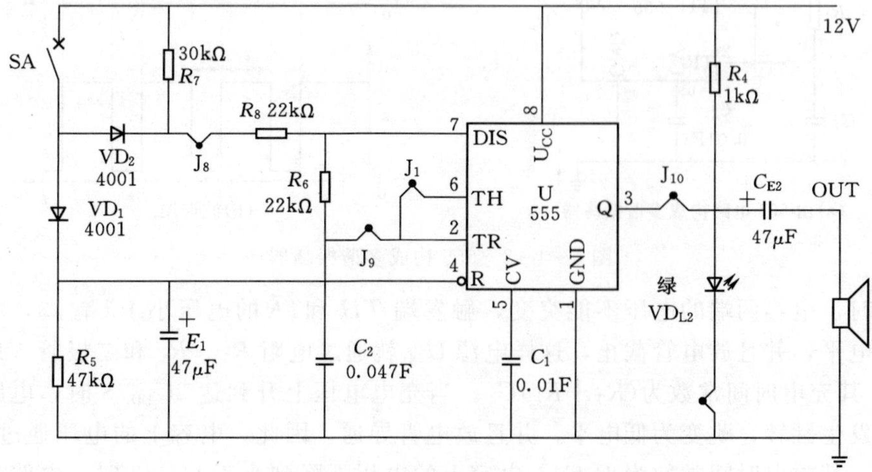


图 5－4－9 多谐振荡器门铃电路图

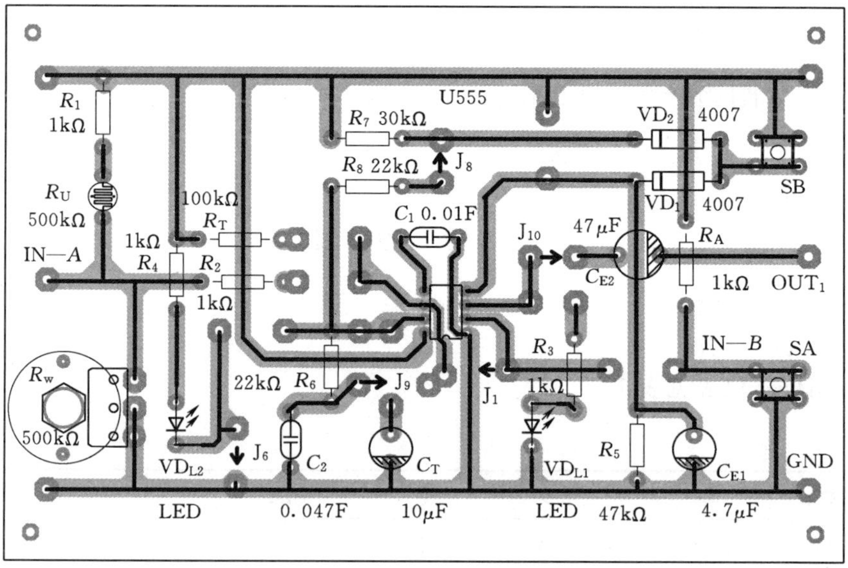


图 5-4-10　多谐振荡器门铃电路图电路板设计

2. 电路工作原理

通电后电源指示灯亮，由于按钮 SA 还没有按下，于是 555 芯片的 4 脚通过 $R_6$ 接地而被置为低电平，则电路为复位状态不工作。当按钮 SA 按下时，电源通过 $VD_1$ 向 555 芯片的 4 脚置为高电平，则电路为正常工作状态，同时 $VD_1$ 向 $C_{E1}$ 充电。此时电源还通过 $VD_2$ 直接向 $R_8$ 送电，多谐振荡器的充电电阻 $R_T$ 为 $R_8$ 与 $R_6$ 串联向电容 $C_2$ 充电，放电电阻 $R_6$ 通过 7 脚（$DIS$）由芯片内部的放电管导通而放电。振荡产生的信号频率约为 1kHz。

当按钮 SA 松开时，$C_{E1}$ 充电电压向 555 芯片的 4 脚置高电平，则电路仍维持正常工作状态，直到的 $C_{E1}$ 充电电压下降为低电平时电路才复位而停止工作。此期间多谐振荡器的充电电阻 $R_T$ 为 $R_7$、$R_8$ 与 $R_6$ 串联，放电电阻为 $R_6$。由于此时的充电电阻为 $R_7$、$R_8$ 与 $R_6$ 串联，振荡信号的频率较低，约为 0.5kHz。

3. 电路调试与测量

（1）把扬声器电路板上的 OUT 与地之间，听听按钮 SA 按下和松开时的响声。

（2）用示波器观察 555 芯片的 2、6 脚的充/放电电压的波形。（示波器应接到 $R_6$ 的引脚上）。

（3）用示波器观察输出信号的波形。（示波器应接到 OUT 上）

# 附录一　设计型实验的实验报告格式

## 实　验　题　目

1. 实验目的（5 分）

2. 仪器仪表（5 分）

实验所用仪器仪表见表 1。

**表 1**

| 名称 | 型号 | 用途 | 编号 |
|---|---|---|---|
| 万用表 | 500 型 | | 96××××× |
| | | | |

3. 预习思考题（10 分）

4. 实验内容及步骤（电路图、设计过程、步骤）（20 分）

（1）实验电路图，包括每一个元器件的数值。

（2）设计型实验的设计过程及步骤。

（3）实验步骤：要根据实验内容自行设计。

5. 实验原始数据及处理（20 分）

原始数据要填写在表格内，有指导教师签字，数据要求基本准确，对原始数据进行数据整理，绘图要规范。

6. 误差分析（10 分）

（1）计算理论值。

（2）分析实测值与理论值的误差程度及产生原因。

7. 课后思考题（15 分）

8. 实验总结及心得体会（10 分）

（1）通过此实验阐述的电子电路原理，通过此实验掌握的实验设计及调测方法。

（2）实验中遇到的问题及解决方法。

（3）对此实验的建议等。

9. 实验报告干净、整齐（5 分）

实验报告见表 2。

实验报告的要求如下：

（1）实验名称（并注明实验基本信息）。

（2）实验目的和要求（叙述实验目的和要求）。

（3）实验内容和原理（绘制实验电路图，含元件、参数）。

**表 2**

教师：________　班级：________　实验题目：________　时间：________　地点：________

| 学号 | 姓名 | 预习 | 报告成绩 | 操作成绩 | 实验情况记录 | 是否完成 | 器件登记 | 备注 |
|---|---|---|---|---|---|---|---|---|
| 1 | | | | | | | | |
| 2 | | | | | | | | |
| 3 | | | | | | | | |
| 4 | | | | | | | | |
| 5 | | | | | | | | |
| 6 | | | | | | | | |
| 7 | | | | | | | | |
| 8 | | | | | | | | |
| 9 | | | | | | | | |
| 10 | | | | | | | | |

（4）主要仪器设备（列出所使用的仪器设备的名称型号等）。

（5）操作方法和实验步骤（简述实验操作方法与步骤）。

（6）实验数据记录和处理（如实记录，杜绝臆造）。

（7）实验结果与分析（可采用文字、表格或曲线等）。

（8）讨论与心得（讨论实验，记录收获、体会与建议）。要认真实践，认真总结经验与收获，一步一个脚印，付出一份努力，要有一份收获。

# 附录二　电位、电压、功率的测量（实验报告）

班级：　　　　姓名：　　　　学号：　　　　成绩：

## 一、实验目的

## 二、实验记录

（一）任务一

1. 填写表1

表 1

| | | | | |
|---|---|---|---|---|
| 电位（V） | $V_a$ | $V_b$ | $V_c$ | $V_d$ |
| | | | | |
| 电压（V） | $U_{bc}$ | $U_{cb}$ | $U_{ac}$ | $U_{ca}$ |
| | | | | |

2. 计算验证

$$U_{bc}=V_b-V_c=\_\_\_\_$$
$$U_{cb}=V_c-V_b=\_\_\_\_$$

（二）任务二

1. 填写表2

表 2

| | | | | |
|---|---|---|---|---|
| 电位（V） | $V_a$ | $V_b$ | $V_c$ | $V_0$ |
| | | | | |
| 电压（V） | $U_{ab}$ | $U_{ba}$ | $U_{do}$ | $U_{od}$ |
| | | | | |

2. 计算验证

$$U_{ad}=V_a-V_d=\_\_\_\_$$
$$U_{da}=V_d-V_a=\_\_\_\_$$

（三）任务三

1. 填写表3

**表 3**

| $U$（V） | | 100 | 120 | 150 | 180 | 220 |
|---|---|---|---|---|---|---|
| $P$（W） | 偏转格数 | | | | | |
| | 数值 | | | | | |

2. 用万用表测直接测白炽灯的冷态电阻

$$R_{冷}=\_\_\_\_$$

3. 计算白炽灯的热态电阻

$$R_{热}=u^2/P=\_\_\_\_$$

**三、分析讨论**

（1）电路中电位与电压这两个概念有何区别？

（2）将白炽灯冷态电阻与热态电阻进行比较，其数值是否相同？若不同，分析原因。

# 附录三　电阻、电容、电感伏安特性的测试（实验报告）

班级：　　　　姓名：　　　　学号：　　　　成绩：

## 一、实验目的

## 二、实验记录

（1）任务一：填写表1～表4。

**表 1**

| $U$（V） | 16 | 12 | 8 | 4 | 0 | −4 | −8 | −12 | −16 |
|---|---|---|---|---|---|---|---|---|---|
| $I$（mA） | | | | | | | | | |
| $R_x$ 计算值（$U/I$） | | | | | | | | | |

**表 2**

| $U_C$（V） | 5 | 10 | 15 | 20 |
|---|---|---|---|---|
| $I$（mA） | | | | |

**表 3**

| $u_C$（V） | 50 | 100 | 130 | 150 |
|---|---|---|---|---|
| $i$（mA） | | | | |
| $X_C$ | | | | |

**表 4**

| $i$（mA） | 20 | 50 | 80 | 100 |
|---|---|---|---|---|
| $u_L$（V） | | | | |

（2）任务二：绘图4－2－2、图4－2－4、图4－2－6和图4－2－8。

**三、总结**

针对所绘制的曲线，总结电阻、电容、电感的特性。

# 附录四　基尔霍夫定律的验证（实验报告）

班级：　　　　姓名：　　　　学号：　　　　成绩：

## 一、实验目的

## 二、实验记录

填写表 1 和表 2。

**表 1**

| $E_1$（V） | $E_2$（V） | $I_1$（mA） | $I_2$（mA） | $I_3$（mA） | 计算$\sum I_A$（mA） |
|---|---|---|---|---|---|
| 10 | 8 | | | | |
| 8 | 10 | | | | |

**表 2**

| $E_1$（V） | $E_2$（V） | $U_{AB}$（V） | $U_{BD}$（V） | $U_{CB}$（V） | 计算$\sum U_{\text{I}}$（V） | 计算$\sum U_{\text{II}}$（V） |
|---|---|---|---|---|---|---|
| 10 | 8 | | | | | |
| 8 | 10 | | | | | |

## 三、分析讨论

计算值$\sum U_{\text{I}}$、$\sum U_{\text{II}}$是否为零？若不为，分析原因。

# 附录五　有源网络测试（实验报告）

班级：　　　　　　姓名：　　　　　　学号：　　　　　　成绩：

## 一、实验目的

## 二、实验记录

（1）任务一：测网络的输入电阻 $R_{1-1'}$ 的 5 种方法，填写下列各空。

1）方法一：开路短路法。

记录 $U_{1-1'}=$________；记录 $I_{sc}=$________；计算 $R_{1-1'}=U_{1-1'}/I_{sc}=$________。

2）方法二：除源后，外加电压源法。

计算 $R_{eq}=U/I=$________。

3）方法三：半偏法。

记录 $R_{eq}=$________。

4）方法四：用单电桥测网络的输入电阻。

记录 $R_{eq}=$________。

5）方法五：根据理论知识计算。

$R_{1-1'}=[(R_3//R_4)+R_1]//R_2=$________。

（2）任务二：测量网络和等效电路负载电流 $I_L$ 和 $I'_L$，填写下列各空。

记录 $I_L=$________，记录 $I'_L=$________。

## 三、分析讨论

（1）总结 5 种求输入电阻方法。比较这 5 种方法得出的输入电阻值是否相等？若不等则分析原因。

（2）比较 $I_L$ 和 $I'_L$ 是否相等？

# 附录六 一阶电路的暂态特性（实验报告）

班级：　　　　姓名：　　　　学号：　　　　成绩：

## 一、实验目的

## 二、实验记录

（1）任务一：填写表1。

**表 1**

| 项目 | | 测量 | | | | | | | |
|---|---|---|---|---|---|---|---|---|---|
| 充电 | $t$ | | | | | | | | |
| | $u_C$ | | | | | | | | |
| 放电 | $t$ | | | | | | | | |
| | $u_C$ | | | | | | | | |

（2）任务二：根据表1的数据，绘出电容的充、放电曲线 。并从曲线上求出 $\tau$ 值，将它与理论值相比较。

（3）任务三：观察示波器，绘制电容的电流、电压波形。

# 附录七　正弦交流电量测量（实验报告）

班级：　　　　　姓名：　　　　　学号：　　　　　成绩：

## 一、实验目的

## 二、实验记录

（1）任务一：填写表1，并将测量值与实际值相比较，分析误差。

**表 1**

| 正弦交流信号 | | 500Hz | 1kHz |
|---|---|---|---|
| | | 3V | 5V |
| 电压测量 | V/cm | | |
| | 格数 | | |
| | $U_{P-P}$ | | |
| | $U$（有效值） | | |
| 频率测量 | $t$/cm | | |
| | 格数 | | |
| | $T$ | | |
| | $f$ | | |

（2）任务二：描绘出3V、50Hz正弦交流信号的波形。

# 附录八　功率因数的提高（实验报告）

班级：　　　　　姓名：　　　　　学号：　　　　　成绩：

## 一、实验目的

## 二、实验原理

## 三、实验记录

（1）任务一：填写表1。

**表1**

| 被测值 | 总电路 | | | | 灯管 | | | | 镇流器 | | | | 电容 | | 功率因数 |
|---|---|---|---|---|---|---|---|---|---|---|---|---|---|---|---|
| | $U$ | $I$ | $P$ | $Z$ | $U_R$ | $I_R$ | $P_R$ | $R_{等}$ | $U_L$ | $I_L$ | $X_L$ | $P_L$ | $I_C$ | $X_C$ | $\cos\phi$ |
| 未并电容 | | | | | | | | | | | | | | | |
| 并 2μF | | | | | | | | | | | | | | | |

（2）任务二：根据测量数据绘制电流矢量图。

（3）任务三：计算两种电路的功率因数。

# 附录九　电压（电流）增益比与分贝值对照表（功率比＝电压比 2 或电流比 2）及应用举例

电压（电流）增益比与分贝值对照见表 1。

**表 1**

| 分贝值 (dB) | 电压比或电流比 | | 分贝值 (dB) | 电压比或电流比 | |
|---|---|---|---|---|---|
| | dB＞0（正值） | dB＜0（负值） | | dB＞0（正值） | dB＜0（负值） |
| 0 | 1.000 | 1.0000 | 20.0 | 10.00 | 0.10000 |
| 1.0 | 1.122 | 0.8913 | 21.0 | 11.22 | 0.08010 |
| 2.0 | 1.259 | 0.7943 | 22.0 | 12.59 | 0.07940 |
| 3.0 | 1.413 | 0.7080 | 23.0 | 14.13 | 0.07080 |
| 4.0 | 1.585 | 0.6310 | 24.0 | 15.85 | 0.06310 |
| 5.0 | 1.778 | 0.5623 | 25.0 | 17.78 | 0.05620 |
| 6.0 | 1.995 | 0.5012 | 26.0 | 19.95 | 0.05012 |
| 7.0 | 2.239 | 0.4467 | 27.0 | 22.39 | 0.04467 |
| 8.0 | 2.512 | 0.3981 | 28.0 | 25.12 | 0.03981 |
| 9.0 | 2.818 | 0.3548 | 29.0 | 28.18 | 0.03548 |
| 10.0 | 3.162 | 0.3162 | 30.0 | 31.62 | 0.03162 |
| 11.0 | 3.548 | 0.2818 | 31.0 | 35.48 | 0.02818 |
| 12.0 | 3.981 | 0.2512 | 32.0 | 39.81 | 0.02512 |
| 13.0 | 4.467 | 0.2239 | 33.0 | 44.67 | 0.02239 |
| 14.0 | 5.012 | 0.1995 | 34.0 | 50.12 | 0.01995 |
| 15.0 | 5.623 | 0.1778 | 35.0 | 56.23 | 0.01778 |
| 16.0 | 6.310 | 0.1585 | 36.0 | 63.10 | 0.01585 |
| 17.0 | 7.080 | 0.1413 | 37.0 | 70.80 | 0.01412 |
| 18.0 | 7.943 | 0.1259 | 38.0 | 79.43 | 0.01259 |
| 19.0 | 8.913 | 0.1122 | 39.0 | 89.13 | 0.01122 |

已知电压放大倍数为 500 倍，可以把它变成 10 倍×10 倍×5 倍，查表得到 20dB 的电压比等于 10dB，14dB 的电压比等于 5.012，如果认为 5 可以等于 5.012，便可得电压放大倍数为 500 倍时，可用电压增益 54dB 来表示，即

因为　　500 倍＝10 倍×10 倍×5 倍≈10 倍×10 倍×5.012 倍

则电压增益为　　20dB＋20dB＋14dB＝54dB

已知一个放大电路电压增益的分贝值，可以通过查表求它的电压放大倍数。如某放大

电路电压增益为 47dB，可以把它变成：47dB=20dB+20dB+7dB，查表得到：20dB 的电压比为 10，而 7dB 的电压比为 2.239，便得到放大电路的电压增益为 47dB，则它的电压放大倍数为 224 倍。

因为　　47dB=20dB+20dB+7dB

则电压放大倍数为　　10 倍×10 倍×2.239 倍=224 倍

已知一台音频功率放大器音量控制（电压放大量衰减）电位器旋钮上标有－60～0dB 的标注。当旋钮位于 0dB 位置时表示电压放大量不衰减（0dB 的电压比为 1，即为设计放大倍数的 1 倍、不衰减），当旋钮位于－60dB 位置（分贝值大于 0）时，查表得－20dB 的电压比为 0.1，则有表示此时的衰减值为设计电压放大倍数的 0.001 倍。

因为　　－60dB=(－20dB)+(－20dB)+(－20dB)

则此时电压放大倍数为　　0.1 倍×0.1 倍×0.1 倍=0.001 倍

# 附录十　万用表原理、结构及基本功能

## 一、指针式万用表的结构、基本功能和技术参数

万用表有指针式和数字式的两种，它们各有优点，指针式万用表对被测量以连续方式显示，但输入阻抗小；数字式万用表对被测量以取样方式显示，对低频率的连续变量的显示不如指针式万用表好，但它的输入阻抗高，对被测电路的影响小，显示结果直观而且分辨率高。刚开始学习电子电路制作最好使用指针式（机械式）万用表，当能熟练使用指针式万用表后，使用数字式万用表就比较容易了。这时最好是能够备指针式万用表和数字式万用表各一个，以应对不同的需要。

### 1. 指针式万用表的基本结构

指针式万用表主要由表头、表头电路、功能转换开关和相关电路构成。

如图 1 所示表头总成示意图，表头实际上就是一只微安级的动圈式电流表，主要结构是由可动式线圈、游丝、读数指针、机械调零部件、线圈支架、磁铁、磁铁支架和表盘组成。

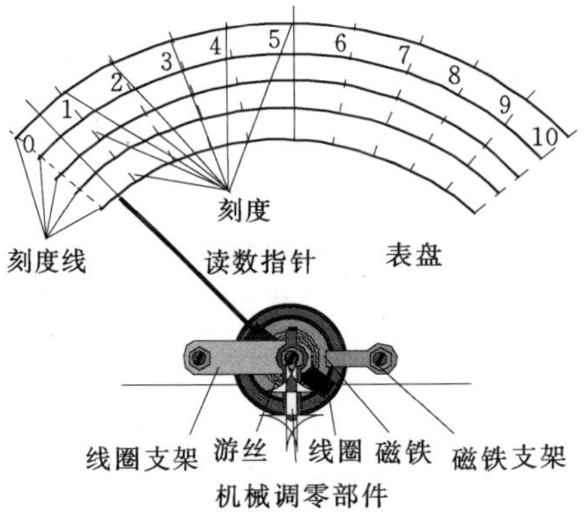


图 1　表头总成示意图

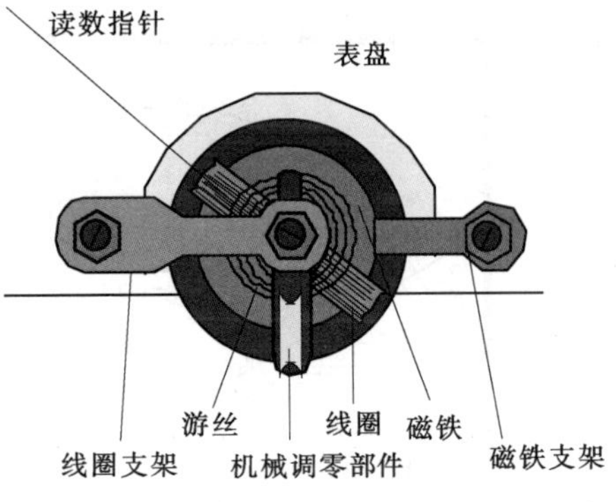


图 2　表头内的动线圈结构示意图

表头内的结构如图 1 所示，可动式线圈和读数指针是固定在一起安装在支架上，并可以灵活转动的；游丝的一头和线圈固定在一起，另一头则固定在指针机械调零部件上，通过调节它们使指针在静止时停留在 0V 的位置上。

当线圈中有电流流过时会产生磁场，该磁场与磁铁的固定磁场相互作用使可动式线圈发生偏转，从而带动指针也发生偏转，偏转角度的大小与流过线圈的电流成正比，因此指针与表盘上的刻度重叠处（标示有数字）就反映了电流值的大小，从而实现对直流电流的测量。而万用表其他功能的测量原理都可以认为是直流电流检测的扩展而已，如图 2、图 3 所示。

表头电路的作用是对表头一致性进行校准和对表头设置一定的保护功能。

功能转换开关和相关电路是实现万用表的相关功能的结构。

2. 万用表的三个基本功能

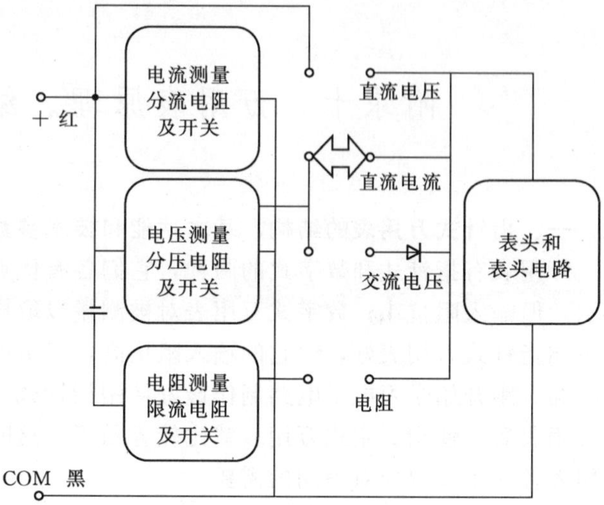

图 3 指针反映了电流值的大小

（1）万用表的三个基本功能是测量电阻、电压、电流。现在的万用表，尤其是数字式万用表，增加了不少的新功能，如测量电容值、三极管放大倍数、二极管压降、测量频率、电感量，甚至测温度、测光量和电池电量等。

万用表中有一个功能/量程转换开关，各挡功能就是靠这个开关来切换的。在挡位上一般用 DCA 表示测量直流电流挡，再分为若干个毫安（mA）和安培（A）量程。用 DCV 表示测量直流电压挡，也分成若干个毫伏（mV）和伏（V）量程。ACV 用来测量交流电压，ACA 用来测量交流电流。Ω 用来测量电阻阻值，分别有 $R\times1$、$R\times10$、$R\times100$、$R\times1k$、$R\times10k$ 各种量程。

（2）如图 4 所示，以 KH—961 型指针式万用表为例说明万用表的使用和测量数据的读取。

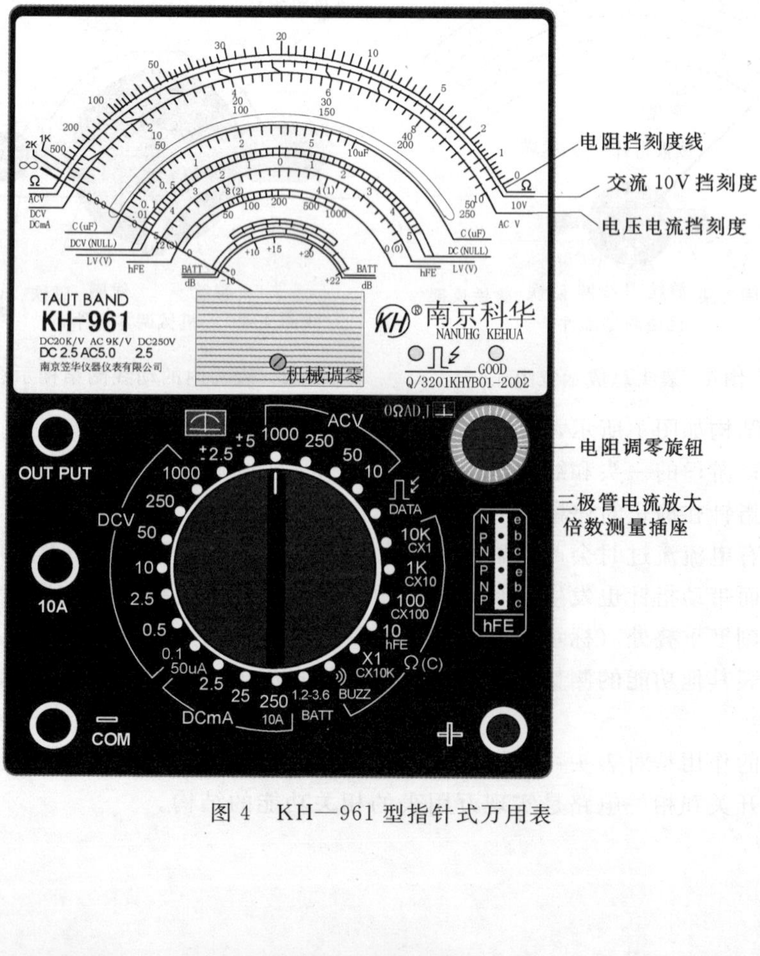

图 4 KH—961 型指针式万用表

表盘上的第一条刻度线是电阻测量时的阻值指示刻度线，最左边的∞表示为阻值为无穷大、最右端为0欧姆（Ω）。注意这条刻度线的刻度是不均匀的，即不是线性的，表盘的中间位置的刻度比较疏，因此读数较精确。

电阻挡有$R\times1$、$R\times10$、$R\times100$、$R\times1k$、$R\times10k$各挡，分别表示指针指示的刻度值要乘上相应的倍数才得到实际的电阻值（单位为欧姆）例如，用$R\times100$挡测一只电阻，若指针指示为“10”，那么它的电阻值为10×100=1000Ω，即1kΩ。使用万用表欧姆挡测电阻时，对于指针式万用表，每换一次量程都要做一次欧姆调零（0ΩADJ）。调零就是把万用表的红表笔和黑表笔搭接在一起，然后转动欧姆调零旋钮，使指针指向0Ω的位置。

测量电阻的阻值只需要把两根表笔接到电阻的两个引脚（但要注意手不要同时接触到电阻的两个引脚，因为这样做是等于把人体电阻并接在被测电阻上而造成测量误差，测量电阻值电阻时这种情况会很明显），然后选择合适的量程使表针尽量指在表盘的中间位置（要注意此时该挡位是否已经调零），再根据指针所指的刻度结果乘以量程的倍数即可。

万用表欧姆挡测电阻时要使用表内部的电池进行工作，一般万用表的$R\times1$、$R\times10$、$R\times100$、$R\times1k$挡都是使用一节1.5V电池供电，但有些万用表（如KH—961型、YH—360型）使用两节1.5V电池供电，也就是3V，这有一定的好处，例如，用它的$R\times1$、$R\times10$、$R\times100$欧姆挡去测量发光二极管或发光数码管时，就可以看到发光二极管发光，发光二极管发光需要2V左右的电压和几毫安的电流，一节1.5V电池的万用表则要用两个串联后才行，有些万用表还可以读出它们的正向压降。

第二条刻度线是交流10V电压挡专用的（有很多万用表的交流10V挡的读数安排在第三条刻度线）。交流电压的测量原理是把交流电压通过整流后，用测量直流的原理得到读数，因整流二极管存在正向压降，当被测电压较小时，在万用表的表盘刻度分格不成线性分布，所以可看到交流AC10V电压挡的刻度与其他交流电压挡不同。如果测量小于10V的交流电压，应使用ACV 10V挡进行测量（为了读数精确），并且在第二条刻度线上读取数据结果。

第三刻条刻度线是直流电压（DCV）、交流电压（ACV）和直流电流（DCA）共用的，用于测量直流电压（DCV）、直流电流（DCA）、交流电压（ACV）时在该刻度线上读取数据。注意测量大于0.25A的电流时，要使用专门的10A插孔，即把红表笔改插在10A插孔中，还要把量程转换开关置250mA挡。

需要注意的是电阻挡和电流挡千万不要用来测量电压，否则很容易损坏万用表。用电压挡、电流挡测量时要注意被测量的电压（电流）不能大于使用的挡位，例如5V量程挡表示该挡位只能用于测量5V以下的电压；250mA挡只能测量250mA以下的电流（若是需要测量大于250mA的电流时还要把黑表笔改换到10A的专用插孔中）。如果测量使用了超过的量程，就有可能导致万用表损坏或烧断表内部的保险管。

当被测电压或电流不确定时，应先选择用大量程进行测量，逐步改用较小的量程，最后用到能使表针尽量指到最大的偏转时才读取数据，以能获得最小的误差数据。也就是先选用最大量程尝试着测量，当表针偏转的角度较小时，考虑换量程，但换量程时应断开测量电路再换量程，不应在测量过程中转换量程。测量过程中发现出现表针迅速偏转到底的情况，应该立即把表笔断离电路，再查找原因。

第四条刻度线 DCV（NULL）用于测量+/-值，使用时要先调节欧姆调零旋钮，使指针指在正中间（0V）位置；测量时：指针转向左边则红表笔所接的测量点为正极，反之当指针转向右边时，则红表笔所接的测量点为负极。

第五条刻度线 C（nF）用于测量电容器容量，测量电容前，应把电容的两只引脚短接，把电容存储的电能放掉，然后把表笔接到电容的两只引脚上，观察指针所指到的最大刻度即为该电容的容量，随后指针返回最左边的∞则可认为该电容是好的，但有极性电容则指针应能返回到几百千欧以上。

第六条刻度线 LV（V）可测量稳压器件（非线性）的参数，如发光二极管的正向压降，稳压二极管的稳压值等，使用电阻挡的 $R\times1$（最大电流为 150mA）、$R\times10$（最大电流为 15mA）、$R\times100$（最大电流为 1.5mA）、$R\times1k$（最大电流为 150μA）挡可测量 3V 以下的稳压值；$R\times10k$ 挡（最大电流为 60μA）测量 12V 以下的稳压值。

第七条刻度线 hFE，是用于测量小功率晶体三极管的直流电流放大系数的，只要把三极管的三个管脚插入万用表上对应的插孔中（注意 PNP、NPN 是不同的插孔）。这里顺便说一下，一般的万用表测量 hFE 值时，是以 $Ib=10\mu A$ 作为测量条件的，只对小功率管 hFE 值的测量认为是适用的，大功率管 hFE 值的测量只能作为参考。

第八条刻度线 BATT，用于估测干电池的电量。

第九条刻度线 dB，用于电平测量指示数值的读取。

另外，该万用表还有讯响通断提示（BUZZ），在讯响通断提示（BUZZ）挡测量电路是否通路时（不要求得到电阻值），可用声音去判断电路是否通路（电阻值小于 30Ω）。

光照量测量（DATA）挡，在使时，把红外遥控器的发射头对着表盘右下角的光敏接收管（距离约 10cm），按下遥控器的按键，根据旁边的红色发光管是否发光，来判断遥控器是否能发射红外线，而判别遥控器是否基本正常。

（3）万用表的一些技术参数。万用表的技术参数主要有精度等级，如 KH—961 型指针式万用表做直流测量时为 2.5 级，表示直流测量的测量值误差为 2.5%，交流测量时则为 5.0 级，电阻测量时为 2.5 级。

表头灵敏度，如 KH—961 型指针式万用表做直流电压测量时为 20kΩ/V，交流电压测量时为 9kΩ/V。例如，使用 DC10V 挡对电路测量时，相当于在被测电路并接了一个 200kΩ（20kΩ/V×10V=200kΩ）的电阻，当被测电路的阻抗很大时，则会由此产生一定的误差，即测量值（示值）比实际值（真值）小了。原因是测量时万用表并联在高阻抗电路时，引起了实际电压发生变化（变小）。有时甚至可以看到测量时电路的工作状态会发生异常。

万用表电阻挡有一个参数叫中心阻值 $R_0$，在刻度上正中心所标示的数值就是 $R_0$，常见万用表 $R\times1$ 挡的 $R_0$ 有：10、12、20Ω 和 24Ω 等，下面还会讨论。

在表盘中间有一个小螺丝头，用来对指针机械调零，如果万用表在没有工作时却发现指针不是停止在 0V 的位置上，则可通过用小螺丝刀调节该螺丝头，使其恢复正常，即让指针能停止在 0V 的位置上。

万用表使用时应该水平摆放，把红表笔插在“+”插孔内，黑表笔插入“-”（COM）插孔内。测试直流电压或直流电流就要用直流电压或直流电流挡，并且红表笔要接高电位，黑表笔要接低电位。图 5 和图 6 所示为万用表的外型图。

指针式万用表的优点是：电压和电流测量时不需要电池驱动，显示方式稳定、连续显示。缺点：非线性误差大，内阻较小。

图 5　DT—830 型数字式

图 6　VC—9805A 型数字式万用表

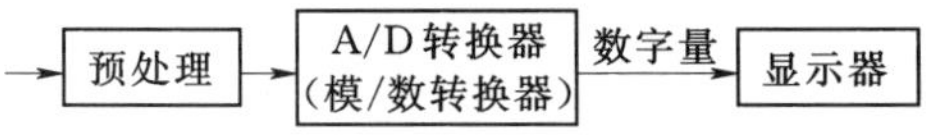


图 7　数字式万用表原理

数字式万用表的工作原理与指针式万用表的工作原理有较大的差别，数字万能表测量直流电流时，内部取样电阻与被测电路串联，取样电阻上的电压经预处理后送到 A/D 转换器进行量化，得到数字量，如图 7 所示。

数字式万用表的优点是：分辨率高、读数直观，输入阻抗高，可达 20MΩ 以上，测量时对电路的影响小。缺点：由于还有取样电阻的串入，测量时对被测电路仍有影响，因为是取样方式显示，对有些连续变化的信号读取不方便。

**二、YX—360TR 型指针式万用表直流电流测量的基本原理**

YX—360TR 型指针式万用表如图 8 所示。

使用万用表测量电流时，万用表是串接在被测电路中，因为万用表电流测量电路的内阻会产生压降，使电路的实际电流发生变化，因此对被测电路电流的真值产生影响，很明显万用表电流挡的内阻越高，则对电路的影响越大，内阻越小对被测电路的影响越小。万用表串接在电路中产生的压降 $U_N$ 就是该直流电流挡对被测电路的影响。此时万用表的内阻的阻值 $R_N=U_0/I_N$，（$U_0$ 为表头满度电压，$I_N$ 为满度电流，即 $N$ 量程的最大电流），如图 8 所示，YX—360TR 型万用表，从上面的分析中已知，表头的内阻为 2kΩ，满度电流为 50μA，因此 50μA 挡时为表头经保险管与被测电路串联，如图 9 所示。

图 8　YX—360TR 型指针式万用表

表头串联 3kΩ 电阻 $R_9$ 后成为内阻为 5kΩ 的电流表，再并联分流电阻 $R_{10}$、$R_{11}$、$R_{12}$ 便成为 2.5、25mA 挡和 250mA 挡的测量电路。

分流电阻的电流 $I_R$＝量程电流 $I_N-I_0$（$I_0$ 为表头电流）；量程电流与表头电流的比 $N=I_N/I_0$。量程分流电阻 $R_N=R_0/(N-1)$（$R_0$ 表头内阻）。

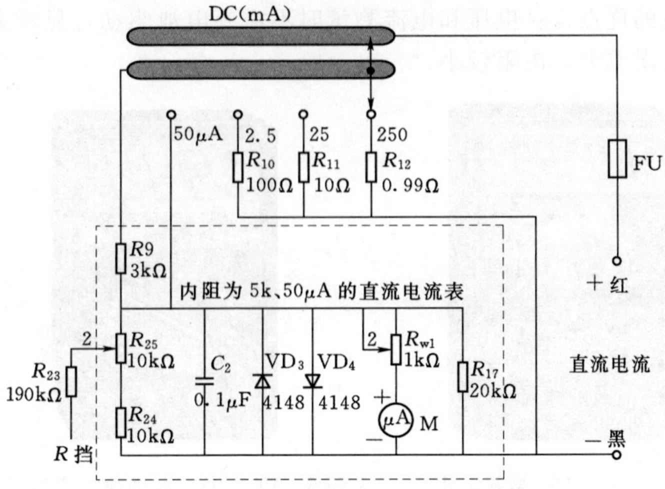


图 9 YX—360TR 型万用表的直流电流挡原理

求 2.5、25mA 挡和 250mA 挡需要并联分流电阻 $R_{10}$、$R_{11}$、$R_{12}$ 的阻值。

$N$=2.5mA/50μA=50，$R_{10}=R_0$/（$N$－1）=5kΩ/（50－1）≈100Ω

$N$=2.5mA/50μA=500，$R_{11}=R_0$/（$N$－1）=5kΩ/（500－1）≈10Ω

$N$=2.5mA/50μA=5000，$R_{12}=R_0$/（$N$－1）=5KΩ/（5000－1）≈1Ω

## 三、YX—360TR 型指针式万用表直流/交流电压测量的工作原理

使用万用表测量电压时，万用表是跨接（并联）在被测电压的两端，因此对被测电路或多或少都会有影响，很明显万用表的内阻越高则对电路的分流作用越小，对电路的影响也越小。万用表测量电压时的这种特性通常用灵敏度 $K_0$（kΩ/V）表示：万用表灵敏度 $K_0$ 是表头满度电流 $I_0$ 的倒数，即 $K_0=1/I_0$。万用表各电压量程的满度电流 $I_0$ 是一定值。例如，YX—360TR 型万用表表头的满度电流 $I_0$=50μA，则灵敏度 $K_0=1/I_0=1/I_0$=20kΩ/V。各量程的输入电阻=满度电压×灵敏度。如 10V 量程的输入电阻=10V×20kΩ/V=200kΩ，也就是用该表 10V 电压挡去测量电路时，相当于在电路上并联了一只 200kΩ 的电阻。

如图 10 所示以 YX—360TR 型万用表为例说明万用表直流/交流电压测量的原理。

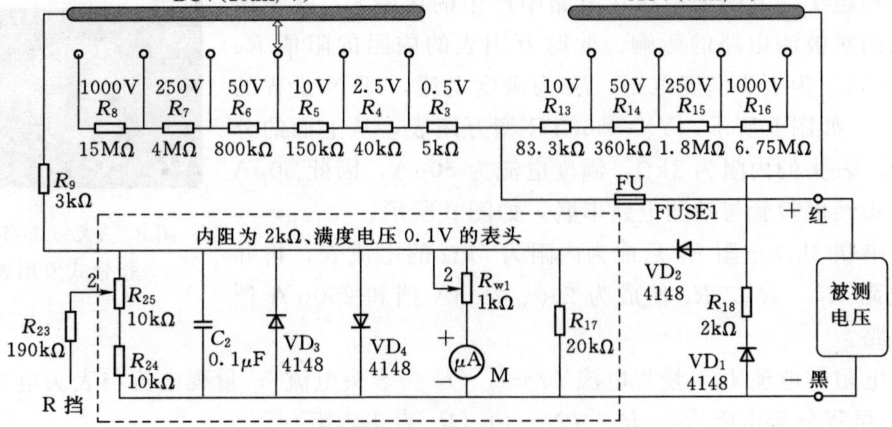


图 10 万用表直流挡、交流挡电路原理

图 10 中，$R_3$～$R_9$ 构成直流电压测量的分压电路，通过功能/量程开关把被测电压按不同分压比选择后驱动毫安表 M 指示出相应的电压值。电流表的满度电流 $I_0=U_n/R_n$，则 $R_n=U_n/I_0$（$U_n$ 各量程电压、$R_n$ 各量程串联电阻“+”表头内阻）。

以 10V 挡为例进行分析，被测电压经 FU、$R_3$、$R_4$、$R_5$、$R_9$ 和表头电路构成回路，已知电阻 $R_3$、$R_4$、$R_5$、$R_9$ 总阻值为 198kΩ；10V 挡的输入电阻 = 10V × 20kΩ/V =200kΩ。

当被测电压为 10V 时，通过保险管 FU、电阻 $R_3$、$R_4$、$R_5$、$R_9$ 流过满度电流为 50μA 的表头时，毫安表的指针满度偏转，当被测电压为 5V 时，流过电流表的电流为 $I$=5V/200kΩ=25μA，所以指针指在 1/2 的位置（5V）。

表头的内阻（$R_M+R_{m1}$ // $R_{17}$ // $R_{24}+R_{25}$）=200kΩ－198kΩ=2kΩ；表头的满度电流为 $I=U/R$=10V/200kΩ=50μA、表头满度电压=50μA×2kΩ=0.1V。因为表头内阻=毫安表内阻+$R_{w1}$ // 10kΩ 电阻=2kΩ，所以毫安表内阻+$R_{w1}$=2.5kΩ；毫安表的满度电流为 0.1V /2.5kΩ=40μA。

$R_{13}$～$R_{16}$ 构成交流电压分压电路，经量程开关不同分压比选择后，把被测电压经过 $VD_2$ 整流，驱动表头电路中的毫安表，从而指示出相应的交流电压值。

$VD_3$、$VD_4$ 为毫安表的保护电路，二极管正向压降为 0.7V，远大于毫安表的满度电压（0.1V），当表头电压大于 $VD_3$、$VD_4$ 的正向压降时，$VD_3$、$VD_4$ 导通从而保护毫安表，使其不至于流过太大电流而损坏；因为批量生产的毫安表不可能完全一致，所以设计微调电阻 $R_{w1}$ 以方便在万用表产品调试时，因毫安表差异的调整。

**四、YX—360TR 型指针式万用表电阻测量的基本原理**

万用表的电阻挡测量时，表内装有的电池加入到测量电路中，测量电路为被测电阻串接了一个具有一定内阻（主要是取样电阻）的电源，在取样电阻上测量取样电压，就可以反映被测电阻的阻值。

电源的电势 $E_0$ 就是电池电压，万用表 $R$×1～$R$×1k 挡一般用 1.5V 或 3V，而 $R$×10k 挡为 9、15V 或 22.5V 以上。

万用表电阻挡有一个参数叫中心阻值 $R_0$。在刻度线正中心的刻度所标示的数值就是 $R_0$，常见万用表 $R$×1 挡的 $R_0$ 有：10、12、20Ω 和 24Ω 等，相应来说 $R$×10 挡的 $R_0$ 则为：100、120、200Ω 和 240Ω 等。

中心阻值表达了测量电路中的这个具有一定内阻电源的内阻。不同挡位的电源内阻不同，可用 $nR_0$ 来表示（其中 $n$ 表示挡位，$R_0$ 表示中心刻度值）。

各挡位的最大输出电流（表笔短接，即被测电阻为 0Ω）$I_m=E_0/nR_0$。以 YX—360TR 型万用表为例，它的 $R$×1 挡的中心阻值为 20Ω，$E_0$ 为 3V；则有 $R$×1 挡的最大输出电流 $I_m$=3/20=150mA、而 $R$×10 挡的最大输出电流 $I_m$=3/(20×10)=15mA、$R$×1k 挡的最大输出电流 $I_m$=3/(20×1k)= 0.15mA……，而 $R$×10k 挡的最大输出电流 $I_m$=12/(20×10k)=0.06mA = 60μA。图 11 所示为 YX—360TR 型万用表电阻测量的相关电路和 $R$×1k 挡的化简电路原理图。

如图 11（b）所示，以 $R$×1k 挡的化简电路为例进行解说，在前面的电压测量电路解释中知道表头电路的阻值为 2kΩ 与电阻 $R_{19}$（44.2kΩ）串联后，成为内阻为 46.2kΩ 的电压表，如虚线框内所示的为满度电压约为 3V、内阻约 46kΩ 的直流电压表。

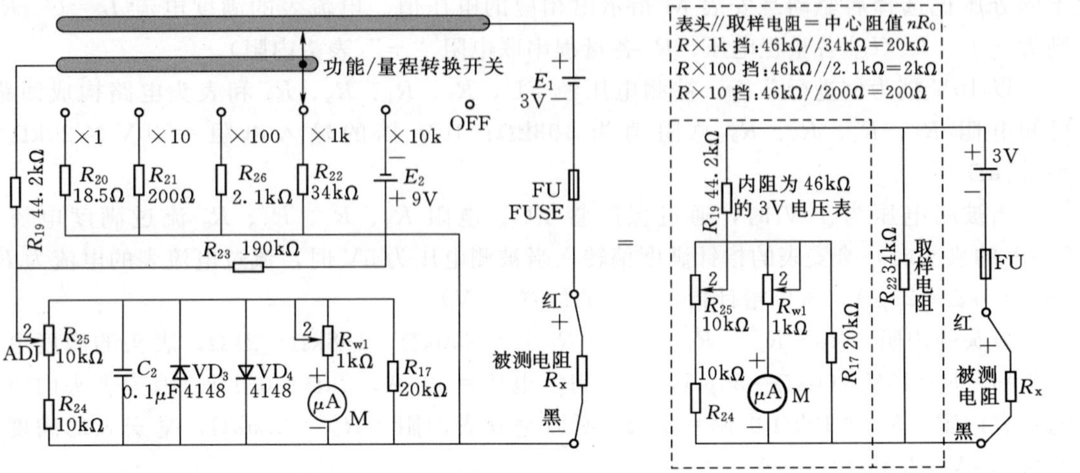

(a) YX—360TR 型万用表的电阻测量电路原理图　　(b) $R\times1k$ 挡的化简电路原理图

图 11　万用表测量电阻的电路原理图

3V 电池经保险管 FU 和取样电阻 $R_{22}$（34kΩ）向被测电阻（$R_x$）提供测量时所需要的电源，该电源的内阻（电池内阻为欧姆级，此时忽略不计）为：46kΩ∥34kΩ＝(34kΩ×46kΩ)/34kΩ＋46kΩ＝19.55kΩ 约为 20kΩ，即 $R\times1k$ 档位的中心阻值为 20kΩ。

据上述可知 $R\times1k$ 挡测量时，取样电阻 $R_{22}$∥3V 电压表内阻 46kΩ＝20kΩ。如果被测电阻也为 20kΩ，则取样电阻上的压降为 $U_{R22}$＝20kΩ/(20kΩ＋20kΩ)×3V＝1.5V，此时电压表指针则偏转 1/2，即中心刻度，读取数据为 20kΩ；若是被测电阻为 200kΩ，则取样电阻上的压降为 $U_{R22}$＝20kΩ/(20kΩ＋200kΩ)×3V≈0.27V，表针只能有 9%的偏转、若被测电阻为 2000kΩ，表针则只有不到 1%的偏转、显然若被测电阻为 2kΩ，则取样电阻上的电压降为 $U_{R22}$＝20kΩ/(2kΩ＋20kΩ)×3V≈2.7V，表针偏转到 90%，若是被测电阻为 1kΩ，则取样电阻上的电压降为 $U_{R22}$＝20kΩ/(1kΩ＋20kΩ)×3V≈2.86V，表针偏转 95%、若被测电阻为∞则取样电阻上的电压为 0V，则指针不动（表示∞）；若被测电阻为 0，则取样电阻上的电压为 3V，表针满度偏转（表示 0Ω）。

为了在取样电阻上获得明显的压降差，当被测电阻阻值较大时，取样电阻阻值应取值较大；而被测量电阻的阻值较小时，取样电阻阻值则要求取值较小，并且要求使取样电阻与 3V 电压表并联后的阻值为中心阻值。

如 $R\times100$ 挡：(取样电阻）2.1kΩ∥(3V 电压表)46kΩ＝(2.1kΩ×46kΩ)/(2.1kΩ＋46kΩ)＝2.0083kΩ＝2kΩ；其他挡位则可同样道理分析。

通过上述及图 12 可知，电阻挡不同量程的测量电流是不相同的，所以对晶体管的 PN 结（正向压降 0.7V）测量时，在 $R\times1$～$R\times1k$ 挡的取样电阻压降都约为 2.3V，指针都是偏转到 77%左右，测量过程表现为：用 $R\times1k$、$R\times100$、$R\times10$ 和 $R\times1$ 挡去测量同一个 PN 结的正向时，结果分别为几千欧、几百欧、几十欧和几欧；因此，一般指定使用 $R\times1k$ 挡来对晶体管进行测量，否则就没有一致性可言；相反可利用直流电压 DCV 的刻度线，反向读出晶体管 PN 结正向压降的电压值，不同量程的电流大小不同，正好反映了在不同电流情况下晶体管 PN 结正向压降值是基本相同的。

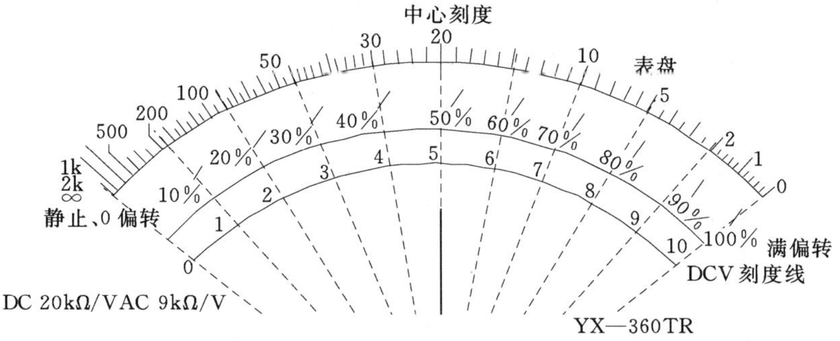


图 12　表盘放大图

同样道理，测量发光二极管 LED 时，可以读出其导通压降的幅值（1.8～3V，其中红色、绿色的为 2V 左右，蓝色的为 2.7V 左右）。例如，测量某发光二极管的正向时，指针指示在直流电压 DCV 刻度线的 3 与 4 中间，可反向读成 6.5 格，乘以 0.3V/格则等于 1.95V（满度 3V，每格则为 0.3V）。也可以把其看成 3.5 格，读成 1.05V，用 3V－1.05V＝1.95V。还会发现用不同的量程（电流为 150、15、1.5、0.15mA）测量发光二极管时，该值均为基本相同。说明了发光二极管的正向导通压降是一固定值，因此可把它作为稳压二极管使用，并且具有噪声系数比稳压二极管还好的优点（稳压二极管是利用反向击穿特性工作的，相对来说存在较大的噪声系数）。

此外，测量一些耐压较小的三极管 B—E 结的反向时，由于 B—E 结耐压只有 7V 左右（可作为 7V 稳压管使用），如果用 $R\times10k$ 挡（输出电压大于 10V）去测量时就会出现一次击穿的现象。此时 B—E 极的反向测量，就不再是表现为接近∞。同样道理如果用 $R\times10k$ 挡去测量这类型三极管的 C—E 极时，本应是正/反向测量均应为∞的，但此时则会发生前述的现象。

从测量电路原理图（图 11）可知，红表笔插孔是连接内部电池的负极，黑表笔插孔是连接电池的正极的，这对进行晶体管 PN 结极性判别的依据也就能不难理解了。

$R_{25}$ 为欧姆调零校准的电位器，因不同量程挡位时的输出电流大小（电源内阻不同）差异很大，而电池的内阻不可能为 0Ω，并且不是恒定的（电池电量不足时，其内阻还会渐渐变大），所以电阻挡各量程的测量工作，都要注意用 $R_{25}$ 对当前使用的量程进行欧姆调零后再读取数据值，以免带入较大的误差。

# 参 考 文 献


[1] 童诗白．模拟电子技术基础 [M]. 北京：人民教育出版社，1988.

[2] 谢嘉奎．电子线路 [M]. 北京：高等教育出版社，1988.

[3] 高如云，等．通讯电子线路 [M]. 西安：西安电子科技大学出版社，1995.

[4] 谢元清．模拟电子线路 [M]. 成都：电子科技大学出版社，1994.

[5] 梅开乡．数字逻辑电路 [M]. 2 版．北京：电子工业出版社，2006.

[6] 梅开乡．电子电路实验 [M]. 北京：北京理工大学出版社，2010.